국가대표 건설기술을 만드는 비결

한국원전기술은 어떻게 세계 최고가 되었나?

Contents

발 간 사

한국원전 기술은 국내보다 국제원자력산업계에서 인지도가 높다. 국제원자력산업계가 한국원전을 주목하는 이유는 세계 평균보다 짧은 공기, 낮은 비용으로 건설하면서 운전 성능과 가동률은 더 높기 때문이다. 신규 원전을 건설하려는 거의 모든 서방국가가 국제입찰 시 한국원전을 지명대상에 포함시킬 정도로 기술력을 인정받고 있다. 한국은 자국 내 독자기술로 원전을 건설할 수 있는 6개국 중 하나이며, 국제원자력산업에서 기술력 제로 국가가 기술자립을 목표한 후 10년 만에 기술독립국 진입에 유일하게 성공한 나라이기도 하다.

원전건설에서 방사능 유출을 방지하는 기술은 '핵공학'이지만 지진, 비행체 추락이나 외부 비산물 등으로부터 원전 가동을 보호하는 기술은 '건설공학'이다. 원전 엔지니어링에서 건설공학기술의 비중은 약 25%에 달한다. 국내 원전 엔지니어링 기술은 미국이나 프랑스 등 선진 엔지니어링사들과 국제경쟁이 가능한 수준이다. 한국원전의 엔지니어링은 국내에서 유일하게 선진 엔지니어링사와 유사한 조직 및 기술체계를 보유하고 있다. 2009년 말 UAE 바라카원전 4기 수주로 한국원전 기술이 독립국가에 진입했음을 전 세계에 알렸다. 우리 국민이 잘 몰랐던 원전기술 수준을 세계가 인정한 것이다.

한국원전 기술이 기술독립국으로 진입할 수 있었던 배경에 정부의 일관된 기술정책이 있었다. 1979년 이후 현재까지 인류를 불안하게 만들었던 3개의 큰 사고에도 정부의 원전기술 독립 정책은 흔들리지 않았다. 원전기술의 원조국 미국과 기술 강국 독일이 원전건설을 중단한 것과 대조된다. 한국원전 기술의 최종 목표는 세계시장 진입을 위한 에너지와 기술독립국 지위 확보였다. 정부와 산업계는 한국기술이 선진국은 물론 글로벌 기업과 경쟁하기 위해서는 기술 모방과 문서 복제, 즉 추격자 위치에서 벗어나야 하는 데 공감했다. 한국원전 기술만의 독창적 생태계 구축이 되어야 글로벌 기업과 경쟁할 수 있을 것으로 판단한 것이다.

그러기 위해 기존 종합설계(AE) 기술의 기술자급률 40%를 포기하고 제로부터 다시 시작하기로 했다. 한국원전이 독자 엔지니어링 기술을 확보하기 위해 선진국 및 글로벌 기업과 다른 길, 즉 추월선에서 출발하기로 한 것이다. 정부는 기술정책과 예산을 지원하는 제도를 만들었고, 산업계는 인적자원과 기술을 확보해나갔다. 인적자원의 확보는 기술책임자 혹은 기술리더급 양성부터 시작했고, 기술개발은 평균기술보다 핵심기술에 집중했다. 이러한 결정은 엔지니어링 기술의 완성은 기술과 기술관리(PM기술)을 동시에 확보해야 가능하다는 사실을 이해했기 때문에 가능했으리라 판단된다.

세계경제포럼(WEF)이 발표하는 국가별 국토인프라 축적 순위에서 세계 6위 국가로 평가될 만큼 한국은 교통과 수자원, 발전에너지 등 인프라 강국이다. 경제력 순위(15~16위)보다 월등히 높다. 세계가 주목할 만큼 인프라가 축적되어 있지만 그에 비해 한국의 건설기술을 주목하거나 부러워하지 않는다.

한국건설은 인프라 구축 실적과 경험이 풍부하기 때문에 국가대표 기술이 될 수 있는 잠재력이 충분하지만 아직 한국건설이 내세울 수 있는 국가대표 건설기술이 보이지 않는다. 이렇듯, 한국을 대표하는 건설기술 부재 혹은 부족은 기술개발 투자가 일회성으로 끝나기 때문이다. 공학기술 완성에 반드시 필요한 '축적'과 '혁신' 과정이 빠져 있고 '공학기술리더 양성'도 빠져있다. 지금은 공학기술보다는 기술이다. 공학기술에 공학이 빠졌다는 것은 모방과 복제가 반복된다는 의미다. 한 번의 기술개발 투자로 건설기술이 완성되지 않는다. 모방과 복제로는 절대 선두그룹을 추월할 수 없다. 격차는 줄일 수 있어도 앞설 수 없다.

건설기술자는 부족한 기술의 포트폴리오와 융합, 그리고 시스템 마인드를 갖춘 새로운 공학기술자로 거듭나야 한다. 건설기술 개발이 모방과 복제 길에서 벗어나 추월선에 진입하는 새로운 기술정책이 가야 할 길을 제시하기 위해 서울대학교 건설환경종합연구소는 한국원전의 기술발전 과정을 분석하여 시사점을 도출하기로 했다. 세계 최대 규모인 건설시장에 국내 산업체와 기술자의 일감과 일자리 확충 역량 구축을 지원하는 방안을 제시하기로 했다. 한국경제는 더 이상 선진국의 기술을 모방하거나 복제로는 발전할 수 없는 위치다. 인프라 축적 실적을 넘어서는 국가대표 건설기술 개발을 위한 기술정책 혁신과 산업체의 기술경영전략 수립에 이 책이 도움 되기를 기대한다.

서울대학교 건설환경종합연구소

소장 김 호 경 교수

프롤로그

'한 송이 국화꽃을 피우기 위해
소쩍새는 그리 울었나 보다.
한 송이 국화꽃을 피우기 위해
천둥은 먹구름 속에서
또 그렇게 울었나 보다.'

- 국화 옆에서, 미당 서정주 -

'Rome wasn't built in a day!'

- 영어 속담 -

2017년 6월 16일 아시아인프라투자은행(AIIB) 제2회 연차총회 기조연설에서 대통령이 '한국은 원전건설을 포기하고 친환경 재생에너지원 공급을 확대하겠다'라고 선언했다. 나는 방금 무슨 소리를 들었는지 순간 멍해졌다. 대통령이 떠난 뒤 공개 강연에서 한국의 한 연사가 '재생에너지의 경제성'이라는 주제를 발표했다. 그동안 국내에서 한 번도 들어보거나 접해보지 않았던 연구 논문 내용이었다. 60여개 국이 한국의 경제성장과 인프라 구축 경험을 벤치마킹하겠다는 자리로 알았던 나는 과연 참석하는 게 옳았는지 의심이 들었다. 갑자기 오판했다는 생각이 가슴을 무겁게 만들었다. 한국 원전기술 신화에 먹구름이 생기기 시작했음을 직감하는 순간이었다.

1976년 1월 신입사원 연수 때 고리원자력발전소 건설현장 견학에서 어떤 선배가 원전건설기술을 너무나 자랑스럽고 소신 있게 설명하는 모습에서 막연하게나마 원전기술에 대한 동경심을 가지게 됐다. 기술이 일천했던 시절 원전기술은 지금의 인공지능이나 메타버스 기술만큼 우리에게는 생소한 먼 나라 얘기였던 때였다. 이때부터 에너지 제로 한국이 에너지 독립국으로 가기 위해서는 원전이 가장 확실하고 유일한 선택이라는 믿음을 갖기 시작했다. 이런 믿음 때문인지 원전기술 자립과 국제경쟁력 확보 목표 및 전략 수립과정에 깊숙하게 참여하는 기회를 얻게 됐다.

1995년 10월 한국원전기술 자립 목표 달성 여부를 평가하는 작업에 실무자로 참여했다. 기술자립 목표는 달성했지만 국제경쟁력 확보라는 목표는 아직 남아있다. 기술자립 목표 달성 여부는 우리나라 기술로 할 수 있는지 없는지를 진단하는 '절대평가'지만 국제경쟁력 목표는 우리나라 기술이 선진기업보다 더 잘할 수 있는지를 묻는 '상대평가'였다. 기술자립과 국제경쟁력 사이에 큰 차이를 뒀다. 기술자립의 목표는 내수시장 보호였다. 일종의 국산화 목표였던 셈이다. 국제경쟁력은 세계시장 선점을 목표로 했다. 시장보호가 아닌 시장경쟁이라는 차이다. 기술자립 목표 달성 평가에서 100%로 나왔다. 필자는 95%를 주장했다. 5%를 남겨야 하는 이유를 평가위원들에게 이렇게 설명했다. 목표 달성이 100%면 정부의 지원과 정책에 대한 관심도가 줄어들어 국제경쟁력을 확보하는 데 필요한 재정지원을 잃게 될 리스크가 크다는 것이었다. 5% 미달을 평가보고서에 담았던 이유는 정책과 재원 지원을 유지하기 위한 전략적 선택이었다. 우리에게는 국내보다 훨씬 큰 해외원전 시장이 있었기 때문이었다.

2009년 11월 석유·가스 부국 아랍연합국(UAE) 아부다비 원전건설의 최종 승자가 한국으로 결정되는 것이 확실하다는 소식을 지인을 통해 들었다. 2010년 초 아부다비 원전건설 계약서에 서명했다는 소식이 국내·외 언론을 통해 국민에게 알려줬다. 국민은 박수를 보냈다. 미국과 프랑스, 일본 등 선진국의 원전 산업계가 한국원전기술 수준을 인정하게 됐다. 다양한 이유로 원전건설에 관심을 가진 국가들이 한국원전기술은 물론 원전건설의 경제성과 종합사업관리(PM) 역량, 그리고 높은 원전가동률 유지 기술을 벤치마킹하기 시작하게 되는 계기를 만들었다. 건설과 운전기술을 모두 갖춘 한국원전기술이 세계 원전시장의 다크호스로 부상하게 됐다.

2011년 11월 UAE 아부다비 소재 칼리파대학을 방문했다. 원자력에너지 공학과 교수를 만나기 위해서였다. 미국의 지인을 통해 한 교수를 소개받았다. 일면식도 없었던 미국 국적의 원자력공학과 교수였다. 그 교수는 만나자마자 '한국은 중동국가의 무한한 원전건설시장을 선점했다'며 축하의 말을 전했다. 당시 칼리파 대학 원자력에너지과 교수 6명 중 4명이 한국인 교수라는 말도 전했다. 미국인 교수는 자기가 만약 한국전력공사 사장이라면 당장 원자력 사업본부를 아부다비로 옮기겠다고 말했다. 그 만큼 중동국가들의 원전건설 시장의 성장 잠재력이 크고 또 한국이 기회를 선점했기 때문으로 해석됐다. 한국원전기술을 세계 최고 수준으로 만들기 위한 여러 가지 노력과 장면, 주역들의 얼굴이 끊임없이 눈앞에서 아른거렸다. 한국원전기술이 마침내 세계 최고 경지에 이르렀다는 자긍심도 생겨났다. 그러나 우리나라 원전기술과 PM이 세계 최고 수준에 이르렀지만, 아직 세계원전 최강국에는 진입하기 쉽지 않다. 원전기술 서비스 수출에는 보이지 않는 미국 정부의 힘과 선진국 정부의 견제가 있기 때문이다. 타 산업이나 기술과 달리 원전기술 서비스 수출 경쟁

무대 뒤에서 작동하는 보이지 않는 외교와 국가 정책의 힘에 좌우되는 특징이 있다. 국가의 경제력과 외교력이 뒷받침되지 않으면 기술로만 승부할 수 없는 원전 생태계가 국제원전시장의 냉혹한 현실이다.

원전건설 강국에서 원전 폐쇄 및 해체 강국으로 변신하기는 정부의 정책에 많은 혼선과 불합리함이 보였다. 왜 처음부터 '에너지 다변화'라는 카드를 사용하지 않고 일방통행만을 고집했을까 하는 아쉬움이 컸다. 나는 아직 확신하고 있다. 우리나라는 확실한 에너지 자원 제로의 빈국이다. 재생에너지만으로는 절대 에너지 독립국이 될 수 없다는 확신이다. 우리나라의 태양전지나 풍력, 지열 등 재생에너지는 에너지 다변화의 한 축을 담당할 뿐이지 바탕 혹은 기저 에너지(baseline energy)가 될 수 없다. 에너지 빈국인 우리국민 생활과 산업 경제의 대외 무역의존도가 70% 이상인 국가에서 에너지가 경제성을 잃게 되면 어떤 결과가 초래할 것인지는 굳이 설명하지 않아도 일반 시민도 이해할 수 있는 상식이라 본다.

세계 최고 경지로 인정받는 한국원전기술은 1986년 기술자립도 40%에 출발하여 100%가 되었다. 어떤 기술도 완벽한 기술은 없지만 스스로 기술을 구사할 수 있는 충분한 수준까지는 와 있다고 본다. 기술축적과 개발을 주도하면서 실무를 담당했던 많은 주역이 산업 일선에서 물러났다. 글로벌 선진기업의 기술과 PM 수준을 몸으로 체험했던 세대들이다. '맨땅(ground zero)'에서 출발하여 완성된 기술까지 끌어올리는 과정에서 얻은 경험과 검증된 지식을 한국 청년들의 미래를 위해 전수해야 할 책임이 있다. 비록 한시적이기는 하지만 정부의 원전 폐쇄 정책이 더 비싼 대가를 치르기 전에 부활 정책으로 되돌아갈 것으로 믿는다.

저자는 이 책의 집필을 통해 원전 폐쇄 및 해체 정책으로 길을 잃었던 대학과 막대한 경제적 손실을 입은 원전 산업생태계가 붕괴에 몰린 상황에서 희망 메시지를 전달하고 싶었다. 한국원전기술을 소생시켜 청년과 미래 세대와 산업체에게 더 많은 일터와 원전기술이 파생시킬 수 있는 분야를 활용하면 한국 경제와 기술의 가치를 더 높일 수 있다는 확신이 들었다. 한국원전기술은 더 이상 추락할 곳이 없다. 1984년 기술자립전략 계획 수립을 위해 기술역량을 평가할 당시 국내 기술 대체율이 40% 정도가 나왔지만 국제경쟁력을 확보하기 위해서는 처음부터 다시 시작하자는 공감대가 형성되었다. 기술자립률 40%를 버리고 '그라운드 제로'에서 출발했던 용기와 도전 정신을 촉구하기 위해 키보드를 잡았다. 세계 최고 수준의 한국원전기술을 부활시켜 청년세대에게 더 큰 시장과 미래 일자리 마당을 마련해 주기 위해서 잊을 뻔한 기억과 자료를 더듬어 경험을 재구성하는 형식으로 집필하기로 했다. 사실을 기반으로 작성하되 가독성을 높이고자 필자의 독자적인 판단과 생각을 가미하여 집필하기로 했다.

서울대학교 건설환경종합연구소

이 복 남 특임연구위원

제 1 부

세계가 주목하는 한국원자력발전소 기술

제1부

세계가 주목하는 한국원자력발전소 기술

선진국은 원자력 연구를 위한 유학생을
많이 받아들이려고 하지 않아 기술자 확보에
어려움이 많습니다. 현재 미국에서 유학 중인
학생 중 원자력을 공부하고 있는 학생을
대사관에서 조사하고 있습니다. 학비 부족으로
중도에 그만둘 곤경에 처한 유학생을 알아보고 있습니다.

- 1958. 2. 4. 제105차 국무회의, 문교부장관 -

실력 있는 청년 학도를 선정해 독일로 보내라.
이런 일에는 돈을 좀 써야 할 것이다.
미래를 위한 일엔 돈을 좀 써도 된다.

- 1958. 2. 4. 제105차 국무회의, 대통령 -

1 세계 최고 수준을 가능하게 만든 원전기술 정책

정책 주도는 '정부', 기술주도는 '과학자그룹'

원자력은 극단적으로 동전의 양면성을 가지고 있다. 국민의 생명과 삶의 질에 긍정적인 영향을 줄 수도 있지만 무기나 혹은 방사능 유출로 생명과 건강을 파괴할 수도 있다. 긍정 시각을 가진 사람들은 원자력(atomic)이라는 용어를 즐겨 사용하지만 부정적 시각을 가진 사람들은 핵(nuclear)이라는 용어를 즐겨 사용하는 것만으로도 동전의 양면성을 볼 수 있다. 안전성을 중시하는 요즘에는 원자력이라는 단어보다 핵이라는 용어가 대세다. 인류가 아직 풀지 못하고 있는 방사능 이론에서 반감기는 영원히 '0'으로 만들 수 없다. 아무리 확률이론을 도입해도 해결되지 못한 숙제다. 인간의 삶과 자연에 완벽하게 해를 끼치지 않는 위험 제로(risk zero) 에너지는 지구상에 존재하지 않는다. 과학기술의 힘으로 원자력 이용으로부터 국민을 보호하는 예방조치를 최대한 강화하여 사고 제로에 끊임없이 도전할 뿐이다.

원자력이 아무리 경제성이 뛰어나더라도 국민과 국가 보호를 위해서는 안전성을 절대 포기할 수 없다. 국민과 국가의 보호를 위해 정부가 존재하는 것이다. 따라서 세계 어느 나라나 원전건설과 운영을 국가 아젠다로 보는 이유이며, 원전산업을 민간시장의 영역에 맡겨 놓기보다 공공의 영역으로 남겨 놓은 이유이기도 하다. 이렇게 원전산업은 공공의 영역이기 때문에 국가 정책에 좌우된다. 원전산업이 국가 정책에 절대적인 영향을 받듯이 국제 거래에서도 정책과 외교력이 타 시장이나 산업보다 훨씬 크게 작용하게 된다. 한국원전산업과 기술의 발전도 이 틀에서 벗어나지 않았다. 국제시장 거래에서 원전산업은 국가와 산업이 함께 하지 않으면 승산을 기대할 수 없는 이유도 공공의 영역이기 때문으로 해석된다.

한국원전 기술의 발전 역사는 타 국가와 달리 독창성을 가지고 출발했다. 1950년 6·25 전쟁으로 모든 것이 부족했던 시기에 출발했다. 국민의 배고픔 문제를 해결하기 위해서는 과학기술이 주도할 수밖에 없다고 국가최고책임자와 국무위원들이 확신[1)]했다. 1950년대 정부와 사회 원로들의 공통된 인식이 당대 최고기술은 원자력을 이용하는 것이라 믿었다. 정부는 전 세계에서 원자력을 가장 활발하게 활용하고 있었고 기술력이 세계 최고 수준으로 인식된 미국의 원자력기술을 지목했다. 미국으로부터 기술도입을 하기 위해 1958년 '한·미원자력협정'을 체결했다. 곧이어 '원자력기본법'을 제정했다. 한국건설산업의 기본 틀을 형성했던 「건설산업기본법(당시 건설업법)」도 1958년에 제정되었다. 정부는 원자력기술 도입 당시 원자력과 원자력발전소(이하, 원전) 건설을 공학과 기술(engineering & technology)로 인식하기보다 과학(science) 영역으로 봤던 것 같다. 그렇기 때문에 원자력을 국민 생활과 경제발전에 이용하는 시기를 앞당기기 위한 정책의 일환으로 1959년 한국원자력연구소를 설립했다. 원자력연구소에 한국 최초로 미국으로부터 연구용원자로(Triga Mark II)를 도입, 설치했다. 원자력 이용의 최대 승부처로 발전에너지 이용을 꼽았다. 1962년 범정부차원에서 원자력발전대책위원회를 출범시켰다. 원자력대책위원회는 미국계 원전 전문 엔지니어링사에 한국의 원전건설 타당성 용역을 의뢰했다. 용역 결과는 경제발전을 뒷받침하는 전력에너지를 확보하기 위해서는 1974년 전후에 500MWe급 원전 가동이 필요하다는 결론을 내렸다. 숨을 쉴 여유도 없이 원전산업 정책이 펼쳐졌다.

1) 한국전력기술(2018), 한국전력기술 40년사

원전기술을 과학의 일부로 봤기 때문에 전문연구원을 설립했고 연구원자로까지 도입했다. 문제는 과학기술을 산업화시키기 위해서는 전문연구원이 필요했음을 뒤늦게 깨달았다. 당시 한국원전산업의 기술 수준으로 원전기술을 소화하는 역량을 10% 미만으로 진단했다. 과학기술 발전정책의 승부수를 전문인력 확보에 두기로 했다. 이때부터 외국, 특히 원전 선진국 미국에 유학 중이거나 대학과 연구원 등에 근무하는 재미과학자를 물색하기 시작했다. 과학자 유치를 위해 파격적인 대우 방안을 수립했다. 1950~1970년대에는 미국에 유학했거나 산업체 파견이나 연수를 보내면 상당수가 한국을 탈출(?)하여 불법적으로 미국에 체류하는 인재들이 많았다. 불법 체류를 방지하기 위해 유학이나 연수 등에 보낼 때 국내 거주하는 사람의 신원보증을 받는 것이 규범화되었던 시기였다(당시 이를 국내 복귀 후 의무근무연수, obligation으로 통칭했음). 재미과학자를 국내로 유치하기 위해서는 미국 이상으로 대우해주지 않으면 실현가능성이 낮았다. 단순히 애국심에만 의존하기에는 국내 경제와 생활환경이 미국과 비교할 수 없을 정도로 낮았다.

정부와 정책은 원전산업에 필수적인 기술을 과학(science)분야로 봤지만 과학자그룹의 생각은 달랐다. '과학'은 불확실한 미래에 필요한 기술에 도전하는 끊임없는 연구이며 한국은 과학기술을 실용화하는 '공학기술(engineering & technology)'이 더 필요하다고 인식했다. 이때 정부 관계자들에게 과학과 공학기술의 역할 차이를 1818년에 설립된 영국토목학회(ICE, institute of civil engineering)가 내렸던 정의 '인간의 생활 이용 및 편의를 위해 자연의 힘을 활용하는 기술'을 인용하면서까지 설득했다. 정책그룹은 유치 과학자그룹의 말을 100% 신뢰했다. 이를 계기로 한국원자력연구원(당시는 원자력연구소)의 연구기능과 산업기능을 분리하는 정책을 수립하기 시작했다. 원자력연구원의 부지 안에 원전기술을 전담할 별도의 회사를 설립하는 작업에 착수했다.

당장에는 원자력연구원에 있었던 구조안전공학연구실, 원자력연구실 일부, 전기계통연구실 등 3개 연구실을 분리하여 별도회사를 설립했다. 이 시도가 한국원전 산업을 세계 최고 수준까지 끌어올렸던 계기가 될 줄은 아무도 예상하지 못했다. 원전산업이 공공의 영역으로 국가 정책에 좌우될 수밖에 없다는 사실을 한국원전 산업의 성공을 통해 검증한 셈이다. 원전시장이 세계 경쟁 무대에서 보이지 않는 무대 뒤에서 국가 정책과 외교력이 치열하게 작용하고 있음도 경험해보지 않으면 알 수 없는 사실들이다. 한국원전 산업이 세계 최고 수준에 도달할 수 있었던 확실한 이유는 국가의 정책, 정책 및 학자 그룹의 사심 없는 리더십, 그리고 국가 정책에 동참하는 산업체의 역할이 있었기 때문이라는 판단이다. 국내 및 세계시장에서 한국원전산업이 발전을 지속하기 위해서는 '같이, 또 따로'라는 슬로건이 절대적으로 필요하다. 2017년부터 정부가 해외건설 시장 확대를 위해 내세웠던 'Team Korea' 전략이 한국원전 산업에서는 1950년대 말부터 작용되고 있었다는 추론이다.

기술자립 정책에 산업체의 목소리를 담아 제도화

한국원전산업과 기술정책은 흔들림 없이 일관되게 추진되었다. 원전산업 정책의 일관성은 1979년 미국의 원전사고[2], 1986년 구소련의 체르노빌사고[3], 2011년 후쿠시마 원전사고[4]에도 흔들리지 않았다. 특히 원전 선진국으로 전 세계가 인정했던 미국의 TMI 사고는 미국정부가 30년 동안 원전건설을 중단시킨 최악의 사고로 기록되었다. 이로 인해 미국의 원전산업이 사양길로 접어들었던 결정적인 계기를 만들었다. 미국 정부의 원전건설 중단 결정 뒤에는 TMI 사고 발생 몇 주 전에 개봉됐던 'China Syndrome(중국 신드롬)' 영화[5]와 연결되어 미국 국민의 반발이 결정적인 역할을 했다. 1979년에 중단했던 미국 원전은 2011년에 신규 원전건설 허가로 재개되기 시작했다. 하지만 30년 이상 중단된 원전건설로 인해 기술자와 산업체 수급에 심각한 애로를 겪었다.

---

2) 미국 동부 펜실베이니아주 해리스버그 소재 'TMI, three mile island' 사고는 원전 2호기에서 냉각장치 파열로 핵연료 노심의 절반이 녹아 외부로 노출된 사고. 준공 된지 1년 만에 발생한 미국역사상 최초의 원전사고로 원전 운영원의 오판이 야기시킨 인재사고로 결론이 남. 원자로(reactor vessel) 외부로 유출되었지만 원자로건물 밖으로는 유출되지 않았음.

3) 구소련, 지금의 우크라이나 체르노빌 원전 4호기가 작업조의 실수로 원자로의 안전시스템 시험과정에서 발생했던 사고. 원자로 설계결함, 허술한 안전규제, 운전 미숙 등으로 원자로가 폭발했던 사고. 이 사고는 다량의 방사능이 유출한 세계 원전사고 중 최대 사고로 기록됨.

4) 일본 동북부지역에 있는 후쿠시마원전 사고는 원인 제공이 강도 9.0인지 아니면 지진이 동반한 초대형 쓰나미인지는 의견이 분분한 상태임. 쓰나미로 후쿠시마 원전 1·2호기 원자로건물 내 비상냉각수 가동 중단으로 수소가 연쇄적으로 폭발한 사고로 이로 인해 다량의 방사성유출이 발생. 외부 전원 차단 시 당연히 가동되어야 할 비상발전기에 쓰나미 물이 넘쳐 작동되지 않아 원자로건물 내 비상냉각수 공급이 중단된 사고임.

5) 원전사고 중 최악은 노심이 녹아 원자로건물 밖으로 유출되는 다량의 방사능이 통제할 수 없는 수준으로 퍼져 가는 가상의 사고. 이 가상의 사고 시나리오를 영화로 만들어 상영함. 개봉초기에는 큰 주목을 받지 못했던 영화였지만 TMI사고로 인해 가상이 현실화된 것으로 착각한 사람들이 많았음. 원전사고에 대한 최대의 공포심을 유발시킨 영화로 기록됨.

미국 정부의 원전건설 전면 중단, 원전을 운영 중이었던 독일 등이 추가 건설 중단을 선언했던 것과 달리 우리 정부는 원전산업과 기술정책의 일관성을 유지했다. 특히 TMI 사고 발생 시점에 미국과 벨지움에 원전기술 습득을 위한 연수생 파견을 포기하지 않고 일관되게 실행에 옮겼다. 정부는 원전기술 국산화 및 자립화는 국가가 포기할 수 없는 정책으로 인정했다. 원전기술 국산화 및 자립화 정책 중심에 인재 확보가 있었다. 유치 과학자 및 기술자로는 필요한 인재를 충당할 수 없다고 판단했다. 정부 예산을 투입해서라도 인재 양성은 불가피하다고 판단한 것이다.

유능한 인재를 양성하는 데 대규모 투자를 해도 유입된 인재가 직업의 안정성과 시장성을 보장받지 않으면 교육·훈련과정에서 이탈할 가능성이 높다는 사실을 알고 있었다. 동시에 국산화를 위한 기술자립을 위한 산업체의 투자를 유치하기 위해서는 원전산업의 시장성을 확실하게 보여 줘야 할 필요성을 인지했다. 1970년대 초반에 수립한 '장기전원개발계획(현 전력수급계획)'에 2000년까지 원전건설 40기를 포함하여 기술자와 산업체에 강력한 시장 메시지를 전달했다. 1967년에 발표한 장기전원개발계획에 500MWe급 원전 2기를 1976년까지 준공하는 계획을 포함했다. 원전2기 건설에 필요한 투자비는 당시 정부의 1년 예산보다 4배가 많았다. 기술자와 산업체는 정부가 보낸 확실한 메시지를 믿었다.

정책그룹은 한국원전산업의 미래를 위해서는 정부나 공공기관(당시 한국전력공사)의 힘만이 아닌 산업체를 참여시켜야 함을 알고 있었다. 동시에 규모의 경제를 고려하면 산업과 기술자 전체의 역량을 끌어 올리는 것은 불가능하다고 판단했다. 이때 당시 정부의 기술정책 저변에 '흘러넘치는 효과(spill over effect)'개념이 깔려 있었다. 기술자는 소수 정예그룹 양성에 집중 투자하고 산업체는 역할 분담을 통해 '선택과 집중'역량을 높이기로 했다. 기술과 산업을 선도할 수 있는 소수정예그룹을 양성하여 습득된 기술을 타 산업과 기술에 전파하겠다는 정책 기조를 유지했다.

원전의 안전성을 국민에게 보장하기 위해서는 실증을 통해 보여주는 정책이 최선이라 판단했다. 1967년에 결정한 고리 1·2호기 건설을 통해 한국도 원전 운영국에 진입하겠다는 것이다. 산업체의 기술개발 투자를 유도하기 위한 정책으로는 기술 국산화에 대한 인센티브를 주기로 했다. 기술자립 정책이 목표에 도달할 때까지 기술개발에 참여하는 산업체에게 가격으로는 외국산 대비 약 15%, 기술개발 및 원전건설 참여 실적인센티브도 발주와 입찰안내서에 포함했다. 당시 수립했던 정책이 '산업합리화'였다. 기술자립이 목표하는 수준에 도달할 때까지 산업체의 독과점을 유지해 주기로 한 것이다. 산업합리화 제도는 지금의 특별법(예: 국가균형발전특별법, 공공기관이전특별법 등)과 성격이 유사한 한시적 제도였다. 정부가 수립한 정책을 뒷받침하는 이 제도는 학자와 산업계의 목소리를 담아 제도화시킨 결과였다.

원전산업의 기술정책은 국제 정세 흐름에 맞춰 목표를 변화시켜 왔다. 기술 국산화 정책은 막대한 외국 자본 유출을 방지하겠다는 의지로 출발했다. 1970년대 중반에 이 흐름이 변하는 사건이 생겼다. 1973년과 1978년에 발생했던 중동발 국제석유파동은 에너지 부존자원이 수요량의 3% 미만에 머물렀던 국내 현실을 실감하게 했다. 에너지 독립이 정책에 영향을 미치기 시작했다. 정부는 기술 국산화에서 기술자립으로 정책 방향을 변경하기 시작했다. 에너지 자원 빈국이 지속성장하기 위해서는 에너지 독립이 필요했다. 원전 일변도에 변화가 있었다. 원자력, 화력, 공해감소를 위한 에너지원 개발 등을 원전기술 정책에 담기 시작했다. 동시에 같은 원전이라도 미국 일변도가 아닌 캐나다(중수로 원전인 CANDU)와 프랑스(경수로 원전)로 다변화시키는 정책을 수립했다. 캐나다 원전도입은 우라늄의 무기화에 대한 리스크를 고려했다. 프랑스 기술도입은 원전기술의 포트폴리오 구축 정책의 일환이었다. 한때 프랑스원전 기술도입의 대가로 외부에 공개할 수 없는 한국과 프랑스 정부 간 비밀 약속(?)이 있었다는 소문이 돌았었다. 미국의 영향력에서 벗어나기 위한 나름의 시도였으리라 추정된다.

원전산업 기술정책에 빼놓을 수 없는 것이 있다. 최고의 기술 수준을 요구하면서도 안전 제일주의 원전을 건설 및 운영하는 기술은 최첨단보다 검증된 기술만 활용하려 든다. 검증된 기술 확보는 동일한 원전을 반복적으로 건설하는 것이 가장 확실한 지름길이라 판단했다. 검증된 기술을 확대하고 기술을 고도화하기 위해서 가장 확실한 방법은 한국원전의 표준화에 있다고 판단했다. 정책 연구과제로 원전표준화를 선정했지만 연구실 연구가 아닌 실제 사업을 통해 얻은 경험과 지식을 고도화시키는 경로를 선택한 것이다. 세계 어느 나라도 선택하지 않았던 정책 방향이었다. 원전건설과 운영의 안전성을 보장하기 위해 검증되지 않은 기술은 최첨단이라도 실증과정을 거치지 않은 기술은 사용하지 못하도록 원자력안전규제에 포함했다. 정부의 정책과 산업체의 동참이 만들어 낸 한국만의 고유한 성공신화는 이런 과정을 통해 만들어진 것이다.

건설의 속성이 바뀔 수 있음을 보여 준 정책과 전략

글로벌 건설산업이 공통으로 인정하는 전통적인 속성이 있다. 건설은 주문 때문에 생산(order-made)되며, 비반복(non-replication), 비복제(non-duplication), 비표준화(non-standarization) 등 4가지가 타 산업과의 속성 차이를 대변하는 것으로 인식되어 왔다. 현재도 국내건설에서는 이를 믿고 있다. 때로는 이 속성 차이를 부각해 타 산업과 타 기술로부터 건설의 울타리를 보호하려는 의도가 숨겨져 있다. 최근 부상하고 있는 3D 프린트, BIM 등으로 건설산업이 주장하는 4가지가 더는 시장과 산업을 보호할 수 있는 무기가 될 수 없음을 알면서도 애써 이를 회피하는 이유를 알 수는 없다. 2015년 1월 다보스포럼에서 핵심 의제 중 하나가 '산업과 산업, 기술과 기술의 경계선 붕괴[6]'였다는 사실로도 건설의 4가지 속성을 주장할 수 없는 상황이다. 산업 내 경쟁에서 산업 간 경쟁으로 세계시장의 흐름이 급격히 변하고 있다.

한국원전 산업의 국제경쟁력 확보를 위한 정부의 정책과 전략은 틀에 박힌 건설의 속성에 정면 도전하는 것이었다. 기술 국산화와 기술자립은 내수시장 보호를 위한 정책이었다. 한마디로 요약하면 '오로지 국산(only Korea)' 정책이었다. 국산화 및 기술자립의 잣대는 내수시장에 한해 국산화율 목표 대비 실적으로 평가했다. 이 평가는 한국원전 산업 내 주관적 평가이자, 절대평가였다. 국산화 및 자립화를 위한 지원 정책은 1995년 세계무역기구(WTO) 협약서상 시장 개방에 서명함으로써 원전산업 국산화 및 기술자립 정책에 근본적인 변화가 필요했다. 수출 제일주의를 내세운 정부가 국산화를 고집할 수 없었기 때문이다. 한국경제의 대외무역 거래 의존도가 70% 이상이라는 점에서 국산만을 고집할 수 없었다. 국산화 정책의 제1 목표는 원가(cost) 절감을 통해 외화 유출을 막는 데 방점이 있었다. 수출은 수입과 불가피하게 연동될 수밖에 없다. 무역거래는 기본적으로 '주고받기(give & take)'이며 일방향이 될 수 없는 쌍방향이 되어야 한다. 이때부터 정부의 원전산업 정책은 서서히 'only Korea'에서 'core Korea'로 방향이 전환되기 시작했다. 원가(cost)경

6) 매일경제신문(2015), 2015 다보스 리포트: 불확실성과 변동성의 시대, 성장 해법을 찾다

쟁에서 가치(value)경쟁으로 정책 방향을 틀기 시작한 것이다. 원전산업이 타 산업에 미치는 파급 및 연쇄효과(impact & chain effects)를 노리는 정책으로 선회했다. 국제시장에서 경쟁력을 확보하기 위해서는 주관적인 절대평가를 객관적 비교인 상대평가 방식으로 전환했다. 상대평가는 정성적이 아닌 정량적 평가로 무게 중심을 옮겨야 했다.

한국의 원전산업과 기술정책은 경쟁력 확보를 위한 기본전략을 건설의 속성 4가지 중 3가지(비반복·비복제·비표준)에 정면으로 반하는 데 중점을 뒀다. 주문생산도 '1 주문 1 생산'을 '1 주문 多 생산'으로 방향을 변경했다. 정책은 한국원전을 해외시장에 상품화시켜 원전이 가진 부가가치를 극대화하기로 했다. 정책 목표 달성을 위해 선택한 전략은 '표준원전'개발이었다. 한 번의 주문이지만 이미 산업체 역할을 고정했기 때문에 산업체는 주기기생산을 지속적으로 할 수 있어 투자대비 생산성을 극대화할 수 있었다. 정부는 원전 건설 투자와 병행하여 한국원전을 대표하는 표준원전 기술개발을 국가 R&D 과제로 선정했다. 한국표준원전 기술개발의 시초는 1982년에 'OPR 1000'이라는 1,000MWe급이었다. 원전이 가진 안전성과 신뢰성, 그리고 성능확보에 대한 리스크를 줄이기 위한 전략은 '선 사업(project), 후 표준(OPR 1000)'이었다. 한국표준원전의 모델을 국내 산업체가 최초로 주도했던 프로젝트는 영광(한빛) 3·4호기였다. 영광 3·4호기는 전력수급계획에 따라 실제 건설되는 원전이었다. 표준원전기술개발 연구진은 영광 3·4호기 건설 프로세스를 그대로 복기하면서 안전성과 품질, 그리고 성능을 향상시키는 기술을 영광 3·4호기 종합설계와 1·2차 주기기설계에 반영했다. 영광 3·4호기 준공과 더불어 한국표준원전인 OPR 1000이 완성되었다. 표준원전 OPR 1000을 후속 원전(울진 3·4호기)부터 반복적으로 사용하기 시작했다. 영광 3·4호기는 한국표준원전의 기술검증을 위한 일종의 'test-bed'역할을 겸했던 셈이다. 국내 산업체가 주도했던 첫 원전건설과 첫 표준원전이 동시에 진행된 것이다. 사업비와 R&D 투자가 동시에 이뤄진 셈이다. 한국표준원전은 최소 6기까지 반복하여 건설함으로써 안전성과 기술성, 성능 모두를 만족시키는 실증과정을 거쳤다. 정부는 국내 전력설비 용량이 증가하면서 표준원전의 전력생산 용량을 1,000MWe에서 1,400MWe로 40% 늘리기로 했다. 용량 증가폭을 50% 늘리자는 일부의 주장도 있었지만 신흥국 전력시장 수용력을 고려하여 1,400MWe급으로 했다. 차세대 한국표준원전에 'APR 1400[7)]'이라는 이름을 붙였다. 단순히 용량만 늘린 게 아니었다. 원전의 설계수명을 기존의 40년에서 60년으로 증가시켰다. 내진기준을 기존의 0.2g에서 0.3g으로 대폭 증가시켜 안전성을 높였다. 한국의 표준원전은 연구실에서 개발한 기술이 아닌 실제 사업을 통해 검증한 기술이기 때문에 국내에서는 충분히 안전성과 성능을 확인할 수 있었다. 하지만 국제시장의 상품으로 내놓기 위해서는 국제기관의 인증이 필요했다. 국제기관의 인증을 받기 위해 APR$^+$1400 설계를 세계적으로 공인받고 있는 미국원전규제위원회(NRC, nuclear regulatory commission)의 설계인증(design certificate)을 받았다. NRC의 인증을 받은 한국표준원전인 APR$^+$1400은 실제 사업으로 연결되지는 못하고 있는 실정이다. APR 1400은 신한울 3·4호기에 이어 한국의 첫 해외원전인 아부다비에 수출했다(09.12.27. 공식계약). 한국원전의 신규 원전은 APR$^+$1400이 될 것으로 예상되며 해외시장에서도 한국의 대표 원전은 APR$^+$1400이 될 것으로 예측된다.

절대평가에서 상대평가로 변하면서 국제시장에서 한국원전의 경쟁력을 계량적으로 표시할 수 있어야 한다고 판단했다. 구체적인 숫자를 제시하기로 했다. 원전건설투자비의 25%가 공기와 관련된 간접비(이자지급비와 물가상승

---

7) APR은 'advanced pressurized reactor'의 약칭이며 1400은 전력생산 용량을 의미함.

비, IDC/EDC)였다. 표준원전을 통해 공기를 세계 최고 수준으로 단축하기로 했다. 표준원전의 반복·복제를 6기에 적용함으로써 종합설계(AE, architect engineering)와 공사비, 주기기제작비 등을 절감시키기로 했다. 또한, 원전 가동률과 이용률을 세계 최고 수준에 도달시켜 한국원전산업의 경제성과 경쟁력, 그리고 안전성과 성능을 계량적으로 실증해 보이기로 했다. 이러한 객관적인 계량 값이 국제 원전건설 시장에서 한국원전의 우수성과 매력을 동시에 얻을 수 있는 전략을 펼쳤다.

정부의 원전기술 정책은 일회성에 머물지 않았다. 원전건설이 계획에서부터 상업 가동까지 10년이 소요됨을 고려하여 10년을 주기로 원전기술을 지속적으로 향상시켜 왔다. 1982년 첫출발한 한국표준원전 기술개발 과제가 1992년에 APR 1400으로 새롭게 출발한 것이다. APR 1400 기술을 한 단계 더 높인 APR⁺1400을 국가전략 연구과제인 G7에 포함했다. 원전건설 기술의 자립에서 국제경쟁력으로 옮겨갈 정도로 자신감이 붙은 정책은 연구용원자로와 소형원전(SMR, smart modular reactor)을, 한국원전산업이 기술로 개발하여 해외시장을 겨냥하기 시작했다. 연구용 원자로는 2010년 요르단에 수출했다. 한국의 소형원전인 SMART는 2012년 세계 최초로 미국 NRC로부터 표준설계인증을 받기까지 했다. 원전기술 개발의 파급 및 연쇄효과로 볼 수 있다.

원전도입을 첫 시도하는 국가를 위해서 건설과 운영, 유지 및 보수 등 원전의 전 수명기간 동안 적용할 수 있는 '원전산업기술기준(KEPIC)'을 8년(1987~1995)간에 걸쳐 개발했다. 이 기준은 추후에 한국전력산업 전체를 포괄하는 범위로 확대되었다. 신흥국 대부분이 원전을 필요로 하면서도 필요한 법과 기준, 인허가 절차, 안전성 검토 및 승인 등 법·제도 기반이 아주 취약하다. 한국은 경험을 통해 통달했기 때문에 건설과 함께 KEPIC을 자체적으로 개발하여 미국 등 규제 및 표준기구로부터 인증을 받았다. 원전을 도입하려는 신흥국의 애로사항이 무엇인지를 알고 있었기 때문에 가능했다.

세계 원전시장은 보이지 않는 힘에 좌우

한국의 대통령이 2021년 11월 초 체코와 헝가리를 방문했다. 하루 사이로 열린 국가정상들과의 만남에서 탄소중립과 원전이 주요 아젠다로 다뤄졌다. 헝가리와 체코에는 원전이 없다. 그러나 탄소중립을 실천하기 위해 원전도입을 국가차원에서 검토하고 있는 것으로 알려졌다. 특히 체코의 경우 한국원전산업에 대해 특별한 관심을 가지고 있어 한국이 공들이고 있는 것으로 알고 있다. 흑해 연안에 원전을 짓기로 터키 정부가 결정했다. 결정하기 전부터 일본 수상과 러시아 대통령이 터키를 방문하여 대통령을 면담했다. 우리나라도 관계자가 터키 당국자를 수차례 만났다. 입찰공고가 나기 전부터 러시아 원전이 채택될 것이라는 소문이 국제 원전산업계에 떠돌았다. 소문이 사실로 밝혀지기까지는 그리 오랜 시간이 걸리지 않았다.

2009년 12월 아부다비에 한국의 표준원전 APR+1400 4기를 약 400억불에 짓기로 한 계약서 서명식이 있었다. 아부다비 원전건설의 주계약자인 한국전력공사는 종합설계 자문사로 미국 AE사를 선정했다. 한국이 자체 개발한 표준원전 APR+1400에 기술력이 부족해서 미국 AE사를 자문사로 선정했을지 궁금했지만, 공개적으로 밝힐 수 없었던 이유가 있었을 것으로 추정된다.

원자력은 인류에게 방사능 유출로부터 안전하게 방어할 수 있는 안전(safety) 보장과 함께 무기로 만들어 국가와 국민의 안보를 위협하지 않는다는 보안(security) 보장 등 2가지 큰 숙제를 던졌다. 원전의 안전보장은 까다롭고 엄격한 기준과 인허가규제를 통해 기술적으로 해결할 수 있게 만들었다. 핵무기 제조를 예방하기 위해 유엔이 주도하여 국제협약인 핵확산금지조약(NPT, nuclear nonproliferation treaty)을 1970년 3월부터 발효시켰다. NPT에서 공식으로 인정하는 핵무기 보유국은 미국, 프랑스, 영국, 중국과 러시아 등 5개국에 불과하다. 5개국 모두 자력으로 원전을 건설 및 운영하는 국가다. 전술했던 바와 같이 원전은 공공의 영역으로 국가 전략 산업이 될 수밖에 없다. 세계 원전시장도 자연스럽게 국가대항전이 될 수밖에 없는 이유다. 국가 대표선수가 공개된 경쟁에 참가하는 국가대항전과 달리 원전은 무대가 만들어지기 전부터 치열한 외교전이 펼쳐진다. 공식으로 입찰공고가 난 뒤 경쟁에 뛰어드는 것은 원전산업의 속성에 대한 지식이 부족하기 때문이다. 핵무기 보유 5개국과 일본은 세계 원전시장에서 한국원전산업의 최대 경쟁국이다.

세계 원전시장에 뛰어들기 위해서는 원전건설 및 운전 실적 경험, 기술 및 PM 능력, 자금력, 외교력과 도입 예정국 발주기관과의 네트워크가 구축되어 있어야 한다. 세계 원전시장은 '가랑비에 옷 젖는' 전략이 필요하다. 가랑비로 옷을 젖게 만들려면 긴 시간이 필요하다. 치밀하고 조직적인 접근이 필요하다. 국가대항전 무대 뒤에서 펼쳐지는 국가 간의 보이지 않는 경쟁은 '도덕과 윤리'가 무시될 정도로 치열하다. 마타도어식 소문 퍼뜨리기, 경쟁 상대국의 원전산업 정책(우리나라 탈원전정책은 상대국의 좋은 먹잇감이 되었음) 약점을 침소봉대(針小棒大)하려는 도입국 언론을 자극하는 것은 애교 수준이다. 불합리하지만 국제경쟁에서 승리하기 위해서는 공개되는 정공법과 함께 무대 뒤편에서 벌어지는 국가대항전에 참가할 수밖에 없다. 2021년까지 한국원전산업에 가장 취약한 약점이기도 했다. 특히 우리 국민이 가진 체면과 겸양은 무대 뒤편 경쟁에서는 불리할 수밖에 없다.

한국원전은 국가대항전에서 부각될 수 있도록 만든 정책과 전략 덕분에 경쟁국과 차별화되는 특별한 강점이 있다.

첫째, 한국원전은 가압수형원자로(PWR, pressurized-water reactor) 시장에서 강력한 일괄공급망(SCM, supply chain management) 혹은 만능해결사(TSP, total solution provider) 역량을 완벽하게 구축하고 있다. 도입 국가의 산업 수준에 맞게 생산 및 서비스 생산체계를 맞춤형으로 재단할 수 있다. 추후에 기술할 일본이나 프랑스 원전산업이 갖지 못한 장점이다.

둘째, 한국원전은 26기를 동일한 SCM 형태로 건설 및 운영한 실증 경험을 갖추고 있다. 중국을 제외하면 나머지 5개국이 갖지 못한 실증 경험이다.

셋째, 1978년 첫 원전 가동 이후 43년 동안 방사능을 유출한 사고나 치명적인 운전 결함이 없었다. 건설과 운영 기술에 대한 확실한 보장성 실적 경험이다.

넷째, 26기 이상을 건설 및 운영해오면서 경험을 통해 검증된 기술을 보유한 인적자원이 풍부하다는 장점이 있다. 기술은 초기 입력(input, 예, 설계기준), 수행(process, 예, 계산)과 검증(output verification)에 걸친 3박자 능력을 가져야 완벽하다. 한국원전은 이러한 3박자를 갖추고 있어 국제시장에서 충분히 경쟁할 수 있는 기반이 구축된 셈이다.

다섯째, 원전도입국에 매력을 끌 수 있는 원전산업기술 기준(KEPIC), 짧은 건설공기와 생산단가($/KWe), 품질과 성능을 나타내는 지표인 이용률(%)과 가동률(%)이 세계 평균 이상[8]이라는 실적통계를 보유하고 있다.

한국원전이 가진 강점에도 불구하고 한국원전 정책이 1958년부터 일관되게 유지해 왔던 부흥 정책은 2017년 5월부터 '탈원전'으로 갑자기 변했다. 1970년대 장기전원개발계획에서도 원전을 주력으로 했지만 'only 원전'은 아니었다. 에너지 자립을 위해 정부가 내세웠던 정책은 에너지원 다양화(탈탄

8) 한국전력거래소 전력통계정보, EPSIS, 해외발전실적, www.kpx.or.kr

소에너지, 수력발전 등)였다. 2017년 5월 이후 한국원전은 세계원전 시장경쟁의 무대 뒤편에서 전쟁을 치러야 할 무기를 잃어버린 것이다. 한국의 탈원전정책은 경쟁상대국에게 좋은 무기를 안겨주는 것과 다름없다. 기술만으로 세계 원전시장에 얼마든지 진출할 수 있다는 국내 일부의 주장은 우리가 마치 원전강국이 된 것처럼 인식하는 순진한 생각에 지나지 않는다. 세계무역기구(WTO)가 공식적으로 인정하는 세계 공용어는 영어·불어·스페인어 세 가지다. 특히 영어는 세계 공용어로 인식될 만큼 광범위하게 사용된다. 유감스럽게도 한국은 3개 공용어에 취약한 약점을 가지고 있다. 반드시 지적되어야 할 과제 중 하나로 홍보역량 부족도 꼽을 수 있다. 홍보는 하나를 가지고도 10가지를 가졌다고 포장할 정도의 전략적 접근법이다. 기술로는 '1+1=2'가 정답이지만 홍보 혹은 캠페인 전술로는 '11'도 만들어 낼 수 있다는 의미다. 기술에 대해 스스로 만족하지 못하는 것은 기술발전을 위해서는 미덕(?)이겠지만 세계 경쟁 무대에서는 치명적인 약점으로 작용한다. 겸양의 미덕이 오히려 무대 뒤에서는 역작용한다. 한국원전이 가진 장점과 강점을 체계적으로 포장하지 못하는 홍보력과 취약한 외국어능력은 개선되어야 할 과제다.

정부가 해외사업 활성화를 위해 2017년부터 내걸었던 슬로건은 'Team Korea'였다. 세계 원전시장은 국가대항전으로 어느 한 기관이 독자적으로 추진할 수 없는 국가연합으로 가야 한다는 점에서 'Team Korea+정부'에 답이 있다. 한국원전이 가진 장점을, 원전을 도입하려는 신흥국에 줄 수 있는 전략은 내(I)가 아닌 우리(we)다. 한국원전이 가진 경험으로 축적된 지식과 정보, 그리고 생산능력을 상대국과 공유하는 전략을 내세워야 승산이 있다. 원전 도입국가와 '함께(together)'하기 위해 기술전수와 공유, 그리고 상대국의 인력 및 산업설비의 자국화를 통해 한국원전이 지원해 줄 수 있는 것을 최대한 부각하는 전략이 필요하다.

국가별 원전산업의 생태계에 대한 이해

원전은 공공의 영역인 만큼 국가 정책에 절대적인 영향을 받는다. 한국원전의 기술자립 및 독립을 위한 정책은 반복 건설에 의한 안전성과 기술의 완성도를 높여가는 정책이었다. 반복과 복제로 경제성을 높이는 것도 물론 정책에 포함되어 있다. 세계 최고 수준에 도달한 한국원전이 국제무대에서 경쟁해야 할 국가는 5개국 내외로 평가된다. 이들 국가의 원전산업 생태계를 제대로 이해할 필요가 있다. 적을 이해할수록 승리의 가능성이 높기 때문이다. 국제경쟁 무대에서 영원한 적도, 영원한 친구도 없다고 하지만 원전도입 국가로부터 매력을 끌기 위해서는 때로는 적과의 동침도 필요하다.

1) 전성기 때 호랑이가 종이호랑이로 바뀐 미국

원전산업에 필요한 과학 및 기술, 그리고 세계에서 가장 많은 원전 93기를 2020년 현재 가동 중인 국가가 미국이다. 1979년 3월 발생한 TMI 원전사고 이후 34년 동안 신규 건설을 중단했다. 한때 미국의 최대 강점이었던 과학 및 공학기술은 원전건설 중단으로 과학기술만 살아남았고 공학기술은 거의 전멸하다시피 했다. 세계 원전산업에서 호랑이로 보이지만 내부를 들여다보면 '종이호랑이'에 불과하다. 원전산업의 쇠퇴로 인해 다수의 원전건설 전문기술자 그룹이 떠나버렸기 때문이다. 미국원전 시장은 자유 시장답게 지구상에 존재하는 거의 모든 원전 노형이 집결되어 있다. 최소 8종류 이상이 건설되었다. 한국원전이 주력으로 선택했던 PWR에도 4개의 1차 계통공급자가 있었다. 1970년대 전성기에는 원전의 AE역할을 수행할 수 있는 업체수가 13개에 이를 정도였다. 미국의 원전은 발전사와 AE사 주도로 건설되는 구조다. 몇몇 발전사(예: 테네시강 유역개발공사, 남가주전력회사 등)는 자체 AE 전담부서를 두기도 했다. 원전기술의 핵심에 속하는 1차 계통은 주기기공급자가 계통 및 기기를 설계하고 제작하는 일체식이다. 현 해외원전 시장에서 미국원전 산업이 독자적으로 경쟁에 나서기는 어려울 것 같다. 기술력과 생산력을 갖춘 국가와의 연합진출이 불가피해 보인다. 종이호랑이로 불리는 미국의 원전산업이지만 세계 최강의 과학·기술력을 가진 미국은 언제든지 원전산업의 최강국으로 되돌아올 수 있는 잠재력이 충분한 국가다. 이런 틈새시장 관점에서 보면 한국원전산업은 당분간 세계시장 원전건설 경쟁에서 미국과 손을 잡고 동반 진출하는 전략이 필요하다는 분석이다.

2) 산업생태계의 취약성을 뛰어넘는 정부정책과 금융지원 전략을 가진 일본

일본의 원전산업[9][10]은 독특한 생태계가 구축되어 있다. 2020년 현재 33기 원전을 가동하고 있는 원전산업은 2011년 3월 후쿠시마원전 사고로 급격하게 쇠퇴하기 시작했다. 한때 원전이 일본전력 생산비중의 30%에 이르렀지만 현재는 5.1%로 급락했다. 일본원전 산업은 한국이나 미국과 달리 1차 계통 주기기 공급자가 주도하는 시장이다. 일본 원전산업에는 국제시장에서 경쟁할 수 있는 주기기 공급자가 3개사(예: 도시바, 미쓰비시 등) 정도 있지만 한국원전과 같은 종합설계(AE)사가 없다. 일본 원전건설 시장은 주기기공급자가 주도하는 'island(1차 측과 2차 측 분리)' 생태계다. 주기기공급자가 결정되면 자연스럽게 공종별(예: 토목과 건축, 배관 등) 협력업체가 결정되는 구조다. 흔히 이야기하는 '일본주식회사' 생태계가 계약단위로 형성되는 셈이다. 일본 내에서는 강점이지만 해외시장에서는 최대 약점[11]으로 꼽힌다. 일본 원전산업이 해외시장에 진출하기 위해서는 AE사가 아닌 1차 계통 주기기

9) http://en-wikipedia.org/list of commercial nuclear reactors

10) www.world-nuclear.org/information-library

11) 이복남(2011), 해외건설시장에서 한국건설업체들의 강점과 비결, 일본해외건설협회(OGAJI) 주관 한일건설기술세미나 발제자료

공급사가 나설 수밖에 없는 구조다. 일본원전도 이 사실을 잘 알고 있다. 한국원전이 가압경수로에 집중하는 반면 일본 원전은 비등형경수로(BWR, boiling water reactor) 비중이 월등하게 높다. 2011년 후쿠시마 원전 사고 이후 운영과 건설을 중단한 대부분의 원전도 BWR이다. 한국원전과 해외시장에서 경쟁하기 위해서 일본은 정부정책과 금융지원을 최대 무기로 활용할 수밖에 없는 취약점이 내재되어 있다. 후쿠시마 원전사고 이후 일본이 주력으로 선택했던 BWR 원전이 PWR에 비해 안전성[12]이 떨어진다는 이유로 세계 원전산업은 더 이상 BWR 노형 선택이 어려울 것으로 예상된다. 일본 원전산업이 해외시장에서 한국과 경쟁하는 데는 기술적인 약점 외에도 1차 계통 주기기공급자 주도형이라 상대국 산업과 호환성이 결여되는 취약점이 있다. 그럼에도 정부와 금융지원은 한국원전에 비해 강점을 가지고 있어 동반 진출을 고려해봄직하다는 판단이다.

3) 국가 주도 원전산업 생태계를 보유한 프랑스

선진국의 전력에너지 생산에서 가장 원전 비중이 높은 국가가 프랑스다. 프랑스는 2020년 현재 56기를 운영하여 국가 전체 전력생산 내 원전 비중이 70.6%다. 프랑스 원전기술의 원조는 미국이다. 미국기술을 도입하여 자국의 독특한 생태계를 구축, 성공한 국가다. 프랑스 원전산업 생태계는 국가가 주도하는 1차 계통과 2차 계통으로 이원화시켰다. 1차 계통은 아직 국영기업이 주도한다. 일본원전과 유사하게 1차 계통 'island'와 2차 계통 'island' 생태계를 가지고 있다. 일본원전과 차이점은 1차 계통과 2차 계통의 열평형균형을 설계하는 국영 설계기업에 있다. 동일한 점은 1·2차 계통 모두 공급자 주

---

12) PWR이 원자로 안에서 1차 계통이 작동되는 3차 시스템(원자로, 증기발생기, 냉각수 등)인 반면 BWR 노형은 원자로와 증기발생기가 합해진 2차 시스템으로 원자로계통이 원자로건물 밖으로 나오는 이유로 안전성이 저하된다는 인식을 갖게 만듦.

도형 건설시장 생태계가 구축되어 있다는 것이다. 유사한 생태계에도 불구하고 시공업체 선정은 국영전력회사(EDF, electricitéde france)가 주도한다는 점에서 일본과 차이가 있다. 원전의 주력 노형도 PWR이라는 점에서 세계시장에서 강점이 있다. 기술력과 생산력 모두에 강점이 있다는 뜻이다. 다만 종합사업관리(PM)을 국영전력회사가 주도하기 때문에 원전도입국의 전력회사에게는 부담이 될 수 있다. 자국화가 어렵기 때문이다. 프랑스어가 세계 3大 공용어임에도 불구하고 비불어권 국가에는 문서와 기술의 자국화 정책에 걸림돌이 될 수 있다. 프랑스가 미국원전 기술을 도입하면서 자국화에 가장 우선시한 부문이 용어 전체를 불어화하는 전략이었다. 프랑스 내 자국화 목적은 달성했지만 외국에 수출하기 위해서는 대부분 국가가 국제 거래에서 영어 사용 조건을 달기 때문에 영어로 재번역하는 과정에서 원래의 영어가 되살아나지 않는다는 약점이 보였다(실제 국내 울진 1·2호기 건설 당시 국내사용 영어와 프랑스를 번역한 영어 사이에 큰 차이가 발생). 프랑스 내 정착된 국가 주도 원전산업 생태계가 해외시장 진출에서는 산업생태계 일부만 이동하기 때문에 경쟁에 불리하게 작용한다. 이 약점은 국제경쟁 시장에서 당분간 극복하기 힘든 프랑스 원전산업의 장애로 작용하게 될 것으로 예측된다. 자존심이 남다른 프랑스 국민의 인식을 고려하면 프랑스 원전산업계가 쉽게 세계시장에 스며들기는 어려울 것으로 예상된다.

4) 기술 강국을 내세우는 러시아

2018년부터 한국원전이 공을 들였던 터키 시노프(Sinop) 원전 수주 경쟁에서 러시아 원전에 패배했다. 한국원전이 기술전수와 검증된 기술, 그리고 국산화 조건을 제시했지만 기술력과 자금력, 그리고 '+α(플러스 알파)[13]'를 내세운 러시아 원전에 밀렸다. 푸틴 대통령이 터키 대통령을 만나기 위해 방문했고 또 러시아가 주력으로 선택한 PWR 노형이 터키 정부 입맛에 맞았다. 터키와 러시아 사이 종교 기반의 문화가 러시아 수주를 도왔다는 얘기도 들렸다. 흑해를 사이에 두고 러시아와 연안을 함께 공유한다는 점도 일부에서는 장점으로 작용했다는 평가가 있다. 구소련이 건설 및 운영한 우크라이나의 체르노빌원전이 러시아 기술이라는 약점이 있으면서도 기술력과 가격에 강한 러시아가 외교력을 앞세워 터키 시장을 공략했다는 것이 가장 큰 원인으로 지목된다. 구소련연방이 붕괴되면서 러시아 원전산업은 부실이라는 평가를 받았던 연방국의 짐으로부터 해방되었다. 러시아는 38기의 원전을 가동 중이며 전체 전력의 20.6%를 원전에서 생산하고 있다. 러시아의 풍부한 원전건설 및 운영 경험에도 불구하고 선진국에서는 러시아 원전의 안전성을 크게 신뢰하지 않는 분위기다. 한국원전이 해외시장 경쟁에서 러시아에 비해 유리한 점은 검증된 경험과 기술, 그리고 자금력이지만 원전산업 수출에 절대적으로 작용하는 정부정책과 외교 역량에서 불리한 것이 현실이다. 한국원전이 러시아와 국제무대에서 경쟁할 때, 무대 뒤에서 러시아 원전산업의 약점이 무엇인지 알았다면 활용 가능한 전략이 많다. 러시아는 해외시장 공략을 위해 로사톰사를 앞세우고 있다. 한국의 팀 코리아와 같은 개념으로 해석된다.

---

13) 국제원전 경쟁은 문서화되지 않는 양국 간 협약이 실제로 존재하는 것이 관행처럼 굳어져 있음

5) 탄소중립 시대 원전산업 강국의 꿈을 키워가는 중국

51기의 원전을 가동하고 있고 16기를 건설하고 있으며 2060년 탄소제로 국가로 가기 위해 추가로 150기 건설을 추진하겠다는 게 중국 정부의 에너지 정책이다. 중국원전이 주력으로 선택한 노형은 2기(가압중수형 원자로, PHWR, pressurized heavy water reactor)를 제외하면 한국원전과 같은 PWR이다. 다만, 원전 용량은 대부분 1100MWe급 이하다. 중국원전은 대표적인 국가경영 주도산업이다. 설계에서부터 운영까지 국영기업이 담당한다. 중국원전 산업은 당분간 해외시장 진출에 국가 역량을 총동원하지는 않으리라고 예측된다. 중국 원전산업이 자국 내 원전시장을 소화하기에도 여력이 충분하지 않기 때문이다. 1990년대까지만 해도 중국원전은 자체기술로 원전건설을 주도할 수 없었다. 국내 원전건설이 주춤하는 틈을 타 한국 내 원전기술자를 중국원전으로 유치하려는 노력이 활발했다. 동시에 부족한 원전기술자를 충원하기 위해 우리나라가 1970년대 구사했던 것처럼 해외 과학자와 기술자를 유치하는 정책을 활발하게 펼쳤다. 저자가 2010년에 중국 다야베이 원전건설현장을 방문했을 당시 해외 유치 기술자의 봉급이 중국 현지 출신 기술자의 45배에 달할 만큼 높았다. 국내 한 원전전문가가 1998년 말경에 중국정부 원전 관계자로부터 스카우트(?) 제안을 받았다. 파격적인 대우를 제시했지만 거절하고, 은퇴한 다른 전문가를 추천했다고 들었다. 중국 정부관계자가 제시했던 조건과 실제 현지에서 지불한 대가에는 차이가 났지만 국내보다는 파격적이었던 것은 사실이었다. 중국 정부가 원전건설 기술 확보에 공을 들인 만큼 원전산업의 기술수준은 국제 사회가 인정하는 수준까지는 도달한 것 같다. 다만 중국정부가 주도하는 원전산업의 기준과 규격, 인허가 절차가 세계적으로 공인받은 것이 아니어서 선진국으로부터 안전성에 대한 신뢰를 제대로 받지 못하는 실정이다. 중국의 원전산업은 67기에 달하는 건설 및 운영 경험을 가지고 있기 때문에 해외시장 진출 가능성은 충분하다는 평가다. 중국 정부가 원전의 해외시장 진출을 염두에 두고 있다는 소문을 2010년 다야베이 원전현장 방문 시 전해 들었다. 중국 정부의 외교력과 정책, 그리고 풍부한 자금동원 능력을 이용하면 한국원전을 포함한 서방세계 원전산업에 큰 위협을 가할 수 있는 수준이다. 다만 선진국으로부터 신뢰를 제대로 얻지 못한 원전산업의 기술기준과 규격, 인허가 절차는 중국원전 산업의 최대 약점으로 작용하게 될 것으로 예상된다.

6) 해외시장 진출 잠재력을 가진 캐나다와 영국, 그리고 인도

10기 이상의 원전을 건설했거나 가동하고 있는 국가 중 기술력을 가진 나라는 캐나다, 영국과 인도 정도다. 이들 국가 외에 독자적으로 원전을 건설하거나 운영할 여력을 제대로 갖춘 국가는 2020년까지 찾아보기 어렵다. 기술력을 갖추고 있어도 이를 받쳐 줄 산업생태계가 제자리를 찾지 못하고 있다. 캐나다는 중수로형 원전의 대표국가다. 중수로 19기를 운영하고 있으며 전력비중이 14.6%로 높은 편이다. 중수로는 저농축우라늄을 연료로 사용하기 때문에 원료 구입에서는 유리하지만 건설투자비가 경수로에 비해 약 15% 가량 비싼 단점이 있다. 우리나라 월성원전에 4기가 도입되어 있다. 원전의 다변화를 위한 정책의 일환이었다. 세계시장에서 차지하는 비중이 낮아 해외시장에서 독보적인 경쟁력을 확보하기 어렵게 되어 있다. 주요 기기에 소모되는 부품이 캐나다 원전산업에 좌우될 것을 우려하는 각국의 심리가 크게 작용하기 때문으로 해석된다.

영국은 42기 이상을 건설 및 운영한 실적을 가지고 있으나 현재는 13기만 가동하는 탈 원전정책을 펼쳤다. 탄소 중립 정책 때문에 원전을 추가로 건설해야 할 필요성이 있지만 자국 내 기술자와 산업생산 여력 부족 때문에 부득이 외국사의 참여를 희망하고 있다. 한국원전 산업이 영국원전 시장에 진출하려는 희망을 가지게 된 것도 이 덕분이다. 영국원전 산업의 특징으로 4종류 이상의 다양한 노형을 가지고 있다는 점이 지적된다. 영국원전의 대세는 경수로(PWR)와 기체냉각제원자로(GCR, gas-cooled reactor)다. 문제는 영국이 주력으로 선택한 GCR이 세계시장에서 그다지 높은 매력을 보여주지 못하고 있는 점이다. 영국 정부는 이 때문에 최근 경수로를 주력 원전으로 선정하여 자국에 건실하려는 계획이다. 과거 실적을 보면 영국 원전산업이 해외시장에서 경쟁력을 가질 수 있는 것처럼 비춰지지만 현실은 자국 내 원전건설을 위해서도 충분한 산업생태계를 갖추지 못한 약점이 있다.

23기의 원전을 가동 중인 인도가 수치상으로는 원전산업 강국으로 비춰질 수 있다. 현실은 이와는 많이 다르다. 인도 원전은 4개의 노형이 혼재하여 한국원전과 달리 기술력이 집중되기보다 분산되어 있다. 인도의 주력 원전은 캐나다의 원천기술인 가압중수형 원자로(PHWR, pressurized heavy water reactor)가 50%, 가압경수로가 35%이기는 하지만 어느 것도 완전히 기술독립국 위치에는 도달하지 못한 것으로 추정된다. 개개인의 기술력은 뛰어나지만, 응집력이 부족한 인도 특유의 기질이 인도 원전산업에도 그대로 나타나 있는 것 같다. 특히 주요 기자재를 생산해내는 산업공장의 생산역량이 그다지 높지 않은 것도 약점으로 지적되어 해외원전 시장에는 큰 위협이 되지 못한 상태다. 자금력과 기술력 부족이 해외원전 시장 경쟁력의 발목을 잡고 있다고 볼 수 있다.

2 세계가 한국원전을 주목하는 이유를 알면 시장도 보인다

한국의 원전산업은 '정책-전략-기술의 융합체'

2011년 11월 아부다비 소재 왕립 칼리파대학을 방문했다. 원자력공학과 교수를 만나기 위해서다. 칼리파대학은 2007년에 설립된 신생 대학이지만 축적된 부를 아랍연합국(UAE)은 물론 중동지역의 인재를 양성하기 위해 설립된 대학이다. 칼리파대학 원자력공학과에 교수로 임명된 사람은 미국인이었다. 당시 칼리파대학 원자력공학부 교수 10명 중 한국인이 6명이라 전해 들었다. 저자는 한국이 수주한 아부다비원전에 대해 객관적인 얘기를 듣고 싶어 한국계 교수를 만나지 않았다. 당시 국회에서는 '저가 수주', '손해 보는 장사', '무모한 수주' 등 칭찬보다 비난성 발언들이 많았다. 원전의 부가가치를 경험으로 터득해 알고 있었던 저자는 제3국의 객관적인 얘기를 듣고 싶었다. 일면식도 없었던 교수였지만 만나자마자 덥석 손부터 잡으면서 '축하한다. 친구, 한국은 중동에서 원전시장을 선점했다'고 했다. 국내와 사뭇 다른 평가는 물론 아부다비가 아닌 중동이라고 언급하는 것에 당황스럽고 또 놀랐다. 이 교수는 저자에게 한국에 돌아가면 관계자들에게 건의를 하라고 몇가지 조언을 해줬다. 한국원전산업의 총괄사령부(저자는 당시 한국전력그룹 내 원전본부로 이해)를 하루빨리 아부다비로 이전하라는 주문이었다. 귀국한 지 5일 만에 전력그룹의 사장을 만나 미국인 교수의 건의를 전달했다. 하지만 미국인 교수의 주문은 아무런 결실 없이 소멸되고 말았다.

원전산업은 공공의 영역으로, 어느 국가든 민간기업이 독자적으로 추진하지 못한다. 원자력이 가진 특성인 '안보(무기제조)'와 '안전(방사능 유출)' 때문이다. 원전건설이 가져다줄 산업 활력과 기술 확보로 인해 원전은 국가적

관심사로 부각될 수밖에 없다. 원전건설은 막대한 투자비가 소모되는 만큼 공기 지연, 예산 증가, 성능 미달, 기술 부족으로 인한 미완성 등 리스크가 크다. 산업과 기술 확보에 대한 목적을 달성하기 위해서는 규모의 경제가 절대적이다. 단지 10기 미만으로 원하는 목적을 얻기 힘들다. 국가가 원하는 목적을 달성하기 위해서는 최소 10기 이상의 원전건설 계획을 가져야만 규모의 경제성을 확보할 수 있다. 원전 1기의 용량도 규모의 경제와 직접적인 관계가 있다. 원전의 용량이 커질수록 건설단가($/KWc)가 낮아진다. 원전에서 생산되는 전기요금의 60% 이상이 건설투자비가 좌우하는 고정비다. 원전에서 생산하는 전력 단가를 낮추기 위해서는 용량은 높이고 건설투자비는 낮춰야 한다. 문제는 국가의 전력수요가 작은 경우 원전 1기가 차지하는 전력 비중이 5% 이상 높아지면 전력수급 조절에 문제가 발생할 가능성이 크다. 칼리파대학의 교수가 아부다비 대신 중동국가를 언급한 것도 이런 이유로 해석될 수 있다. 국내 최초 원전인 고리 1·2호기의 용량이 700MWe 미만이었던 것도 이런 이유 때문으로 해석된다. 아랍연합국의 전력설비 용량에서 보면 1,400MWe급은 수급조절에 문제가 생길 수도 있지만 인근 국가와 전력계통망이 연결되어 있어 문제 삼지 않았으리라 추정된다. 이런 점에서 보면 북한에 짓기로 했던 원전의 용량은 1,000MWe급으로 북한이 독자 운영하기에는 부담이 되었으리라 추정된다. 불가피하게 남한의 전력망과 연계할 수밖에 없었으리라는 예측이다. 한국의 표준원전인 APR$^+$1,400의 용량이 대폭적으로 증가할 수 있었던 이유도 늘어난 전력설비 덕분으로 해석된다.

한국원전이 2009년 중동국가인 아랍연합국에 처음으로 진출한 사례는 많은 것을 시사한다. 원전산업이 가진 속성을 이해한다면 첫 진출은 가격(cost)보다 가치(value) 창출에 무게를 뒀으리라는 예단이다. 해외시장 진입 경험이 전무했고 원전 강대국의 협력을 기대할 수 없는 상황에서 이룬 성과였음에도 불구하고 원전산업의 가치를 제대로 인식하지 못한 일부 정치권과 시민단체들의 폄하성 발언들이 국내 언론을 도배했다. 한국원전의 첫 해외진출이 향후 60년 동안 지속될 산업의 부가가치를 창출할 것이라 이해했다면 함부로 비난할 수 없다. 원전수출은 마치 소프트웨어나 컴퓨터기기를 어린 학생들에게 시중 가격보다 훨씬 싸게 공급하는 이유처럼 현재 가격(cost)보다 미래 고객의 가치(value)를 더 중시하는 것과 다를 바 없다. 시장이나 백화점 음식 판매대에 흔히 볼 수 있는 시식 코너도 음식 판매를 위한 미끼라는 사실을 알면서도 시식 후 음식을 사는 것과 같다. 한번 건설된 한국원전은 설계 수명 60년 동안 주요기기와 부품, 운영 기술지원을 필요로 하게 된다. 공기업으로 주계약자인 한국전력공사는 1차 아부다비 원전건설 수주로 손해를 봤더라도 한국원전 산업에 60년 동안 지속적으로 부가가치를 창출해준다는 측면으로 이해하면 된다. 미국인 교수가 언급한 것처럼 아부다비 진출이 중동지역 전체 시장을 선점했다는 부가가치는 단지 수주액만큼의 가격으로 따질 수 있는 것이 아니다.

예정된 부가가치를 실제 시장으로 연결하기 위해서는 정부와 원전산업 전체가 융합체로 나서야 할 충분한 이유가 있다. 이를 역으로 해석하면 원전산업이 국가전략 산업으로 되지 않는 한 기술독립도 불가능한 것이다. 한국원전의 차세대 표준원전인 신고리 3호기가 2016년 1월 상업가동에 돌입함으로써 기술의 완성도를 증명했다. 이어 아랍연합국 아부다비에 건설되기 시작한 바라카 원전 1호기가 2021년 4월에 상업가동을 시작하면서 전 세계에 한국원전의 차세대 APR 1400의 기술성과 안전성을 증명해 보였다. 세계가 한국원전 산업의 역량을 주목하기 시작한 원년으로 기록될 것으로 판단된다. 정부와 공기업, 산업체의 융합이 없었다면 불가능했을 것으로 확신한다. 한국원전은 아부다비 원전 4기 수주를 통해 시장 개척은 같이, 수행은 따로 하는 귀중한 경험을 한 것이다.

한국원전이 기술, 안전, 경제성에서 세계 최고 수준임을 자신하는 이유

한국은 1978년 4월 고리 1호기가 상업가동에 돌입함으로써 세계 원전보유국으로 진입했다. 가동이 시작된 이후 약 44년 동안 단 1건의 중대사고도 없었다. 뿐만 아니라 국민에게 방사능 피폭이라는 피해를 줄 정도로 심각한 방사성 유출사고도 없었다. 이와 같이 한국원전의 안전성을 전 세계 원전산업에 실증해 보이고 있다. 2021년 11월 한국전력거래소 통계[14]에 따르면 국내 7大 연료원별 정산단가는 LNG를 1.00(정산단가는 111.1원/KWe)의 기준으로 원전이 0.53으로 가장 낮다. 유류발전단가가 1.86, 석탄이 0.84, 재생에너지를 대표하는 태양광과 풍력이 0.78임을 비교하면 국내에서 가장 경제성이 높다. 한국원전 운영의 신뢰도를 나타내는 수치는 정부가 탈원전 정책을 선언하기 전 2016년 기준 96.49%로 상당히 높은 편이었다. 원전의 운전 성능을 나타내는 운전율 역시 81.26%로 국내 전체 평균 운전율 67.80%보다 1.2배 높다. 한국원전의 경제성이 수치로 증명되고 있는 것이다. 원전에서 생산하는 발전원가 중 건설투자비가 차지하는 비중이 60% 이상임을 고려하면 건설공기와 투자단가에서 비교 우위를 갖고 있음을 증명하는 것으로 해석된다.

경제성과 안전성, 그리고 운전의 신뢰성과 가동률에서 비교 우위를 수치로 증명해 보이는 한국원전을 세계가 주목하는 이유는 따로 있다. 우리나라가 최초 원전인 고리 1호기 건설에 착수한 1972년 기준 국민 1인당 소득수준[15]이 324달러에 불과했고 원전기술의 자국화는 10% 미만이었다. 10% 미만의 기술자국화는 기술이 거의 'Zero'라는 의미다. 당시 소득수준은 낮았고 투자 규모는 정부 1년 예산의 4배 수준일 정도로 절대 성공할 수 없는 무모한 도전

---

14) 한국전력거래소 연료원별 정산단가(2021년 11월 현재 기준), http://epsis.kpx.or.kr

15) 한국은행 주요통계지표

으로 비춰졌을 것이다. 2021년 4월 아부다비의 바라카 원전1호기를 상업가동에 진입시키면서 한국원전의 기술 수준을 전 세계에 알리게 됐다. 한국의 경제성장 기적만큼 기술 제로 국가에서 기술 독립국으로 뛰어올랐다. 기적에 가까운 일이다. 한국원전은 APR+1400을 국내 및 해외에서 잇달아 완성시킴으로써 원전건설 및 운영에 관한 완전한 독립국으로 올라섰음을 전 세계가 인정하지 않을 수 없게 된 것이다. 한국원전을 세계원전산업이 주목하는 이유는 대용량의 원전기술과 안전성을 실증적으로 보이는 검증된 기술과 경험을 축적해 놓았기 때문이다. 동시에 한국원전은 원전산업과 관련된 생태계를 'α'에서부터 'Ω'까지 완전한 체계를 갖추고 있다. 한국원전 산업의 생태계는 세계에서 찾아보기 어려울 정도의 일관성과 일원성을 동시에 충족하는 서비스와 생산설비를 갖추고 있다. 원전기획에서부터 연료가공 및 사용 후 연료 처리 기술까지 원전의 생애주기 기술을 보유하고 있다. 원전건설 및 운영을 규제하는 기준과 규격, 전략산업을 포괄적으로 다루는 원전산업기술기준(KEPIC), 그리고 인·허가 규제기관과 절차를 확보하고 있는 국가다. 원전을 도입하려거나 신규로 추가 원전을 건설하고자 하는 국가가 한국원전을 주시할 수밖에 없는 매력을 보유하고 있다. 경제성장을 위해 필수인 에너지 확보에 목말라하는 신흥국에게는 한국원전이 여러 가지 면에서 다른 선진국이 보여 줄 수 없는 매력을 가진 국가로 보이는 것이다.

전 세계가 주시할 수밖에 없는 한국원전의 매력

1962년 한국경제 성장의 기적을 이끌었던 제1차경제개발5개년계획이 발효될 당시 국민 1인당 개인소득은 67달러 수준이었다. 6·25 전쟁으로 경제와 국토전체가 거의 폐허가 된 상태였다. 하지만 58년이 지난 2020년 한국의 국민 1인당 개인소득은 31,889달러[16]로 약 476배로 폭풍성장했다. 한국은 2017년 말 세계에서 7번째로 '30-50클럽'에 가입하는 국가가 되었다. 2021년 7월 유엔무역개발회의(UNCTAD)가 유엔가입 195개국의 만장일치 아래 한국을 개도국에서 선진국 대열에 포함하는데 동의했다. 1964년 UNCTAD 설립 이후 개도국에서 선진국 지위로 오른 첫 번째 국가가 되었다. 오죽하면 우리나라를 '눈 떠보니 선진국[17]'이라고 했을까. 한국의 경제성장 기적은 국격을 높이는 데 결정적인 역할을 한다. 저자가 1979년부터 시작한 벨기에 연수시절 당시 한국음식점을 찾기도 어렵고 김치를 꺼내놓고 먹기도 어려웠던 시절과 비교된다. 국격이 높아짐에 따라 'K'로 시작하는 문화 상품(예: 미나리, BTS, 오징어게임 등)들이 전 세계시장을 강타하고 있다. 국격이 곧 경제력은 아니지만 한국의 경우는 경제력이 지금의 국격을 만들었다는 판단이다. 한국경제 성장 기적 뒤에는 과학과 기술의 힘이 있었다는 것은 부인할 수 없는 사실이다. 과학과 기술개발을 주도했던 한국원전이 세계원전산업으로부터 주목받는 것은 당연한 귀결이라 판단된다. 한국원전은 다른 국가가 갖지 못한 매력을 가지고 있다. 다만 우리가 우리를 제대로 평가하지 못하는 것이 가장 큰 문제로 생각된다. 한국원전 기술의 세계 최고 수준 도달은 돌발변수나 운이 아닌 국가정책과 산업체, 그리고 기술자그룹의 끊임없고 일관된 노력의 결과물이라 확신한다.

---

16) 국가통계포털 연간지표, http://kosis.kr

17) 박태웅(2021), 눈 떠보니 선진국

원전 도입국은 어떤 국가라도 자국화 및 기술자립을 원하게 된다. 한국은 미국이나 프랑스와 달리 협상하기 좋은 나라로 비춰질 수 있다. 협상하기 좋다는 의미는 우리보다 앞선 나라들이 경험하지 못한 기술자립과 독립, 산업생태계 구축 경험이 있기 때문이다. 창구 분산으로 인한 혼란을 방지할 수 있고 또 한국이 원전 산업 외에 경제성장 기적을 만들어 낸 국가라는 점도 신흥국에게는 더 큰 매력을 주는 것이다. 전수해 줄 수 있는 검증된 기술과 인적자원을 가진 나라는 서방세계에서 보면 한국이 가장 유리하기 때문이다. 미국과 프랑스, 일본 등은 기술전수를 해 줄 수 있는 국가지만 기술전수를 통해 기술독립을 한 경험이 없는 국가다. 대만 역시 우리나라보다 앞서 원전을 도입했고 7기를 가동하고 있지만 기술 전수와 자립에서 성공하지 못했기 때문에 한국원전을 주목할 수밖에 없다. 세계원전산업에서 기술전수를 통해 새로운 생태계를 구축한 나라를 찾기 어려운 것도 한국원전의 또 다른 매력이라 판단된다. 한국원전이 세계 최고 수준에 도달했음을 자신하는 이유는 원전 선진국들이 가져보지 못한 경험과, 경험을 통해 검증된 기술, 그리고 무엇보다 기술전수를 통해 성공한, 유일한 국가이기 때문이다.

한국원전 기술은 최강국은 아니다.

현재 한국의 원전기술은 세계가 인정하는 최고수준이다. 신규 원전을 도입하고자 하는 국가들이 가장 주시하는 매력을 보유한 국가이기도 하다. 하지만 한국은 원전기술에서 세계 원전 최강국에는 도달하지 못하고 있다. 원전산업이 가진 속성 때문이다. 기술로만 세계 최강이 될 수 없는 이유는 수주 경쟁무대 뒤에서 작용하는 보이지 않는 힘이 부족하기 때문이다. 한국원전에 부족한 것은 이전 정부의 탈원전 정책 후유증, 그리고 취약한 네트워크와 자금 동원 능력이다. 한국원전산업이 가진 기술경쟁력만으로 무대 뒤편의 힘을 단기간에 뛰어넘기는 힘들 것으로 판단된다.

세계최고 기술 수준과 매력을 가진 한국원전이 세계시장에서 강력한 경쟁국가가 되기 위해서는 정책보다는 국가와 산업차원의 혁신적인 전략이 필요하다. 저자가 제안하는 전략은 다음과 같다.

> 첫째, 한국원전이 세계 최강국 수준이 아니라는 점을 인정하고 접근해야 한다. 이 말은 한국이 독자적 혹은 홀로서기를 포기하라는 의미다.
>
> 둘째, 세계시장 진출 때 원전 강국과 컨소시엄으로 접근하라는 권고다.

저자는 만약 UAE 바라카원전 수주에 미국계 기업을 참여시키지 않았다면 성공할 수 없었다고 확신하고 있다. 원전을 도입하려는 국가에 첫발을 내딛기 위해서 한국원전은 'Team Korea'만으로는 부족하다. 타 국가 산업체와 컨소시엄을 결성하는 것이 유리하다. 당장의 국산화 혹은 기술자립보다 첫 진입에 전력투구해야 한다. 한국원전산업 생태계와 유사한 국가 산업체와 컨소시엄 결성이 상호 보완적이라 판단된다. 국제 컨소시엄에서 한국원전만이 가진 장점을 최대한 활용하면 상호 보완적 관계로 가장 강력한 무기를 확보할 수 있다. 한국원전의 매력을 신흥국 진입의 강력한 무기로 사용할 수 있다.

3 세계에는 어떤 원전시장이 있는가?

원전시장의 스펙트럼

원자력은 평화적이고 안전하게 이용하면 인류의 에너지 문제를 근본적으로 해결할 수 있다. 이에 인류는 원자력에너지를 안전하게 활용하기 위해 기술을 끊임없이 발전시켜왔다. 원전은 지구상에 존재하는 거의 모든 기술이 총동원된 기술의 집합체라고 볼 수 있다. 하지만 사람들은 원자력 하면 1945년 일본 히로시마와 나가사키에 투하된 핵폭탄의 위력을 떠올린다. 또는 1979년 3월에 일어났던 미국 동부지역의 '쓰리마일아일랜드사고(TMI)', 1986년 4월 구소련의 '체르노빌원전사고', 가깝게는 2011년 3월에 발생한 일본의 '후쿠시마원전사고'등 원전사고를 떠올린다. 원자력에너지의 위력과 피해를 알고 있기 때문에 사람들은 여전히 불안을 느끼고 있다.

원자력에너지는 태생적으로 방사능 유출 위험을 안고 있다. 원전에서 방사능 유출 예방을 위한 안전설계 개념으로 '다양성(variety)'과 '다중성(redundancy)' 설계 및 설비를 구축하는 이유이기도 하다. 원전 규제기관과 기술자들은 지구상에서 일어날 수 있는 거의 모든 상황을 가정하여 설계한다. 원전의 건설비가 화력발전소에 비해 높은 가장 중요한 이유도 가정에 의한 예방 설계와 안전시설 투자 때문이다.

원전 건설과 운영에 동원되는 각종 기술은 물론 개발되는 기술도 타 산업에 파급효과가 크다. 원전건설에 동원되는 기술의 스펙트럼이 넓어 타 산업과 기술에 다양한 영향을 미친다. 원전의 건설기술을 중시하는 이유는 한번 건설된 원전 시장은 후속 연관시설과 이어지기 때문이다. 원전건설에 단순히 기술만이 아닌 정치력과 외교력이 동원되는 것도 이런 시장 파급 영향 때문이다. 프로그램업체들이 미래 고객 확보를 위한 마케팅 전략으로서 학생들에게 시중 판매가격보다 낮은 가격 또는 무료로 사용할 수 있도록 하거나 시장이나 대형 매장에 무료시식 코너를 운영하는 것과 같다. 이는 한국원전 건설기술 자립에 정부가 공을 들였던 이유이기도 하다. 따라서 본 장에서는 원전건설기술과 경험으로 진출 가능한 원전의 전·후방 연관 시장을 개략적으로 살펴보고자 한다.

탈(脫)탄소 추세로 부활하는 원전건설시장[18)]

전 세계에서 원전을 운영 중인 국가는 33개국이며 441기가 운영 중이다. 원전을 건설 중인 국가는 19개국으로 56기가 건설 중이고, 원전 건설을 계획 중인 국가도 17개국으로 101기가 계획 중이다. 신규 원전을 추진 중인 30개국에서 325기[19)]를 구상하고 있는 것으로 알려졌다. 영구적으로 정지된 원전은 21개국에서 총 192기다. 가장 많이 신규 원전을 건설 중인 국가는 중국(11기), 인도(7기)이다.

우리나라 원전은 5곳에서 26기가 준공되었다. 이 중 24기가 운영 중이며 2기가 운영이 정지된 상태고, 4기가 건설 중이다. 원전을 10기 이상 가동하는 국가는 2019년 12월 말 기준 우리나라를 포함하여 10개국에 불과[20)]하다. 원전을 10기 이상 보유한 국가는 자력으로 원전을 건설할 수 있다고 볼 수 있다. 그러나 미국과 영국과 같은 국가는 원전 건설을 중단한 지 30년이

18) 한국원자력산업협회, www.kaif.or.kr
19) 조선경제(2021), 러·중이 원전시장 휩쓰는데...한국, 하청업체로 전락하나, 2021.11.12.
20) 세계원자력에너지기구(IAEA) 통계자료 발췌, www.iaea.org

넘어가면서 경험과 지식을 갖춘 원전 기술자들이 부족하여 독자적으로 원전을 건설하기에는 부담이 있다. 한국원전산업이 원전건설에 참여하기를 희망하는 이유이기도 하다. 아랍연합국가(UAE)나 터키와 같이 원전을 처음 건설하는 국가에서 기술이전 조건을 내세워 한국원전산업의 참여를 바라고 있다. 핀란드, 영국, 터키, 아르헨티나 등의 국가에서도 한국이 단골로 원전건설의 입찰참가자 명단에 포함되고 있다. 독자적으로 원전건설 기술을 확보한 국가는 전 세계에서 10기 이상 원전을 운전, 보유하고 있는 10개국 중 캐나다, 영국, 우크라이나, 인도를 제외하면 6개국이 된다. 캐나다와 인도를 제외한 이유는 한국 원전이 주력으로 선택한 노형[21]과 다르기 때문이며, 영국과 우크라이나를 제외한 이유는 신규 원전건설을 독자적으로 할 만큼 경험과 검증된 기술자 확보가 어렵기 때문이다. 이렇게 한국 원전과 해외시장에서 경합할 상대는 결국 중국, 프랑스, 러시아, 일본, 미국 등 5개국이 될 것으로 예측된다.

지구온난화 영향으로 탈탄소에너지 수요가 증가하면서 역설적으로 사양길로 들어섰다는 평가를 받았던 원전이 재조명[22]되기 시작했다. 세계 전기에너지의 10%, OECD 국가 전기에너지의 18%를 원전이 공급하고 있다. 유엔기구 통계에 의하면 2017년 76억 명의 인구가 2050년에는 97억 명으로 증가할 것으로 예측된다. 인구의 도시 집중화는 2018년 기준 55%에서 2050년에는 67%로 늘어날 것으로 예상했다. 에너지 수요가 폭발적으로 증가(2018년에서 2040년 사이에 46%에서 51%만큼 증가)함에 따라 원전수요 증가는 불가피한 것으로 분석되고 있다.

21) 발전용 또는 추진용 원자로에서는 주로 냉각재, 감속재 및 핵연료의 종류에 따라 노형이 구분되고 명칭이 정해짐

22) 세계원자력협회(world nuclear association)에서 발췌(world energy outlook), www.world-nuclear.org

원전건설 시장에 진출하기 위해서는 타 시설물 발주와 달리 국가별 에너지 및 전력수급계획 단계부터 개입하여 입찰의 교두보를 확보하는 전략이 필요하다. 한 국가의 에너지 정책은 민간이 아닌 국가의 몫이기 때문에 정부의 보이지 않는 외교적 지원도 필수적이다. 전원개발계획 수립 시 국가는 에너지원(석유나 가스, 석탄, 재생에너지, 원자력 등)의 비중을 정책적으로 정하게 된다. 전력수급계획에 원전의 비중이 포함되면 세계에서 독자적으로 원전 기술을 확보한 국가는 자국의 주력 원전 노형 채택을 위해 노력하기 시작한다. 원전 노형과 용량이 결정된 이후 뒤늦게 경쟁에 참여하게 되면 타국 원전산업의 들러리에 머물 가능성이 높다. 세계 원전건설 시장에서 한국원전기술이 독자적으로 주인공이 되거나 타 6개국과 컨소시엄으로 참여할지는 한국원전기술과 정부의 선택에 달려 있다. 세계 원전건설 시장이 한국원전산업의 매력을 느끼는 이유는 그 만한 경쟁력을 가지고 있기 때문이다.

원전 건설과 운영에 경험이 많은 발주기관과 그렇지 못한 발주기관이 선택하는 발주방식에는 큰 차이가 있다. 경험이 많은 발주기관의 경우 턴키보다는 분리발주로 진행하는 경우가 많다. 반면 원전 건설과 운영 경험이 적은 발주기관의 경우는 완전한 턴키 혹은 '금융패키지+턴키 방식', '금융패키지+턴키+운영'까지 일괄로 발주할 가능성이 높다. 전자보다 후자방식의 부가가치가 높기 때문에 한국원전이 주력해야 할 시장은 아무래도 분할 발주시장보다는 턴키 혹은 일괄패키지형 발주시장이며, 그 만큼 정부와 원자력산업계의 협력은 필수적이다.

1) 운영시장(유지 및 보수)

33개국에서 441기의 원전이 운영 중이다. 기수 측면에서 신규 건설시장 못지않게 기존 원전의 운영시장 또한 중요하다. 금액이라는 측면에서는 신규 건설시장보다 작아 보일 수 있지만 시장의 연속성이라는 부가가치 측면에서 생각해보면 중공업에 미치는 영향이 크기 때문에 관심을 기울여야 하는 시장임은 틀림없다. 건설이 운영으로 이어진다는 측면에서도 2가지를 분리하여 생각할 수 없기도 하다.

원전건설 기준에는 반드시 설계수명을 적시하게 되어 있다. 설계수명과 경제수명에는 약간의 차이가 있다. '설계수명'이 설계 및 건설기준에 적시된 품질과 성능, 그리고 안전성을 보장하는 수명이라면 '경제수명'은 운영을 중지하는 것보다 연장 운영이 더 경제적이라는 의미가 포함되어 있다. 예를 들어 설계 성능이 1,000MWe이지만 설계수명 후 800MWe로 떨어져도 품질과 안전에 문제가 없을 경우 지속 운영하는 것이 중지하는 것보다 경제성이 있다면 가동하는 것이다. 설계수명은 건설투자비 및 유지관리비와 직결되어 있다. 설계수명 기간에 따라 주요 기기와 건물의 생산비가 높아질 수 밖에 없기 때문이다. 설계수명 30년이 60년으로 증가하면 철근의 부식 방지를 위해 피복 두께가 달라지고 해수면에 노출되는 경우 부식 방지를 위해 전기방식(cathod protection)이 강화된다. 주요 기기는 예비부품에 대한 실적 및 양적 수요가 증가하게 되어 투자비가 늘어나기 때문이다.

설계수명 기간 동안 시설물과 주요 기자재는 유지관리 조건에 따라 상시적으로 유지가 되어야 한다. 주문 기자재의 경우 주문계약 시 공급자에게 반드시 설계수명 기간 동안 필요한 예비부품은 물론 유지관리 조건 명시를 요구하도록 되어 있다. 이렇듯 건설에 투입된 주요 기자재는 수요가 지속적으로 발생할 밖에 없는 구조다. 원전 운영사는 설계수명 기간 동안 주요 기자재의 공급자 정보를 상시 모니터링 한다. 공급사 경영에 문제가 발생할 경우 대안을 찾아야 하고, 공급사가 사용 중인 기기보다 품질과 성능을 높였을 경우 대체할 수 있는지에 대한 여부도 검토해야 하기 때문이다.

원전은 가동과 중지가 자유롭지 못하다. 전력 수요 부하량에 따라 전력 생산을 자유롭게 조정할 수 있는 여력이 없다는 뜻이다. 수력이나 화력과 달리 원전은 24시간 상시 가동하기 때문에 국가나 지역 전력 계통에서 기저부하(base load) 역할을 하게 된다. 24시간 가동하기 위해 원전 운영인력은 통상 5교대 조로 편성한다. 8시간 기준이지만 운영 요원의 생체주기를 감안한 편성이다. 교대시간 변경을 위해 1팀은 대기조, 팀에 문제가 생길 만약의 경우를 고려하여 1팀은 예비조로 두게 된다. 운영인력은 교육·훈련을 통해 숙련도를 쌓아야 하기 때문에 무경험자로 대체할 수 없다. 따라서 건설에 참여한 실적이 운영으로 이어지는 것이 자연스러운 현상이다.

원전의 유지관리 개념은 기본적으로 예방관리(preventative maintenance)다. 사전에 계획된 절차에 따른다는 의미다. 예방관리를 위해 모든 문서와 건설정보가 상시적으로 검색 및 재생될 수 있어야 하기 때문에 건설단계부터 문서와 정보관리의 체계화가 필수적이다. 이를 달리 해석하면 건설과 운영을 완전히 분리하기 어렵다는 뜻이다. 한국원전은 유지관리 시장에 강점을 가지고 있다. 특히 원전을 처음 건설하는 경우 한국원전의 강점을 최대한 부각시킬 수 있는 장점이 있다. 1978년부터 운영, 유지 및 보수에 대한 정보 등을 축적하고 있기 때문이다. 경험 정보는 물론 경험 인력까지 다수 확보하고 있기 때문에 신규 원전건설 시장은 물론 유지관리 시장에서 매력을 끌 수 있는 서비스 상품을 보유하고 있는 셈이다.

2) 성능개선 및 수명연장시장

어느 국가나 신규 원전건설을 위한 부지확보, 까다롭고 복잡한 건설 및 운영 인허가 규정 및 절차, 높은 건설 투자비 때문에 운영 중인 원전의 수명을 최대한 연장하려고 한다. 그래서 원전 설계 기준에 반드시 포함되는 조건이 설계수명에 대한 명확한 규정이다. 원전의 설계수명은 과학과 기술의 발전 덕분에 과거 25~40년에서 현재는 60년까지 늘어났다. 국내 원전 기술개발은 설계수명 80년을 목표하고 있는 것으로 알려졌다.

성능개선과 수명연장에는 차이가 있다. 성능개선은 설계수명 기간 중 유지 및 보수과정에서 장치나 기기의 성능개선이 필요하다고 판단하는 경우 부분적으로 교체하거나 혹은 보강하는 작업을 의미한다. 통상적으로 성능개선 작업은 운영 중에 할 수 있다. 2011년 3월에 발생한 후쿠시마 원전 사고는 전 세계 원전시장에 큰 영향을 미쳤다. 국내도 예외가 아니었다. 기존에 가동 중인 원전에도 내진성능 보강은 물론 운영시스템에 대한 전면적인 재검토가 시행되었다. 설계수명에 도달한 경우 수명연장의 필요성에 따라 전면적으로 시스템과 기기 등의 성능을 보강하는 대규모 작업과정을 거치게 된다. 운영 중에 할 수 있는 것보다 운영 중지 상태에서 하는 작업이 훨씬 많다. 건설공사의 공정관리를 일일 단위로 하는 것과 달리 수명연장을 위한 전면 보강 작업은 15분 단위가 기본이다. 운영 재개 시간을 단축하는 것이 경제적이기 때문이다. 수명연장을 위한 운영 허가는 초기 건설 후 운영 허가만큼이나 규정과 절차를 엄격하게 따라야 한다.

1974년에 첫 가동을 시작한 미국 펜실베이니아주 피치 보텀(Peach Bottom) 원전 2기가 2차로 20년 수명연장을 미국의 원자력 규제기관(NRC, nuclear regulatory committee)으로부터 허가받았다[23]. 설계수명이 다한 원전을 폐쇄하기보다 대대적인 설비보강 및 성능개선을 통해 재가동하는 게 더 경제적이라 판단하기 때문이다. 미국의 경우 운영 중인 원전 중 수명연장을 하는 원전 비율이 90%다. 건설 당시보다 현재의 기술이 그만큼 발전되었기 때문에 설계수명보다 긴 경제수명을 가질 수 있다는 기술적인 판단에 의한 것이다.

가동 중인 원전의 성능개선 프로젝트는 거의 모든 가동 중 원전에서 발생하는 상시 시장이다. 원전건설과 운영 경험을 가진 한국원전에게는 상당히 매력적인 시장이다. 특히 내진설계 및 안전설비 등 부문적 고급기술이 확보되어 있다면 개별 기관이 독립적으로 진출이 가능한 시장이다. 수명연장 시장은 주기기 공급자와 밀접한 관계가 있기 때문에 주기기 공급자와 연합하는 'Team Korea'로 국내 원전산업이 컨소시엄을 구성하여 접근하면 충분히 승산이 있다는 판단이다. 특히 건설과 운영, 인허가 규제 경험을 가진 기관의 연합체가 경쟁력을 상대적으로 높이 가질 수 있다. 한국원전은 기획단계에서부터 건설과 운영, 유지 및 관리에 대한 실증된 경험과 지식, 그리고 데이터를 축적하고 있어 해외시장 진출에 상당한 강점이 확보되어 있다.

3) 해체시장

신규로 건설 예정인 원전은 98기, 가동 중 원전은 443기다. 숫자상으로는 가동 중 원전이 건설 예정인 원전보다 4.5배 이상이다. 가동 중 원전은 언제인가는 해체되어야 하기 때문에 더 큰 시장으로 기대할 수 있다. 그러나 현실은 전혀 다르다. 가동 중 원전의 90%가 수명연장을 하기 때문에 설계수명 기간 종료에만 기대하는 시장은 아니라는 평가다. 더구나 최근 지구온난화의 주범으로 지적된 탄소 배출량을 전 세계가 줄여야 한다. 역설적으로 건설을 중

---

23) 조선일보(2020), 원전 나이, 숫자에 불과, 80세까지 살리는 미국, 2020.3.11.

단한 원전은 건설 재개, 운영 중단은 재가동, 설계수명이 끝나기도 전에 수명 연장 작업에 돌입하고 있다.

설계수명에 기대는 해체시장은 당분간 활성화되기 어려울 것으로 예상된다. 이는 마치 준공된 지 90년이 지난 미국 뉴욕의 상징인 엠파이어스테이트빌딩을 해체시장으로 보는 것과 같다. 국내 기준으로는 준공 30년이 지난 공동주택을 재건축 대상 시장으로 보는 것과 다름없다. 엠파이어스테이트빌딩은 끊임없이 성능개선을 해왔기 때문에 현재 시점에서는 언제 해체될지 예측하기 어렵다.

원전 해체시장은 교량이나 건물 등의 해체와는 전혀 다른 기술과 규제가 필요하다. 방사능에 오염된 각종 기기 및 구조물을 어떻게 처리해야 하는지에 대한 검증된 기술이 필요하다. 방사능은 고유한 반감기를 가지고 있기 때문에 가동이 중단된 원전도 해체 수준에 돌입하기 위해서는 상당한 시간이 필요하다. 가동이 완전히 중단된 후에도 인체에 허용되는 피폭값으로 낮아질 때까지 기다려야 하기 때문이다. 건설의 역순서로 가는 해체시장이다. 경험면에서 한국원전산업이 유리하게 보일 수 있다. 그러나 오염된 기기와 자재 처리 기술과 경험이 절대적으로 부족하다는 측면에서는 한국원전이 주도하기에는 역부족이라는 평가다. 당장에 진입할 수 있는 시장도 부족 할 뿐 아니라 한국원전은 시장진입 준비와 경험 축적이 절대적으로 필요한 상태다. 세계에서도 극소수의 기업만이 참여할 수 있는 시장이다. 원전해체 시장은 한국원전에 당분간 '보기 좋은 떡'에 불과하다.

4) 방사성폐기물 처리 및 저장시장

원전에서 배출되는 방사성폐기물은 크게 사용 후 핵연료, 고준위와 중·저준위 폐기물 4종류로 나뉜다. 원전 근무자나 방문자에게 지급되는 작업복 등이 저준위에 속하며 원전 유지관리에서 배출되는 폐기물은 방사성 농도에 따라 고준위와 중·저준위 물질로 분류된다. 고준위 및 중·저준위 폐기물은 원전 부지에 별도로 구축된 방사성폐기물건물(rad-waste building)에서 처리과정을 거쳐 발전소 부지 내 저장소에 임시로 보관된다. 방사성폐기물의 농도가 낮아지면 중·저준위폐기물은 외부에 건설된 영구처분장으로 이동되는데 국내의 경우 경주에 소재한 '방사성폐기물처분장'에 영구 저장된다. 한국원전은 발전소 내 중간처리 및 저장, 중·저준위 처분장 시설 건설 및 운영 경험과 지식을 보유하고 있기 때문에 기대할 수 있는 시장이다. 특히 가동 원전이 10기를 넘기면 독자적인 중·저준위 처분장 건설이 필요하기 때문에 시장 진출 가능성은 있다고 보여진다.

반면에 사용 후 핵연료는 재사용을 위한 재처리과정을 거쳐야 하는데, 이때 생산되는 플루토늄이 핵탄두의 원료로 사용될 수 있기 때문에 한국원전에서는 재처리공장 가동이 허용되지 않고 있다. 전 세계 모든 가동 중인 원전은 세계원자력에너지기구(IAEA)의 상시 감시를 받아야 하는 것도 이런 이유 때문이다. 한국의 사용 후 핵연료 재처리시설 건설 및 운영은 강대국의 동의를 얻어야 가능하기 때문에 한국원전이 기대할 수 있는 시장은 아니다.

5) 원전연료가공시장

원전의 연료는 우라늄이다. 천연 우라늄(농축도 약 0.7~0.8%)을 사용하는 원전(예: 중수로원전)도 있지만 절대 다수 원전은 일정한 수준으로 농축(약 3%)된 우라늄을 사용한다. 자연 상태 우라늄은 '①선광 → ②정련 → ③변환 → ④농축 → ⑤성형가공 → ⑥핵연료봉 제작 → ⑦집합체'의 순서[24]를 거쳐 원전의 연료로 장착된다. 우리나라에 매장된 우라늄은 원전 연료에 투입될 만

24) ㈜한국원자력연료에서 발췌, www.knfc.co.kr

큼 충분하지 못해 대부분 해외로부터 수입된다. ①과 ②단계는 우라늄 매장 국가나 지역에서 처리되고, ③과 ④과정은 고급기술이 필요하면서 우라늄을 농축하는 과정이기 때문에 만약의 경우를 가정해서 극히 일부 국가에서만 처리된다. 농축우라늄이 핵탄두 개발로 이어지는 것을 원천 차단하자는 일부 원전 강국의 입김이 작용하는 것으로 해석된다. 실제 농축된 우라늄은 방사능을 유출하지 않기 때문에 보건 안전과는 별 관계가 없다.

우리나라는 ⑤에서부터 ⑦까지를 처리하는 원전원료 가공 공장을 건설 및 운영하고 있다. ⑥과 ⑦과정은 원전노형, 용량과 직접적인 관계를 가지고 있다. 국내 원전연료 가공 기술은 원전노형과 용량에 맞춘 노심설계기술과 안전해석, 그리고 연료제작 능력을 확보하고 있다. 한국원전이 확보하고 있는 기술은 고급기술이기는 하지만 시장성은 원전건설이나 해체 등과 비교하면 크지 않은 편이다. 연료가공 공장은 규모의 경제 이론이 적용되기 때문이다. 한국원전과 같이 10기 이상을 운영하고 있는 경우 채산성이 있지만 한 자릿수 이하 원전을 운영하는 경우 연료가공 공장을 상시 운영하기에는 가동률이 낮기 때문에 자체 제작보다는 구입하는 것이 경제적이다. 비록 시장성은 크지 않지만 한국원전이 확보하고 있는 원전연료가공 기술은 세계 원전시장에서 희소가치로 인정받기 때문에 독립적으로 해외시장에 진출이 가능한 서비스 및 상품시장을 확보하고 있다.

4 원전건설에 동원되는 기술그룹과 한국원전의 시장성 진단

원전기술의 스펙트럼

원전건설 및 운영은 사회와 경제개념으로 기본을 'high risk(고위험), high return(높은 보상)'으로 정의될 수 있다. 지구상에 인류가 건설하는 모든 시설물에서 'zero risk(무위험), return(보상)'은 존재하지 않는다. 원전건설 및 운영으로부터 인류를 최대한 안전하게 보호하기 위해 동원되는 기술의 기본개념은 'low risk(저위험), high return(높은 보상)'에 둔다. 인간의 한계인 '무사고(zero accident)'가 불가능하다는 사실을 인정하고 동원 가능한 모든 기술을 활용하는 것으로 볼 수 있다.

원전 운영의 경제성은 안전하고 값싸게 공급 가능한 전력 에너지를 지속적으로 생산하는 것에 좌우된다. 동원되는 기술의 목표는 '안전(safety), 통합(integrity), 양질(quality), 그리고 성능(performance)' 확보에 둔다. 안전성이 보장되지 않으면 건설은 할 수 있지만 규제기관의 운영 허가를 받을 수 없어 비용만 낭비된다. 시스템과 기자재, 취수·배수로와 건물 등이 시스템 및 기자재와 통합 설계되지 않으면 목표하는 전력량을 생산할 수 없다. 설사 전력 생산이 가능하더라도 목표하는 용량이 미달될 수 있다. 품질을 확보하지 못하면 설계엔지니어링은 물론 건설과 기자재 제작에서 거쳐야 할 단계를 넘어가지 못하도록 엄격하게 절차화되어 있다. 모든 조건을 만족시키더라도 마지막 운영단계에서 목표하는 전력에너지 생산량이나 품질이 미달될 수 있다. 기술의 중요성은 물론 이를 통합적으로 관리해야 하는 수단으로 프로젝트관리(PM, Project Management) 전문지식과 경험이 필요한 이유이기도 하다.

원전건설에는 '최첨단·최신·최고기술'보다는 '안전하고 안정된, 신뢰할 수 있는 기술'을 선호한다. 그 이유는 단 한 번의 사고로 국민과 사회에 큰 폐를 끼칠 수 있기 때문이다. 원전건설과 운영의 안전성(safety)과 안정성(stability), 그리고 신뢰성(reliability) 확보를 위해 원전 시스템과 기기, 건물 등은 안전설비 설계에 다중성(redundancy)과 다양성(variety)의 개념을 도입하고 있다. 예를 들면 상수도 펌프장에 설치된 펌프가 고장 나는 경우를 대비하여 펌프장 수도 라인을 예비로 증설하고 상시 가동 라인과 예비 라인이 동시에 고장 날 경우에 대비하여 비상 급수 라인 등을 별도로 설치하는 방식이다. 이로 인해 건설비가 당연히 증가하겠지만 안전성과 안정성, 그리고 신뢰성 확보를 위해 선택하는 설계개념이다. 정확한 통계에 의한 검증은 되지 않았지만 국내 원전기술자립 목표 수립 당시 지식으로는 원전건설에서 다중성 및 다양성의 설계개념을 배제하면 원전건설 투자비를 30%까지 줄일 수 있다는 것이다. 그만큼 원전건설기술에서 안전성 확보를 중시한다는 의미로 해석된다.

안전성과 안정성, 그리고 신뢰성을 최고의 가치로 삼는 원전건설 기술은 원전의 안전성 확보를 위해 지구상에 존재할 수 있는 거의 모든 유형의 사고를 설계와 시공, 그리고 운전에 반영한다. 자연재해에 해당하는 지진과 쓰나미, 태풍과 폭풍, 그리고 회오리바람 혹은 돌풍 등에 충분히 견딜 수 있도록 설계 및 건설한다. 외부 테러나 항공기 충돌, 미확인 물체나 발전소 내 터빈날개 등 비산물의 충돌 등에 대해서도 견딜 수 있게 설계한다. 운전 중에 일부 기기나 계통의 오작동, 구조물의 파손 등을 예상하는 각종 시뮬레이션을 통해 예방대책을 수립하고 원전에서 소비하는 외부전원의 공급 장치에 앞서 언급한 다중성과 다양성의 설계개념을 반영한다. 외부로부터 전기공급이 차단될 경우를 대비하여 2~3차 예비공급선 확보는 물론 외부공급원 전체가 차단될 경우까지 대비하여 비상발전기 2~3대까지 설치하는 것이다. 확률적 개념이 적용되기 때문에 비상발전기는 원전 수명기간 중 단 한번도 사용되지 않을 수도 있지만 의무적으로 설치하게 되어 있다. 이뿐만 아니라 원전 운전의 안정성과 안전성 확보를 위해 인체공학에 해당하는 바이오리듬과 정신감정까지도 고려하여 주 제어실(main control room)과 관제장치를 설계하고 있다.

이와 같이 원전기술은 '안전성'과 '안정성'에 더 무게를 두기 때문에 기본적으로 입력(input)기준 검증에서부터 시작하여 실행(process)에도 검증된 프로그램 사용이 의무화되어 있다. 활용하고자 하는 전산프로그램이 아무리 완벽한 상용 프로그램이더라도 검증을 위해 사전에 등록하여 반드시 규제기관의 허락을 받게 되어 있다. 입력과 실행의 검증을 거쳐 생산된 결과물이라도 반드시 검증(verification) 절차를 밟아야 한다.

원전건설기술의 스펙트럼이 넓고 고도의 완성도를 요구하기 때문에 원전건설기술 경험과 지식 확보는 세계시장에서 보증수표 역할을 하게 된다. 원전건설 기술자립 및 국제경쟁력 확보를 위한 정책과 전략 수립 당시 이런 기술의 스펙트럼을 고려하지 않을 수 없었다. 다만 기술의 스펙트럼을 고려했지만, 건설과 운영, 방사성물질 처리와 저장, 원전연료 기술자립은 시차를 두고 단계별로 실행에 옮기기로 했다. 동시에 원전건설과 운영 기술을 한 곳이 아닌 여러 곳으로 분산하는 공급망 전략을 수립했다. 계란을 한 바구니에 담지 않는 전략이다. 한 곳에 집중하면 자칫 국가 에너지 주도권에 타격을 받을 수 있다는 의견에 무언의 합의가 있었던 것으로 판단된다.

1) 종합설계(AE, Architect Engineering) 기술과 시장성

미국 원전에서 AE는 포괄적 설계(design)와 엔지니어링(engineering, 공학)이라는 의미로 자연스럽게 해석된다. 반면에 국내에서는 건축(architectural) 엔지니어링으로 해석될 오해의 소지가 많았다. 기술도입 국가인 미국과 다른 개념을 이해시키고자 국내 원전에서는 이를 종합 플랜트엔지니어링(overall plant engineering)으로 작명(?)한 것으로 알려졌다. 원전 엔지니어링과 건설 및 운전과정은 'system→physical-system'으로 단계별 일의 전개과정이 달라졌다. 보통의 토목이나 건축, 플랜트와 차이가 나는 부문이다. 여기서 영어로는 같은 'system'이지만 설계단계에서 사용하는 시스템과 운영단계에서의 시스템은 경계선에서 차이가 난다. AE단계에서의 시스템이 기술의 속성(예: 기계 혹은 원자력 등)에 따른 분류라면 운전단계에서는 운전시스템을 의미하기 때문에 기술의 속성보다 기술의 통합에 훨씬 무게를 둔다. 시스템에서 기본설계 및 엔지니어링 단계를 거친 후 현장 시공은 2차원 평면적 공간과 공종(commodity) 중심으로 시공 설치계획이 이뤄지기 때문에 계통과 물리적 공간 및 공종분할과의 연결장치가 필요하게 된다. 시공이 완료단계에 이르면 또 다시 운전시스템으로 전환이 되어야하기 때문에 연결장치가 필요하게 된다. 계획에서부터 실행까지 이어주는 교량 역할을 AE가 제공하게 되는 것이다. 한국원전에서 AE 역할과 책임이 처음부터 끝까지 이어지고 또 이를 관리하는 PM과 연결될 수밖에 없는 이유가 된다.

원전 AE 기능 중 가장 핵심에 속하는 기술은 열평형분석기술(heat balance check)이다. 원전은 열원생산계통, 전력생산계통, 냉각수계통, 보조계통(auxiliary system)으로 구성되어 있다. 이 4개 계통이 가동되도록 기반을 제공하는 기반시설(infrastructure)이 있다. 각각의 계통과 기반시설은 고도의 완성된 기술을 요구하게 된다. 열원생산계통과 전력생산계통은 주기기공급자 설계와 직접 연결되어 있다. 원전의 성능과 용량을 결정짓는 기술이기도 하다. 열원생산계통과 전력생산계통은 독립적이다. 이를 연결하여 발전사업자가 기대하는 목표 전력을 생산할 수 있게 하는 열평형분석기술이 AE에 의해 수행된다. 원전에서 열원생산계통을 흔히 주 증기발생계통(NSSS, nuclear steam supply system) 혹은 1차 계통으로 부르고, 공급된 증기열원과 압력을 전력에너지로 변환시키는 전력생신게통(turbine generator, T/G)은 2차 계통으로 부른다. 1차와 2차 계통을 통합하여 원하는 전력 생산량을 설계하는 것이 AE의 역할이다. AE는 1차와 2차 계통의 안전성과 신뢰성, 그리고 운전의 밸런스 유지를 위해 다양한 보조계통(auxiliary system)을 공학적으로 설계하게 된다. 1차 계통에서 공급된 고온고압 열원으로 2차 계통에 속하는 터빈을 회전하는 에너지를 얻기 위해서는 대규모 열 낙차를 줘야 한다. 국내의 경우 고온·고압에너지를 순간에 차갑게 만드는데 바닷물을 공급하여 해결한다. 국내 원전이 바닷가에 위치하는 것은 열낙차를 유발시키는 무한정의 저온 에너지원인 바닷물을 사용하기 위해서다. 취수와 배수계통을 곧 3차 계통으로 분류하는 이유다.

시스템엔지니어링은 1차와 2차 계통의 중심인 반면 AE는 '시스템+physical'을 포괄한다. 즉 원전 부지 위치 선정에서부터 건물배치는 물론 개별 기기 배치에 대한 공간설계도 AE의 몫이다. 동시에 냉각수와 배수로 노선을 설계하고 배치하는 것도 AE의 기술영역이다. AE의 기술 능력과 수준에 따라 공기와 투자비가 좌우되기 때문에 발전사업자가 한번 관계를 맺은 AE사를 쉽게 바꾸지 못한다. 건설 및 운영의 경험을 상시적으로 신규 AE에 반영하여 생산성과 효율성을 높일 수 있는 장점이 있기 때문이다. 한국원전의 경우 이 효과를 가장 많이 본 국가에 속한다.

원전의 AE 기술은 기술스펙트럼이 'α에서 Ω'지만 사업 참여도 'α에서 Ω'다. 원전 수요조사부터 구상 및 계획, 준공단계에 이르기까지 AE기술을 필요로 하기 때문에 자연스럽게 이를 통합하여 관리하는 PM 역할에 개입할 수밖에 없게 된다. 미국의 경우 풍부한 원전건설 경험을 가진 발전사업자의 경우 자체적으로 소화하는 경우(예: TVA)도 발견된다. 하지만 규모의 경제성 측면에서 건설단계의 PM은 대부분 외부 전문기관에 별도로 위탁하거나 혹은 AE 업무에 포함해 발주하게 된다.

원전건설의 AE 기술을 국내에서는 '고급=비싼 값'으로 보는 시각이 강하다. 하지만 속내를 보면 보편적인 기술 프로세스와 별 차이가 없음을 알게된다. 다만 기술의 완성도와 엄격한 시행절차, 문서화 등이 일반 AE와 가장 차이가 난다. 물론 기술을 요구하는 수준에도 차이가 있다. 예를 들면 원전의 경우 지진에 견디는 AE가 요구하는 해석기법은 동력해석(dynamic analysis)을 필수로 인식하지만, 화력발전소의 경우 정적해석(static analysis)으로 문제를 풀 수 있는 것과 같다. 해석 기술과 방법, 그리고 수준에 차이가 있을 뿐이다. 원전 AE에서 특수하게 요구되는 기술은 수요와 공급 측면에서 차이가 크다. 수요는 완성도가 높은 검증된 기술이지만 공급은 한정되어 있다. 그리고 기술의 지속성이 극히 단기간에 거치는 속성이 있다. 예를 들어 내진해석기술은 고급기술이지만 원전건설 내내 필요한 게 아니기 때문에 이를 전담하는 전문인력을 한 프로젝트에 배치하기에는 부담이 커진다. 선진국 기업은 물론 국내 원전 AE사의 경우 인력 운영을 회사와 개별사업이 공유할 수 있는 매트릭스 조직구조를 도입하는 이유가 된다. 대부분의 글로벌 선진기업이 직무, 특히 고도의 완성도와 기술을 갖춘 인력을 개별사업에 배치하기보다 본부기술부서 조직에 배치하여 개별사업상 필요에 따라 수시로 활용할 수 있는 공유체계로 매트릭스조직을 운영하는 이유이기도 하다.

AE 기술이 원전건설 및 운영과정에서 발전사업주 혹은 운영사와 가장 가까운 거리에 있는 이유도 AE 기술의 스펙트럼이 넓은 면도 있지만 발주자의 고유 영역인 프로젝트관리와 직접 연관된 것이 주요한 원인 중 하나다. 국내 원전 자립계획 수립과정에서 정부, 발전 운영사와 가장 밀접한 관계를 유지했던 것도 이런 배경으로 이해된다. 원전의 AE 기술은 원전시장 스펙트럼에 활용할 수 있을 뿐만 아니라, 타 발전소와 타 인프라시설에도 응용 가능한 공개(open)된 기술시장이다. 실제 국내 원전에서 개발된 기술을 광범위하게 활용하고 있다.

2) 1차 계통설계 및 주기기제작(NSSS) 기술과 시장성

원전의 주 계통 혹은 1차 계통은 흔히 '증기발생 및 공급시스템(NSSS, nuclear steam supply system)'으로 통칭한다. 원자반응에서 나오는 에너지를 이용하여 고온·고압증기를 생산하는 열원생산시스템이다. 원전에서 가장 핵심기술에 속하는 심장부다. 생성되는 열에너지를 이용하여 고온고압 증기를 발생시켜 2차 측으로 흘려보내는 핵심기술이다. 주요 원자로형에 따라 다소 차이가 있지만, 한국원전의 주력계통은 원자로, 증기발생기, 가압장치를 연결하여 1차 순환계통을 구성한다. 연결망은 물론 배관이다. 원자로설계기술은 공개된 AE 기술과 달리 비공개 혹은 밀폐(closed) 기술이다. 원자로형에 따라 독창성을 가지고 있기 때문에 주기기 제작자와 직접적인 관계를 가진다.

1차 계통에는 노심 조정을 통한 열에너지 출력 조정, 안전성과 성능 유지를 위한 각종 센스와 조절장치 기술, 방사능 차폐 기술, 열역학 등 다양한 기술이 동원된다. 1차 계통은 원자로 건물 내에 설치된다. 1차 계통의 설계개념은 두 가지 원칙을 반드시 지켜야 한다. 첫번째 원칙은 방사능 유출을 가능한 한 최저수준으로 낮춰야 하는 것이다(ALRA, as low as reasonably achievable).

두번째 원칙은 만약의 사고를 대비하여 어떤 경우에도 1차 계통이 파괴되지 않도록 하는 방재기술이 적용되어야 한다. 1차 계통 사고 시나리오(냉각제 유출사고, LOCA, loss of coolant accident)를 다양하게 가정하게 된다. 어떤 시나리오 사고(LOCA)에도 방사능이 원자로건물 밖으로 유출되는 것을 최대한 방어하는 다양한 기술을 동원해야 할 의무가 부과되어 있다. 국내 원전에서는 5차 방어선이 구축되어 있다. 1차 방어선은 원자로 내 핵연료를 감싸고 있는 피복 혹은 보호막(cladding)이다. 2차 방어선이 1차 계통의 핵심인 원자로 압력용기 자체다. 원자로는 두께가 200mm를 넘는다. 3차 방어선은 원자로건물 내부 구조물, 4차 방어선이 원자로건물 내벽에 설치된 라이너 플레이트(두께 6mm정도의 철판), 5차 방어선이 콘크리트원자로 건물이다. 모두 ALRA와 LOCA 확률적 사고에 대비한 방어 설계기술이다. 1차 계통 방어선까지는 NSSS설계자의 몫이며 2차 이후 방어선은 AE기술이 담당한다.

1차 계통설계와 주기기설계 및 제작은 1개의 패키지 구성이 기본이다. 국내의 경우 1차 계통설계와 주기기제작을 분리했다. 원전에서 나오는 방사성물질 차단을 위해 국가기관이 1차 계통설계권을 유지하겠다는 구상이며 주기기제작 및 공급은 독과점보다 시장 자유경쟁에 맡긴다는 구상을 했다. 한국원전의 경우 1차 계통설계는 공공기관인 ㈜한국전력기술이 맡고 있으며 주기기설계 및 제작은 두산중공업이 맡고 있다. 시장경쟁에 맡긴다고 하지만 내수시장 규모를 고려하면 대규모 설비투자가 필요한 탓에 또 다른 공급자가 당분간 나타나지 않을 것으로 예상된다.

주기기설계 및 제작기술은 규모의 경제에 큰 영향을 받는다. 1차 계통에 포함된 개별 주기기가 엄청 고가이기 때문에 이를 제작하는 데 특별한 장비와 제작기술이 필요하다. 100% 주문 생산이기 때문에 재고로 쌓아둘 만큼 대량 생산이 불가능하다. 주기기 공급가격이 비싼 만큼 이를 생산 및 가공하는 설비도 초고가다. 초정밀 제작 및 가공기술, 엄격한 품질검사와 절차, 비파괴기술, 초미세 허용오차 등을 고려하여 단계별 엄격한 품질검사와 확인절차가 필요하다. 세계에서 원전의 1차 계통설계와 기기제작 능력과 설비를 갖춘 국가는 1자리 숫자이내에 머물러 있다.

1차 계통설계가 비록 원자로형의 지배를 받는 밀폐기술이기는 하지만 원전의 수명연장이나 성능개선을 위해 주기기교체 시장에는 진입할 수 있다. 이때도 1차 계통설계와 주기기 제작기술을 한 패키지로 해야 시장진입에 유리해지는 특징이 있다.

3) 2차 계통설계 및 기기제작(T/G) 기술과 시장성

1차 계통에서 생산된 고온고압증기(열에너지)를 열낙차를 이용하여 전기에너지로 변환시키는 계통이다. 2차 계통은 회전기기인 터빈(turbine)과 전기생산모터에 해당하는 제네레이터(generator)가 핵심이다. 터빈과 제네레이터를 1식(T/G)으로 취급하는 게 보편적이다. 1차 계통에서 생산된 열에너지를 최대한 활용하기 위한 설계기술이 1차 계통의 핵심이다. 2차 계통설계 및 기기제작 기술은 1차 계통과 달리 발전소 유형과 관계없이 열에너지를 이용하는 거의 모든 발전소에 적용 가능해 호환성이 높다. 즉, 원자로형에 종속된 기술이 아닌 공개(open)기술이라는 의미다. 1차 계통에서 공급된 열에너지와 2차 계통을 통해 흘러온 열을 외부(냉각수)에서 공급된 저온의 물을 이용하여 열낙차를 최대한 벌려야 해서 T/G와 냉각수 접촉면(응축기)과의 거리를 최소화하는 기술도 핵심에 속한다. 거리가 길어지면 냉각수를 공급하는 파이프라인이 깊어져야 하기 때문에 전체적으로 시설비가 과다하게 투입될 가능성이 높아 경제성이 낮아지게 된다.

1차 계통과 달리 방사능에 노출되거나 생산이 안 되기 때문에 원전의 안전등급 기준이 낮다. 보편적인 기술을 활용할 수 있다는 의미다. 1차 계통설계와 달리 공개(open)된 기술에 속한다. 제작은 초정밀 가공기술이 절대적으로 필요하기 때문에 극히 제한된 시장성을 가지고 있다. 국내의 경우 터빈설계 및 제작이 가능한 회사보다 제네레이터를 설계 및 제작하는 회사가 많은 것은 설비 규모와 초정밀 기술이 필요한 제한된 시장성 때문으로 판단된다.

터빈은 중량물이 빠른 속도로 회전하기 때문에 이로 인해 발생하는 진동을 흡수하여 T/G의 정상 운영에 미세한 지장도 줘서는 안 된다. 터빈 회전으로 생기는 진동을 흡수하는 기초설계가 고급기술에 속한다. 일반적으로 T/G의 진동을 흡수하는 기초설계는 AE의 몫으로 되어있다. 물론 진도의 크기와 주파수는 T/G 공급자가 제공하게 된다.

4) 보조계통설계 및 기기(BOP) 제작 기술과 시장성

1차 계통 및 2차 계통을 지원하는 각종 보조계통이 동원된다. 1차 계통이 방사능 안전과 관계되기 때문에 안전등급도 원자로 내부 계통 및 기기와 동급으로 설계 및 제작된다. 1차 계통의 냉각수(coolant) 손실과 화학적 성분 유지를 위해 끊임없이 모니터링하여 보완하는 계통이 작동되어야 한다. 또한 원자로에 공급되거나 혹은 사용된 연료를 처리하는 설비, 2차 계통에 손실로 발생하는 물 공급 계통 등이 핵심기술이다. 동시에 2차 계통에도 증기의 순도를 높이기 위한 각종 설비와 기기가 공급된다. 이를 종합적으로 설계하여 시스템을 구축하고 필요한 기기 종류와 용량, 수명기간 등을 결정하여 공급자에게 전달하는 기술영역이 AE의 몫이다. 1차 계통과 연동된 계통에 포함된 기기는 그 자체가 최고의 안전등급이기 때문에 설계 및 제작, 그리고 시운전에 엄격한 품질과 성능기준을 통과해야 한다. 안전등급에 맞는 시험장치가 없었기에 초기에는 국내에서 제작하여 미국에 건너가 시험성적을 받아야 합격품으로 현장에 설치된다. 1차 계통과 동등한 수준의 기술을 요구하기 때문에 제한된 시장성을 가진다.

대부분의 보조계통은 1차 계통이 설치된 원자로건물, 2차 계통이 설치된 T/G건물 사이에 별도로 구축되는 보조건물(보조건물, 사용 후 연료저장건물, 중앙제어건물 등)에 설치된다. 원자로건물과 같은 안전등급이기 때문에 구조물 설계기준과 프로그램 역시 유사하다.

5) 시공설계(CE, Construction Engineering) 및 시공기술의 시장성

원전건설 기술은 일반적인 인프라시설(예: 도로나 철도, 건물 등) 공사와는 다르게 시공 앞 단계에서 반드시 필요한 엔지니어링 역할이 있다. 국내 원전의 AE 단계에서 생산하는 도면 매수는 약 3천 매 내외다. 반면 건설현장에서 일어나는 시공설계도면은 9만 매 내외로 약 30배가 많다. 그만큼 원전건설현장에서 필요로 하는 시공설계(CE)의 역할이 많다는 의미다.

원전건설기술이 기타 시설물 공사 기술과 다른 네 가지의 큰 특징이 있다.

첫 번째, 원전건설기술은 독특한 SW적 기술능력을 필요로 한다. 즉, 시공공법과 시공계획을 사전에 수립하기 위해 AE를 실시간으로 해야 한다. 시공과 직접적으로 연결되기 때문에 시공설계(CE) 도면에 따라 시공의 편의성과 완성도가 결정된다. 모든 시공단계에는 반드시 문서가 따르게 되어있다. 체계적인 문서관리가 필요하다.

두 번째, HW적 시공기술능력 확보가 필수적이다. 원전건설은 품질기준과 관리가 엄격하고 또 허용오차가 일반 건설에 비해 상당히 정밀하다. 허용오차 범위가 작아서 자칫하면 재시공해야 하는 위험부담이 크다. 철저한 시공 준비는 물론 시공과정에 지켜야 할 기준 및 허용오차, 시공 후 이를 문서로 확인하고 검증할 수 있는 문서를 기록으로 남겨야 한다. 이 때문에 원전건설 현장에 공종별로 작업절차서 및 품질확인서(WPP/QCI, work package procedures/quality check index)가 시공 전에 준비되어야 한다. 원도급자가 작성하여 하도급자에게 전달되도록 해야 한다.

세 번째, 대규모 인력이 투입되기 때문에 인적자원 관리가 특히 중요해진다. 인적자원은 양적 및 질적관리를 모두 포함한다. 대규모 인력 투입 시 반드시 발생하는 민원과 노사관리, 고용자와 근로자 사이에 발생하는 갈등 문제를 즉시 해결해야 공기 지연과 비용 증가를 예방할 수 있다.

네 번째, 시공계획 및 관리의 중요성이다. 원전건설의 공기와 연동된 간접비(예: 물가상승비와 이자지급비, EDC/IDC, escalation during construction /interest during construction)의 비중이 전체 투자비의 25%까지 차지할 정도로 높다. 원전에서 생산하는 전력 단가의 경제성을 좌우할 뿐만 아니라 국제경쟁력에서도 공기 절감이 상당한 비중을 차지하기 때문에 공기단축을 위해 다양한 기술이 동원되어야 한다.

원전에는 700t에 이르는 대중량 기기가 운반 및 설치되어야 한다. 그것도 극히 미세한 정밀도와 낮은 허용오차, 그리고 엄격한 품질기준을 만족시켜야 한다. 따라서 초기부터 중량물 이동을 고려한 시공계획은 물론 압축된 현장에 설치되는 각종 중장비(예: 타워 및 타워크레인 등) 배치 및 이동계획이 정교하게 짜져야 한다. 실수나 착오를 줄이기 위해 사전에 시나리오를 개발하여 다양한 시뮬레이션을 통해 검증 또 검증하는 과정을 거치게 된다. 특히 300t을 넘어가는 기기의 경우 한시적으로 필요한 초거대용량의 양중기를 단기간에 임대해야 하므로 임대와 해지 시기를 정밀하게 계획 및 관리하지 못 할 경우, 공기 지연은 물론 공사비 자체에 상당한 부담을 야기하게 된다. 원전에 설치되는 기기나 배관과 밸브, 전선 및 통신선 등을 검증하기 위해 규제기관은 국제자격(국내의 경우 ASME 용접자격, 전력시설의 경우 IEEE 자격 등) 취득자 기능사를 의무적으로 고용하게 되어 있다. 일반 시중에서 국제자격을 갖춘 기능사를 찾기 어렵기 때문에 국내 원전의 경우 원전 건설현장에 국제자격 취득을 위한 특별한 교육프로그램을 가동하기도 한다. 원전건설 시장이 중단되거나 끊길 경우 가장 우려되는 부문 중 하나가 국제자격을 가진 숙련 기능사의 이탈 문제가 지적될 정도다.

원전건설 현장에서 정밀한 시공을 위해 일반적으로 작업실명제를 도입하게 된다. 콘크리트의 경우 콘크리트 타설 단위로 작업번호가 부여된다. 작업번호별로 작업관리책임자, 품질검사 및 확인자, 작업인력 등이 실명으로 기록된다. 원전건설에 별도의 감리를 두지 않았던 배경에는 작업실명제로 원도급자 공사관리책임자와 품질관리책임자가 상호 견제해서 정밀도와 품질을 유지하기 때문이다. 즉 원전의 품질관리는 생산자가 일차적으로 책임을 지는 구조로 발주자의 품질보증 및 관리자의 책임 한계는 시공자가 계획된 절차와 규격을 제대로 따르고 있는지를 실사하는 수준에 머물게 된다. 개인 책임의 중요성이 강조되는 선진형이다. 원전에는 배관과 기기, 그리고 전기장치 등 수많은 기기들이 대량으로 콘크리트에 매입되기 때문에 시공 전에 정밀한 시공계획(시공순서와 시공위치 등)이 선행되어야 재시공을 예방할 수 있다. 공사관리자와 기능인력이 도면 해독은 물론 시방서, 그리고 WPP/QCI를 완벽하게 이해하지 않으면 손실이 발생하는 구조다. 재시공이나 시공 순서 잘못으로 공기가 지연되면 정밀하게 관리되어야 할 주요 기기들이 도착 후 장시간 대기해 기기 자체의 손상은 물론 하자보증기간(보편적으로 현장 인수검사 완료 후 2년 이내)이 종료될 경우까지 발생할 수 있다. 심각한 문제로까지 이어질 수 있기 때문에 공기단축보다 더 중요하게 취급되는 것이 작업 순서와 공기 준수다.

원전건설은 핵심기술이라 말할 수는 없지만 마감처리가 중요한 비중을 차지한다. 마감처리는 안전이나 성능과는 별 관계가 없지만 원전이라는 굴레는 표면적으로 나타난 약간의 흠집(예: 콘크리트 마감, hair crack 등)이라도 생기면 당장에 안전 손상과 부실공사라는 비난을 받을 소지가 크다. 일반 건설에서 콘크리트 타설 후 거푸집 제거 시 흔히 발견되는 거친 면(흔히, honey comb으로 명명)은 원전건설에서는 발견 즉시 조처해야 하는 것이 콘크리트 타설 시방서에 포함되어 있다. 원전건설 기술은 시공 혹은 기자재 설치 후 시운전으로 이관해야 하는 시험절차(국내공사의 경우 construction acceptance test, CAT)를 거쳐야 시공이 종료되는 것으로 되어 있다. 이 과정은 물리적 건설(physical construction) 단계에서 계통설치 및 시험(equipment & system installation & test) 단계로 이전된다. 이 때문에 원전건설의 경우 원전 계통과 기기에 대한 상식 수준의 지식을 필요로 한다.

원전건설기술은 원전 노형과 관계없을 뿐만 아니라 일반건설에도 충분히 활용할 수 있는 공개(open)된 기술시장이다. 원전건설 경험 축적은 그 자체로 해당 기업의 기술수준을 최고로 인정받는 효과가 있다. 국제적으로 원전건설 경험은 기술 수준을 보증받을 수 있는 객관적 지표란 의미다. 준공 후 원전 운전 중에도 CE 및 시공기술을 이용하여 가동 중 원전 검사(ISI, in-service-inspection) 시장으로 연결될 수 있다. ISI는 원전노형과 관계없기 때문에 원전시장에서 호환성이 높은 편이다. 한국원전의 주력 노형인 가압경수로 원자로 건물은 만약의 사고에 대비한 5차 방어벽 역할을 위해 압력에 견딜 수 있도록 인장력(post-tensioning)이 가해져 있다. 주기적으로 검사를 시행하도록 강제되어 있어 나름대로 시장이 형성되어 있다.

6) 시운전 및 핵연료장전기술(start-up & fuel load technology)과 시장성

인류가 지구상에 존재하는 모든 시설물을 건설하는 프로세스는 동일하다. 구상 및 계획(concept & plan)으로부터 시작하여 AE, 건설 및 시운전을 거쳐 운영단계로 이어진다. 시설물 속성에 따라 차이가 있지만 원전의 경우 AE는 시스템(system)과 시스템을 지원하는 물리적(physical) 인프라를 대상으로 하지만 건설은 시스템보다 물리적 공간(physical space)에서 공종과 기자재를 설치한다. 건설에서 다시 운영을 위한 시운전 단계로 진입하기 위해서는 물리적 공간을 시스템 중심으로 전환해야 한다. 이런 일련의 과정을 차질없이 진행하기 위해서는 정밀한 계획이 필요하다. 건설과 시운전을 연결하는 과정에 시공 완료를 증빙하는 시험(CAT, construction acceptance test)기술을 도입하게 된다. 물리와 시스템의 연결 매개를 기획하고 설계하는 기술이 필요하다. 시공은 물리적 공간에서 개별기기(equipment)를 설치하지만, CAT를 위해서는 기기와 배관, 그리고 각종 전기와 통신, 제어선으로 구획된 선(line)이 시운전 초입단계 진입에 앞서 설계된다. 선(line)에서 하부시스템(subsystem)이 완전한 성능과 품질 시험을 위한 시스템으로 연결된다. 시스템과 시스템을 통합하는 과정이 운영단계 전 'plant'레벨의 시운전으로 연결된다. 'plant'시운전으로 품질과 성능 시험이 검증되어야 비로소 운영을 위한 핵연료 장전(fuel load)으로 이어지게 된다. 시운전에서 운전단계로 넘기는 각종 시험 검증과정을 인수인계하는 이전(T/O, turnover)이 도입된다. CAT가 건설과 시운전의 경계선이라면 시운전과 핵연료장전의 경계선이 T/O인 셈이다.

시운전 및 핵연료장전기술은 원자로형과 직결된 일종의 밀폐(closed)된 시장이다. CAT 과정에는 시공 및 시운전 경험이 필요하지만 시운전과 핵연료

장전은 운영과 직결되어 있어 민간회사가 독자적으로 진출 가능한 시장은 극히 제한적이다. 한국원전의 주력인 가압경수로 원전시장은 원전운영사와 팀 코리아로 연합군을 만들어 진출하면 원전을 신규로 건설하거나 경험이 적은 국가에서 승산이 있는 상품이다. 일반적으로 시운전과 핵연료장전을 완전히 분리하기 어렵기 때문에 팀 코리아를 구성하여 통합시장으로 접근하는 게 유리한 기술시장이다.

7) 건설 및 운전 인허가(licensing & permit technology) 기술과 시장성

원전건설 및 운영을 위한 인허가 과정은 착공과 운전 허가로 나뉜다. 원전이 고도의 안전성을 요구하기 때문에 건설 허가는 물론 운전 허가는 기준과 규격, 절차가 엄격하고 최대한 완벽하게 구축되어 있다. 허가 기준과 규격은 국제기준과 자국의 기준이 있어 국가별로 다소 차이가 있다.

원전건설 및 운영에 익숙하지 않은 국가는 인허가 기준과 규격조차 준비되어 있지 않은 경우가 많다. 우리나라도 '한국원자력안전기술원(KINS, Korea Institute of Nuclear Safety)'이 설립되기 이전인 1990년까지는 미국의 원자력규제기관(NRC, Nuclear Regulatory Commission)의 절차와 미국의 기술기준단체(예: ASME, ASTM, ACI, IEEE 등)의 규격을 그대로 준용했다. 원전건설 허가는 예비설계를 통해 품질과 안전을 증빙하는 예비안전성분석보고서(PSAR, preliminary safety analysis report)를 작성하여 규제기관으로부터 착공허가를 받아야 한다. 이때 착공을 상징하는 마일스톤이 'first concrete(최초 구체콘크리트타설)'이다. 원전건설이 장기간 소요되기 때문에 부지조성 및 정지작업을 착공 전에 할 수 있도록 제한된 허가(LWA, limited work authorization)과정을 밟기도 한다. LWA는 착공허가와 엄격하게 구분된다. LWA는 조기 착공으로 인한 손실을 각오해야 하는 부담이 있다. 부

담보다는 공기단축에 대한 기대가 높기 때문에 LWA를 획득하는 것이다. LWA는 안전보다 부지와 주변에 미치는 환경영향분석을 기초로 하여 인가를 신청하는 절차다. 한국원전의 경우 LWA 취득과정이 당연시 되어 있다. 운전허가는 건설허가와 전혀 다른 절차를 밟게 된다. PSAR이 예비설계를 기준으로 한 안전성 분석인 반면 운전허가는 최종설계 및 건설을 대상으로 한 안전성분석보고서(FSAR, final safety analysis report)다. 건설허가보다 엄격한 기준과 절차, 그리고 검승과정을 증빙하는 시험결과 성적표 등이 추가되기 때문에 상당한 시간이 소요된다. 운영허가를 취득하는 것이 곧, 핵연료장전이라는 마일스톤이다. 원전이 실질적으로 운전단계에 돌입하는 과정이 핵연료 장전인 셈이다.

원전 건설 및 운영을 위한 인허가 경험과 지식은 공개된 시장성을 가지고 있다. 26기를 건설 및 운영한 한국원전이 세계시장에 내놓을 수 있는 컨설팅 상품으로 평가된다. 원전건설을 최초로 시도하거나 혹은 신흥국가의 경우 건설 및 운영에 필요한 규정과 절차, 기준조차 제대로 마련하지 못한 점을 고려하면 한국원전의 검증된 지식과 경험은 세계원전시장에서 매력을 끌 수 있는 서비스 상품이다. 원전 운영사와 민간회사, 규제기관이 팀코리아를 구성하여 접근하면 충분히 승산이 있다는 추정이다.

제2부

원전 1차 계통과 건설기술

제2부

원전 1차 계통과 건설기술

C박사가 보내 준 논문을 읽었는데 무척 감동적이었어.
그 논문을 읽다보니 아무래도 당신이 와서 한국원전
엔지니어링 책임을 맡아 주었으면 좋겠다는 생각이 들었어.
과학기술처와 상의를 했고, 대통령의 재가도 받았으니
C박사가 돌아와서 그 논문대로
제대로 된 엔지니어링 회사를 만들어 주게

- 1982. 3. 청와대 수석이 미국과학연구재단 C박사에게 전화 -

혹독한 교육을 시키면서 선진 AE사를 설득했다.
신입사원이 처음부터 일을 잘 하는 것은 아니지
않느냐며 적응하면서 능력을 발휘하는 것이다.
기술은 움직인다. 그 기술을 움직이는 것은
결국 사람이고, 마음가짐일 뿐이다.

- 1978. 10. 미국 AE 본사에 113명의 한국엔지니어 파견 협상 중 -

1 세계 원전산업을 지배하는 기술 요소

'risk zero(위험 제로)'에 도전하는 원전기술

지구에 매장된 원자력 원료인 천연 우라늄은 사람에게 아무런 해를 끼치지 않는 광물이지만 우라늄을 농축하거나 가공하여 원자력에너지로 변환하면 인류에게 긍정과 부정을 동시에 주게 된다. 경제성과 편의성, 그리고 인류에게 편안한 삶의 기반을 만들어 줄 수 있는 긍정적 측면이 있다. 긍정의 반대편에는 인류에게 방사능 유출 및 자연환경을 오염시킬 수 있는 부정적인 측면을 가지고 있다. 우리가 우라늄의 부정적인 측면을 알면서도 원전의 연료로 사용하는 이유는 리스크 대비 이익이 훨씬 크기 때문이다. 한국원전은 물론 세계 원전산업계는 원전에 내재된 부정적인 요소를 제거하여 제로(zero)로 만들거나 최소화하는 기술을 지속적으로 발전시켜왔다.

한국원전은 방사능 유출을 방지하고 안전한 운영을 위해 방어 기술개발 및 발전에 막대한 예산을 투자해왔다. 다중 방어선 구축을 기반으로 하는 다양한 기술과 장치를 개발해왔다. 동시에 원전의 경제성 확보를 위한 PM 기술을 발전시켜왔다. 인간이 상상할 수 있는 거의 모든 자연재해(예: 지진, 쓰나미, 태풍, 폭우, 회오리바람 등)와 인재(예: 오작동, 정전, 외부 충격과 테러 등)로부터 원전을 안전하게 운영할 수 있는 기술을 동원해 왔다. 기술 개발과 발전의 끝은 언제나 'risk zero(위험 제로)'에 두었다. 여기에는 원전의 규제기관이 제시하는 기술 및 안전기준과 표준, 그리고 인허가 절차 등이 큰 역할을 해왔다. 규제기관의 장벽을 넘을 수 없었다면 한국원전의 기술 수준은 세계시장 어디에서도 주목받지 못했을 것으로 판단된다.

한국원전에 동원되는 기술은 인간이 지구상에서 활용하는 거의 모든 기술이다. 기술의 스펙트럼이 최고급에서 평범한 기술까지 걸쳐 있다. 최고급기술은 킬러기술이기는 하지만 원전건설 기간 중 활용되는 기간은 의외로 짧다. 그런데도 한국원전은 킬러기술 개발에 막대한 투자를 해왔다. 국내에서 건설되거나 제작되는 다양한 프로젝트보다 전산 프로그램의 사용빈도가 높고 광범위한 것은 고급기술과 기술의 스펙트럼 때문으로 해석된다. 아무리 평범한 기술이라도 원전건설에 동원되는 경우 반드시 검증과정을 거치게 되어 있는 것이 한국원전이다. 그만큼 기술 도입 및 활용 절차가 까다롭다는 의미다. 모든 것이 문서화하지 않으면 사용될 수 없는 것도 한국원전 건설이 기타 건설과 차이나는 부문이다.

한국원전 기술은 처음부터 국내·외 시장의 경계선을 파괴했다. 세계시장을 겨냥하여 기술개발과 완성도를 높여왔다. 한국원전에 사용된 기술은 까다로운 허가 절차를 거쳐 검증받은 후 사용되기 때문에 기술의 완성도와 품질, 그리고 정확도에서 흠을 쉽게 발견하지 못한다. 한국원전은 세계시장을 겨냥했기 때문에 원전 노형과 다양한 기술의 메뉴판을 읽고 '선택과 집중'하는 기술개발과 축적 과정을 밟아 세계 최고 수준에 도달했다.

원전의 원천기술과 속성, 그리고 다양한 노형

원전건설 여부는 국가의 전력수급 정책과 전략에 의해 좌우된다. 용량은 경제성보다 전력수요와 전력설비용량 비중이 좌우한다. 원전에서 두 가지 핵심기술이 있다. 원자력을 열에너지로 전환하는 1차 계통기술과, 열에너지를 전력에너지로 전환하는 2차 계통을 통합하여 생산하는 열평형기술을 구사하는 AE 기술이다. 1차 계통에서 생산하는 열에너지는 일반적으로 'MWt, thermal'로 표시되고 2차 계통에서 생산되는 전력에너지는 'MWe, electricity'라는 단위가 붙는다. 이 두 가지 핵심기술은 상호작용을 하지만 2차 계통기술은 화력이나 원자력 노형과 무관하게 활용되는 범용화된 기술이다. 1차 계통은 과학의 영역과 기술의 영역이 공존한다. 원자로의 성능혁신이나 새로운 노형을 개발하는 데는 공학기술보다 과학기술의 힘이 더 크다. 공학기술은 검증된 기술만 사용하기 때문에 노형의 진보보다 현상 유지에 무게를 둔다. 이에 반해 과학기술은 끊임없이 성능혁신을 위해 실험과 시험을 거듭하게 된다. 현재보다 미래기술에 도전하는 셈이다. 이 책에서 다루고자 하는 부문도 1차 계통과 AE 기술이다. 두 가지 핵심기술의 경계선을 명확하게 구분하기 어렵다. 같이 갈 수도 있고 또 각자 갈 수도 있다. 다만 상호 연관성은 무시하지 못할 정도로 밀접하다.

1차 계통은 진공용기에 들어있는 노심과 제어봉, 증기발생기, 1차 계통 유체를 순환시켜 냉각시키는 펌프 등 세 종류의 각기 다른 기기로 구성된다. 물론 여기에는 배관과 밸브, 제어장치, 그리고 노형에 따라 압력용기가 추가된다. 1차 계통 자체가 열원을 이용하여 증기를 발생시키는 완전한 시스템이지만 개별 기기도 단순 기기가 아니라 기기 속에 기기가 포함된 기기시스템이다. 예를 들어 냉각수 순환펌프는 각종 제어장치와 펌프, 밸브와 배관이 장착된 시스템 기기라는 뜻이다.

현재까지 상용화된 1차 계통, 즉 노형은 약 12개 종류가 있다. 일반적으로 알려진 경수로는 1차 계통의 냉각제로 물을 사용하는 가압경수로(PWR)와 비등수형원자로(BWR)가 있다. 이들은 물을 순환 냉각제로 사용한다는 공통점이 있지만 증기생산과 전력생산방식은 완전히 다른 개념이다. 가압경수로는 원자로건물 내 진공용기와 증기발생기로 구성된 1차 계통, 증기발생기에서 생산된 증기를 원자로 건물 밖으로 끌어내어 터빈기에 공급하고 다시 원자로 건물 안의 1차 계통으로 순환하는 2차 계통, 그리고 고온고압의 증기와 바닷물이나 강물 등의 상온수간의 열 낙차를 이용하여 터빈을 돌려 이를 전력에너지로 만들어내는 3차 계통 등 3개의 순환루프로 구성된다. 이에 반해 비등수형원자로는 1차 계통에서 생산된 증기가 곧바로 바닷물이나 강물과 접촉하는 2차 계통 2개의 순환 루프로 구성된다. 경제면에서는 BWR이 유리하지만 안전성 측면에서는 불리하다. 1차 계통은 주기기 공급자가 주도하는 기술이기 때문에 공급자에 따라 주력하는 노형이 다르다.

인류 역사상 최악의 원전사고로 기록된 1986년 체르노빌원전은 소련(舊 러시아)가 설계하고 공급한 흑연냉각경수로(LWGR)였다. 1차 계통을 원자로 건물 안에 가두는 방어벽 설계개념을 도입하지 않았다. 노심을 제어하는 기술도 물과 소디움 가스로 안정성이 떨어졌다. 안전보다 경제성을 중시했다. 이 사고로 거의 모든 흑연냉각경수로(LWGR) 원전은 가동이 중단되었다. 2011년 3월에 사고가 발생한 후쿠시마원전은 비등수형원자로(BWR)였다. PWR에 비해 안전장치가 부족하고 사용 기간도 33년이 지난 노후화된 원전이었다. 이 사고를 계기로 미국은 물론 전 세계에서 가동 중이었던 비등수형원자로(BWR)의 상당수가 운전이 중단됐다.

한국원전은 26기 중 캐나다형 중수로 4기를 제외하면 전부 가압경수로(PWR)다. 경제성보다 안전성을 중시했다는 평가다. 영국의 경우 총 58기 중 70%가 가스를 냉각제로 사용하는 기체냉각식원자로(GCR, Gas Cooled Reactor)다. 자유시장답게 영국에는 5개 노형이 건설되었다. 이에 반해 중국원전은 주력이 가압경수로(PWR)이다. 아무래도 미국에서 공부한 기술자가 많았기 때문으로 해석된다. 인도의 경우도 다양한 노형이 건설되었거나 건설 중이다. 원전사고로 인해 비등수형원자로(BWR)과 흑연냉각경수로(LWGR)는 시장에서 거의 퇴출당했다고 볼 수 있다. 2021년 현재 가장 많은 원전을 가동 중인 미국도 비등수형원자로(BWR)보다는 PWR 노형이 주력이다. 일본은 후쿠시마 원전사고로 비등수형원자로(BWR) 원전을 중단시키거나 중단을 검토 중인 것으로 알려졌다.

기술 고도화 성공에 가려진 한국원전의 주력 노형 선택

세계가 인정하는 세계 표준노형은 존재하지 않는다. 노형은 국가나 혹은 전력회사의 선택에 달려있다. 각국이 주력으로 개발 혹은 선택한 노형은 나름대로 특성, 장점과 단점을 가지고 있다. 만약 장점만 있다면 세계 표준원전으로 자연스럽게 수렴됐겠지만 현실은 그렇지 않다. 한때 세계 원전산업에서 주력 노형이 가압경수로(PWR), 비등수형원자로(BWR), 가압중수로(PHWR), 기체냉각식원자로(GCR), 흑연냉각경수로(LWGR) 등 5개가 지배할 때가 있었다. 한때 미래 꿈의 노형으로 불렸던 고속증식로(FBR, Fast-neutron Breeder Reactor)가 화제가 된 적도 있었다. 그러나 현재 세계원전 신규시장에서 방사능 유출사고나 원자로 폭발사고 등 다양한 이유로 비등수형원자로(BWR)와 흑연냉각경수로(LWGR)는 더 이상 수요가 없을 것으로 추정된다.

한 국가 원전의 주력 노형 선택[25]에는 다양한 변수가 작용하게 된다. 미국의 경우 8개 노형의 원전이 건설되었거나 운영 중이다. 미국원전을 대표하는 노형은 없다. 다만 표준소형원자로(SMR, small modularization reactor)가 에너지성 투자로 개발되고 있지만 미국 정부가 선택한 대표 원전은 아니

25) www.en-wikipedia.org list of commercial nuclear reactors

다. 미국원전 산업의 경우 권역별로 분산된 전력회사, 주요 기기를 생산할 수 있는 다수의 중공업, 다수의 AE가 있어 어느 한 노형을 정부가 선택할 수 있는 여지가 없었다. 영국도 5개 정도 노형이 있지만 영국을 대표하는 주력 원전 노형은 존재하지 않는다. 영국이 신규 원전을 계획하면서 한국원전 산업을 협상대상자로 선정했던 이유이기도 하다. 일본도 미국과 유사하다. 중공업 기반이 막강했던 일본답게 자국 산업체인 미츠비씨는 물론 기술협약을 체결한 다수의 산업체(예: 도시바, 히타치 등)가 나름의 노형설계 및 제작 능력을 확보하고 있었다. 일본은 전력회사가 지역분할로 되어 있다. 정부가 특정 노형을 일본의 주력 노형으로 선정하기 어려웠을 것으로 추정된다. 흥미롭게도 도쿄를 기점으로 남부지역은 가압경수로(PWR), 북쪽지역으로 갈수록 비등수형원자로(BWR)가 주력으로 되어 있음을 볼 수 있다. 일본원전은 2011년 3월 후쿠시마원전 사고로 원전기술의 안전성에 치명상을 입게 됐다. 일본원전산업의 최대 약점으로 상당기간 지속됐을 것으로 예측된다. 프랑스의 주력 원전 노형은 가압경수로(PWR)이다. 물론 4종류의 노형이 가동 중 혹은 건설 중이지만 프랑스 원전의 90%가 한국원전과 같은 가압경수로(PWR)이다. 프랑스는 전력회사(EDF)가 국영이다. 산업체는 자유시장 경쟁보다 사회주의 색채가 짙은 역할 분담구조를 가지고 있다. 원전의 경우 공기업 성격의 원전 전담 설계 및 주기기제작사(Framatech & Framatom)가 프랑스 원전산업을 주도하고 있다. 프랑스 원전산업이 해외시장에 대표로 내세우는 원전 노형은 당연히 가압경수로(PWR)이다. 한국의 원전산업과는 다른 생산체계를 가지고 있어 한국원전과 해외시장에서 경쟁할 때 원전생태계에 대한 장·단점을 부각시키는 무기로 활용할 수 있는 여지가 많다. 원전을 도입하려는 상대국의 산업생태계에 맞는 전략 수립이 필요하다는 의미다.

한국원전의 주력 노형은 가압경수로(PWR)였다. 같은 경수로인 비등수형원자로(BWR)보다 경제성은 낮지만 안전성이 높았기 때문으로 해석된다. 정부가 한국원전의 표준으로 가압경수로(PWR)을 선택할 수 있었던 배경에는 1970~1980년대 당시 전력회사는 국영기업인 한국전력이 유일했고 AE사로는 ㈜한전기술, 주기기설계 및 제작을 할 수 있는 산업체는 약 2개 정도였기 때문이다. 공기업인 한국전력의 노형 선택은 자연스럽게 정부의 선택과 동일한 효과를 낼 수 있는 시기였다. 정부는 주력 노형으로 가압경수로(PWR)를 선택했다. 경제성보다 안전성을 중시했고 주력 노형의 '복제와 반복' 생산을 통해 가격을 낮출 수 있으리라 판단했다. 당시에는 한국원전의 주력 노형 선택이 한국원전 기술을 세계 최고 수준에 도달시킬 것으로 예상하지 못했다. 다만 목표는 국산화, 기술자립, 그리고 해외시장 진출 등이 전부였다. 정부의 주력 노형 선정은 결과적으로 '선택과 집중'이라는 효과를 가져왔다. '복제·반복'건설을 하면서도 기술고도화를 동시에 추구하는 기술개발 전략은 'PWR1000 → OPR1000 → APR1400 → APR⁺1400'으로 이어지게 됐다. 한국원전을 대표하는 표준원전이 산업현장을 통해 실증되었고 연구실에서 개발된 신규 기술과 운영과정에서 발견된 보완 및 개선과제가 다시 설계에 반영되어 기술은 고도화되고 용량이 증가되는 선순환체계를 구축하는 데 성공하게 된 것이다. 초창기 한국원전산업의 적은 중공업산업체가 오히려 성공의 밑거름이 되었다고 볼 수 있다. 한국원전 기술의 세계 최고 수준 도달은 어느 날 갑자기 만들어진 것이 아니라 정부의 정책과 산업체의 협력이 만들어 낸 결정체인 것이다.

겉으로는 독립객체, 안으로는 완벽한 연합생태계 구축

자유시장 경제를 추구하는 국가라면 산업을 민간시장이 주도하도록 하는 게 상식이지만 원전산업의 경우 국민에게 미치는 안전성(safety), 국가에 미치는 보안(security) 문제로 인해 불가피하게 국가 주도 혹은 공공의 영역으로 일정 부문을 남겨 둘 수밖에 없다. 우리나라 정부도 원전의 특성을 잘 이해하고 있었다. 김대중 대통령 임기 중후반부터 한국원전 산업이 큰 변혁기를 맞이하는 큰 정책변화가 있었다. 원전산업의 구심점에 있는 전력회사를 민영화하는 정책을 구상하여 내놓기 시작했다. 전력회사의 기능을 건설과 운영, 판매 등 3개 부문으로 분리하는 것으로 구상했다. 1단계로 전력회사를 6개사(원자력·수력 1개사, 화력 5개사)로 구분하기로 했다. 원전과 수력을 1개로 묶었던 배경에는 원전산업이 가졌던 특성 때문으로 이해됐다. 만약 원전을 포함해서 분산시켰다면 한국이 가졌던 고유한 원전생태계가 파괴되었을 것으로 추정된다.

전력산업의 민영화 정책에도 불구하고 국가가 지켜야 할 안보와 안전을 지키기 위한 원전기술은 공공의 영역으로 남기기로 하면서 1차 계통(NSSS)의 시스템설계를 주기기설계 및 제작과 분리하기로 했다. 한국원전에 기술전수를 해 준 미국과는 다른 길을 선택한 것이다. 미국의 경우 대부분 국가가 그랬던 것처럼 1차 계통 시스템과 주기기설계 및 제작은 1개 패키지로 민간 산업체의 영역으로 되어있다. 주기기설계 및 제작은 우리나라도 민간의 영역이다. 1차 계통 시스템설계와 직접적인 관계를 가진 AE 역할도 안전과 기술혁신을 위해 공공의 영역에 포함하기로 했다. 여기에는 또 다른 국가 차원의 전략이 숨겨져 있었던 것으로 추정된다. 국내 원전시장을 고려하면 미국이나 일본처럼 복수의 AE사를 두는 것은 규모의 경제성 측면에서 생존 가능성이 없을 뿐만 아니라 기술혁신이나 기술자를 유지하기 힘들다고 판단했을 것으로 추정된다.

1차 계통 시스템설계 및 AE 기능을 공공의 영역으로 남겨 둔 배경에는 겉으로 드러낼 수 없었던 이유가 있었던 것 같다. 원전건설의 경제성을 높이기 위해서는 1기 1설계가 아닌 1기 설계를 다수 호기에 복제 및 반복 사용함으로써 경제성을 높이도록 한 것이다. 1기 주문이지만 주요 기기 생산은 복제설계를 통해 다수 호기가 동일한 제작설비를 이용할 수 있도록 함으로써 경제성을 높인 것이다. 또한, 운영단계에서 주요 부품 및 예비부품을 공유하게 함으로써 경제성을 높이는 것이다. 개발 및 고도화된 기술을 실제 사업을 통해 실증해 보이겠다는 전략도 고려했을 것으로 추정된다. 한국원전의 생태계는 외국인의 눈으로 보면 독립객체로 보이지만 국내 정책의 시각으로 보면 완벽한 연합생산체계가 구축되어 있다. 기능으로는 독립되어 있지만 한국원전을 중심으로 산업 고유의 생태계가 구축된 것이다. 원전을 도입하려는 국가의 산업 구조와 수준에 따라 수요에 맞게 재단(국내 원전에서는 이를 'customization'으로 호칭)할 수 있는 전략적 유연성을 확보하고 있다. 이 점이 원전 경쟁국에 비해 유리한 생태계라고 할 수 있다. 이러한 장점을 어떻게 활용할 것인지는 한국원전산업의 전략과 선택에 달려있다.

일반 건설 생태계와 다른 한국원전의 생산구조

한국원전 건설현장에는 국내 다른 공사현장에서 볼 수 없는 AE사가 상주하는 현장설계사무소(원전에서는 이를 'FDEO, field design & engineering office'로 통칭)와 시공계약자 공사팀과 따로 운영하는 시공설계팀(shop drawing team)이 있다. AE는 원전의 경제성 분석을 위한 개념설계(conceptual design)

에서부터 건설착공허가를 위한 예비설계(preliminary design engineering), 시공을 위한 본 설계(design)까지가 주된 업무 영역이다.

미국원전 현장의 경우 대부분의 상세설계와 시공설계는 시공계약자의 몫이다. 그러나 한국원전의 경우 시공사 기술자 대부분이 전통적인 토목과 건축 전공자로 기계와 전기, 배관 등의 전문기술이 부족했기 때문에 미국원전의 일반적인 생산체계를 따를 수 없었다. 그래서 토목과 건축기술이 필요한 옥외시설과 주건물(power block building)의 상세설계와 시공상세도는 시공계약자 몫으로 했지만 MEP(mechanical, electrical, piping) 상세도는 AE사의 현장사무소(FDEO)에서 작성하는 구조로 갔다. 국내 원전현장의 시공설계에 포함된 주요 업무는 공사용 인프라(예: 야적장, 진출입로, 공사용 전력과 용수, 근로자 편의시설 등) 설계, 양중기(tower & tier crane) 배치 설계, 중량물 이동 경로 및 인양과 설치 설계 등이 있다. 한국원전 현장에서 이뤄지는 엔지니어링과 시공설계의 생산구조는 국내 보편적인 건설현장과 판이하게 다른 면을 가지고 있다. 원전시공에 참여하기 위해 건설회사는 국내 건설현장에서 요구하지 않는 시공설계 역량을 필수적으로 갖춰야 하는 이유다.

종합설계(AE)와 시공설계(CE) 차이를 단순하게 비교하기는 어렵다. AE본사에서 생산하는 도면은 영광 1·2호기(1983년 기준)에서 약 3,000매 수준이었다. 이에 반해 시공설계에서 생산하는 도면 매수는 30배인 약 90,000매 정도였다. 도면 매수를 양적으로 비교하면 엄청난 차이가 나지만 AE사가 생산하는 도면(예: 기기배치도, general arrangement drawing)은 8매를 완성하는 데 9개월 이상 소요되었고 1매당 평균 2억원[26](1981년 기준)이 투입되

26) 고리 3·4호기 CEBUS, control of engineering budgeting system(선진 AE사였던 미국 벡텔사가 설계결과물 일정과 예산관리를 위해 자체에서 개발한 시스템의 한 부문으로 이 데이터에 실적이 입력 될 경우 EPPR, engineering progress & performance report로 집계되어 생산성 측정이 자동 계산되는 시스템)

었다. AE의 역할인 주요기기배치는 물론 건물과 옥외 설비까지 배치 구도를 설계하는 것으로 기술과 시간, 그리고 전문가 집단의 경험과 지식이 필요한 분야이다. 이에 비해 현장에서 시공설계팀이 작성하는 철근배근도는 1매당 평균 7시간과 8만원 정도가 소요된다. 당시 이를 국내 원전에서는 AE의 부가 가치로 해석하여 시공설계와 차이를 뒀었다.

리스크가 큰 병렬진행(fast-track)방식에 도전

국가의 원전 계획 및 건설에는 대규모 투자는 물론 120개월 이상의 장기간이 소요된다. 원자력이 가진 위험요소에 대한 안전성 확보, 거대 투자비와 장기간에 대한 경제성 확보 문제를 동시에 만족해야 하기 때문이다. 안전성 확보는 과학과 공학기술, 그리고 예산투입으로 해결할 수 있지만 'risk zero' 문제는 여전히 남아있다. 경제성 확보는 안전성 확보 문제를 침해하지 않으면서 기술과 공기관리 고도화로 해결 가능한 이슈다. 건설에서 설계변경 리스크를 확실하게 줄일 방법은 설계와 제작, 시공의 순차적 혹은 직렬(sequential) 방식을 선택하는 것이다. 완벽한 설계가 완료된 이후 제작 혹은 시공에 들어가는 방식이다.

원전의 기획 초기는 노형과 용량, 추정 예산과 공기 등을 다루는 개념설계(conceptual design)가 지배한다. 개념설계에서 노형과 용량, 그리고 이를 수용하는 건물과 옥외 설비의 배치가 중요하기 때문에 '시스템+공간(physical)설계 기술'이 지배하게 된다. 개념설계를 통해 시스템과 공간 설계 기준이 윤곽을 잡게 되면 곧바로 경제성 분석과정을 거쳐 '진행 혹은 중단(to-go or not-to-go)'이 결정된다. 타당성 검토를 통해 원전을 짓기로 하면 본격적으로 설계가 진행된다. 한국원전에서는 이를 예비설계(preliminary design)로 부른다. 이 과정에서 시스템(유체와 전류흐름) 엔지니어링을 통해 확정되는 각종 기기를 물리적으로 배치하는 공간설계(physical design)가 진행된다. 이 과정에서부터 1차 계통과 2차 계통, 그리고 보조계통(BOP) 기기 중 설계 및 제작에 장기간이 소요되는 기자재공급자(한국원전에서 이를 long lead equipment로 호칭)의 설계정보가 AE 설계에 반영되기 시작한다. 일반 건설공사나 석유화학플랜트보다 훨씬 조기에 주기기공급자 설계정보가 필요하게 된다. 이처럼 시스템설계와 공간설계는 병렬로 진행될 수밖에 없다.

본격적으로 현장에서 건설이 시작되면 시스템보다 공간에 대한 기획 및 관리 중심으로 변하게 된다. 공간 시공 및 설치에서 공종별 간섭과 관리가 극히 중요한 역할을 하게 된다. 건물공사와 배관을 포함한 각종 기기들이 동시에 건설되기 때문에 간섭관리가 상당한 비중을 차지하게 된다. 건설 후반에 시운전 계통이 등장하게 된다. 이때부터 건설 마감이 시운전 계통 순서와 일정에 따라 조정되기 시작한다. 물리적 공간관리의 주도권이 시스템관리 주도권으로 이동하게 된다. 물리적 공간과 시스템 사이 정교한 간섭관리 기술이 동원되게 된다. 건물공사 마감 후 기기설치는 공기를 무한적으로 늘리기 때문에 건물공사와 기기설치, 시운전시스템 기기들이 병렬(fast-track)로 진행될 수밖에 없다. 시운전 시스템 중심의 기기 설치와 시운전이 중반을 넘어서면 초기 AE의 기반이었던 발전에너지생산시스템으로 전환하게 된다. 건설과 시운전, 그리고 운전을 위한 계통연동시험 등이 동시에 좁은 공간에서 진행된다. 3가지의 특성을 가진 작업들이 3중 병렬로 진행되는 탓에 정교하고 고도화된 프로젝트 계획 및 관리기술(한국원전에서는 이를 'PM, project management' 용어로 정착)을 필요로 하게 된다.

원전건설에 동원되는 기술의 스펙트럼만큼 공종도 만물상과 다름없이 다양하다. 자동차 부품보다 훨씬 다양하고 많은 공종이 동원된다. 당연하게 각종 공종 간 설계와 시공, 시공과 설치 사이 간섭을 정교하게 관리해야 할 업무량이 폭증하게 된다. '90년대 중반까지만 해도 컴퓨터 용량 부족과 활용 가능한 SW부족 때문에 이를 해결하기 위한 수단으로 실제 원전 크기의 1/25로 축소한 플라스틱모델을 원전별로 제작하여 간섭 문제 예방을 위한 수단으로 사용했다. 플라스틱모델 제작에 65억~70억 원 정도가 소요될 정도로 이 자체가 큰 프로젝트였다. 이런 투자비에도 불구하고 플라스틱모델을 도입한 이유는 예산대비 효과가 훨씬 컸기 때문이다. 한국원전의 플라스틱 모델 개발기술은 인천국제공항 제1여객청사 설계 및 시공에도 채택되었다. 원자로 건물의 지름이 50m 내외임에 비해 여객청사의 경우 길이가 1,000m 이상으로 원전의 약 20배에 이르렀지만 제작비용은 약 25억원 정도로 원전모델의 40% 미만으로 원전의 복잡성을 비교 짐작할 수 있다. 한국원전의 플라스틱모델은 '90년대 후반부터 3D엔지니어링 SW에 자리를 내주게 됐다.

한국원전에 체계적인 PM기술의 도입은 외국공급자(당시 미국의 웨스팅하우스사) 주도의 완전한 턴키로 진행되었던 고리 2호기 이후부터다. 고리 3·4호기가 턴키발주방식에서 분할발주(한국원전에는 이를 'component approach'로 호칭)로 바뀌면서부터 PM의 중요성이 부각되기 시작했다. 원전의 경제성에 건설 공기가 미치는 영향이 절대적이기 때문에 공기를 최소화할 수 있는 진행방식이 직렬보다 병렬(fast-track)이었다. 병렬방식은 설계가 완성되기 전에 착공해야 하고 동시에 공급자 정보가 확정되지 않는 상태에서 설계를 진행하기 때문에 설계변경 빈도가 높아질 수밖에 없다. 설계변경은 재설계·재시공을 유발하기 때문에 공기지연과 예산증가에 직접적이고도 치명적인 영향을 미치게 된다.

원전건설이 설계변경 리스크에도 불구하고 직렬(sequential)방식보다 병렬(fast-track)방식을 선택하는 이유는 공기를 최소화해 간접비를 저감할 수 있음과 동시에 빠른 개통으로 에너지를 생산할 수 있기 때문이다. PM부문의 전문적인 기술이 도입되어야 하는 최적 환경인 셈이다. 국내 원전건설에서 타 산업이나 건설보다 PM기술이 조기에 발전하게 된 주요한 이유다. 원전건설에 도입 및 활성화된 PM기술은 인천국제공항1단계와 1998년부터 시작했던 5개 월드컵경기장(서울, 대전, 전주, 광주, 서귀포 등)의 공기 내 준공에 중요한 역할을 했다. 한국원전 기술자립을 통해 축적된 PM기술은 러시아와 중국, 심지어 일본원전까지도 갖추지 못한 기술이다. 러시아와 중국은 정치와 사회가 사회주의 및 공산주의를 채택하고 있어 공기와 예산관리에서 취약하다. 시장경쟁은 경제성을 기반으로 하지만 사회주의는 경제성보다 목적성에 더 비중을 두기 때문이다. 2010년 중국원전 건설현장 방문 시에도 중국 당국이 해외시장 진출에서 가장 큰 걸림돌인 리스크로 PM기술 부족과 경험을 가진 전문가 부족을 제시했다. 러시아나 중국의 원전산업 생태계 전체를 외국원전 건설에 동원하지 않는 한 PM의 실패로 공기지연과 예산이 증가될 가능성이 높다는 추정이다. 일본은 비록 시장주의가 채택되어 있지만 일본 특유의 '일본주식회사' 구조로 되어 있다. 일본의 주기기공급자가 수출에 성공하더라도 상당량의 기기와 기자재, 그리고 건설근로자는 일본이 아닌 수출 상대국의 자원을 활용해야 하므로 일본주식회사 형태가 가동될 수 없는 환경이 될 수밖에 없다. 일본건설업체들이 중동시장에서 큰 성과를 내지 못하는 이유도 일본의 특이한 생산구조 때문으로 해석된다. 시장경쟁에서는 상대국의 약점이 우리에게는 좋은 기회가 될 수 있다. 물론 이를 간파하고 어떻게 활용할지에 대한 전략은 한국원전 산업의 숙제다.

'나 홀로'보다 '같이, 또 따로'일 때 힘이 발휘되는 원전기술

규모와 관계없이 원자력을 이용하는 지구상의 모든 원전기술을 독자적으로 행사할 수 있는 '만능해결사(total service provider)'는 존재할 수 없다. 더구나 원전건설과 운영의 경우 대규모 투자비가 소요될 뿐만 아니라 장기간이 걸리고 또 기술과 기자재, 공종의 스펙트럼이 '$\alpha \leftrightarrow \Omega$'로 넓게 펴져 있다. 원전건설을 일괄적으로 생산할 수 있는 만능해결사가 되기 위해서는 웬만한 국가의 경우 국가자원을 총동원해야 할 정도다. 더구나 연속적으로 원전을 건설하지 않을 경우, 규모의 경제 체제를 갖출 수 없다. 국가전략으로 될 수도 있지만 만능해결사 혹은 일괄생산능력을 갖추기 위해서 인적 및 물적 자원을 동원할 수 있는 역량을 가진 국가는 많지 않다. 설사 역량을 갖췄다고 해도 경제성과 경쟁성을 무시하는 일괄생산체계가 갖춰지지 않았을 것으로 추정된다.

세계 원전시장에서 만능해결사는 아니지만 일괄생산체계를 갖추려는 시도 혹은 연구 흔적은 있었다. 국내에서도 탁월한 식견을 가졌던 한 분이 'floating 원전[27]' 개발을 주장하기도 했다. 이 주장은 실현성 여부를 떠나 개인의 연구실에서 벗어나지 못했다. 주기기제작 및 설치를 한 장소에 모아 한다는 점에서는 일괄생산처럼 보이지만 각종 기자재와 송전에 필요한 설비, 그리고 해상거치 등의 AE역할이 필요하기 때문에 만능해결사 수준까지는 도달하지 못한다. 미국에너지성(DoE)에서도 해상원전은 아니지만 최대한 공장제작 원전건설에 대한 국가 차원의 대규모 연구를 진행했다. 에너지성의 연구자금을 지원받아 AE와 주기기제작사, 그리고 에너지전문기업 등이 연구컨소시엄을 구성하여 결과를 발표했다. 미국 원전건설이 중단되기 전까지 가장 최

27) 선박건조장이 있는 중공업공장에서 바지선에 원전을 건설하여 바다로 옮겨 전력에너지가 필요한 곳에 정박시켜 전력을 생산하는 해상원전임.

단공기로 평가받았던 지온(Zion)원전 1호기의 공사기간이 60개월 소요되지만 제작공장에서 일괄생산할 경우 공사기간을 36개월까지 단축할 수 있다는 연구[28] 결과를 발표했다.

세계적으로 각종 연구 및 시도에도 불구하고 현재까지 세계원전 시장을 지배하는 만능해결사는 나타나지 않고 있다. 세계 원전산업에서 '1 unit/ 1 player'가 불가능한 이유는 원전건설이 가진 프로젝트 성격 때문이다. 프로젝트는 시한부 성격이라서 영구조직과 인력을 유지할 수 없다는 사실을 누구나 알기 때문에 선불리 프로젝트 조직을 확대하지 않는다. 물론 원전기술을 주도하는 그룹은 있어도 만능해결사 역량을 갖춘 조직은 세계 어디에도 없다. 세계 원전시장이 국가대항전이라는 성격을 일찍부터 간파한 캐나다(A/ECL), 프랑스(Framatome)가 국가원전의 대표사를 만드는 경우가 있기는 하다. 러시아가 해외원전 수출의 대표기업으로 내세운 '로사톰(RosAtom)'사는 러시아원자력부(MINATOM)을 대신하는 국영기업으로 이 전략의 연장선으로 추정된다. 중국원전은 국영기업이 주도하기 때문에 계약은 중국 원전사가 하지만 시장에 나서는 주체는 중국 정부 혹은 국영전력회사다. 한국원전도 국토부가 선택한 'Team Korea' 전략만으로는 부족하다. 'Team Korea+α'를 만들어야 한다. 물론 α는 실체가 보이지 않지만, 경쟁 무대 뒤에서 작용하는 정책과 외교력을 의미한다. 수주 경쟁에는 'one team(같이)'으로 가지만 수주 후 수행은 '따로(each)'하는 전략적 협업체계 구축은 피할 수 없는 한국원전 산업의 숙명적 과제다.

---

28) Dominion 외 3개사(2004), Study of Construction Technologies and Schedules, O&M Staffing and Cost, Decommissioning Costs and Funding Requirements for Advanced Reactor Designs

국가대항전에서의 한국원전의 차별화 전략

세계 원전시장은 국가대항전의 성격을 가진다. 올림픽과 다를 바 없다. 올림픽 경기에 출전하기 위해서는 세계올림픽위원회(IOC)가 인정하는 기록 이상과 지역예선전을 통과해야 한다. 통과한 대표선수는 국가를 대표한다. 원전 경쟁은 원천기술인 1차 계통설계 및 제작, 그리고 AE 역량에 좌우된다. 한국 원전이 확보하는 원천기술은 1차 계통의 시스템엔지니어링, 그리고 AE 기술력이다. 미국과 유사한 원천기술 구조를 가진다. 다만 미국과 달리 한국원전은 미국 원전산업이 갖지 못한 고유한 원전생태계를 확보하고 있다. 미국은 주기기제작사와 독립된 1차 계통 시스템설계 역량, 발전회사의 운영 및 유지 기술을 1식으로 확보하기 어렵고, 일본과 프랑스는 공급자 주도의 'island' 생산기술과 방식을 보유하고 있다. 중국은 국제적으로 공인된 원전건설 및 운영 기준과 절차를 가지고 있지 않고 중국 내 원전건설 수요를 자국 내 인적자원으로 소화하기에도 벅찬 상태인 것으로 알려져 있다. 이것이 중국원전이 해외시장 공략에 적극적으로 나서지 못하는 주된 이유로 판단된다. 러시아는 체르노빌원전 사고로 인해 안전성에 대한 신뢰도가 떨어져 있는 약점을 가지고 있다. 사회주의 국가 특유의 파격적인 선물을 전제하지 않으면 국가대항전에서 불리할 수밖에 없다는 추정이다.

한국의 원전산업은 산업과 기술의 자국화를 내세우는 나라일수록 유리한 고유 생태계를 갖추고 있다. 일본과 프랑스의 경우 공급자 주도의 기술을 가지고 있지만 일체식(total package 방식)이 아니면 원전 도입국이 쉽게 받아들이기 어려운 단점이 있다. 다만 자국화를 포기하거나 일회성 원전건설이나 노형 다변화를 추구하는 국가에게는 장점이 될 수 있다. 한국원전 생태계는 도입하려는 국가의 수요 맞춤형으로 재단할 수 있기 때문에 기술측면에서는 충분히 승산이 있다고 판단된다. 한국원전이 국가대항전에서 시장을 확보하기 위해서는 '지피지기(知彼知己)'로 접근해야 한다. 원전 도입 예상국의 정책, 산업생태계와 기술 수준, 그리고 기술과 규격의 국제 수준, 각종 인허가 절차 등 법과 제도의 인프라 수준 등을 사전에 충분히 파악한 후 접근을 시도해야 한다. 지피지기 없이 접근하면 얻는 것보다 잃을 것이 훨씬 많다. 중국의 공영철도회사가 경부고속철도 기술을 도입할 것처럼 포장하여 한국 당국과 산업체를 빈번하게 방문하면서 취득해간 지식을 이용하여 자국 내 철도기술을 발전시켜 자력으로 고속철도를 건설해 버린 뼈아픈 경험이 이를 증명해주고 있다. 미국이 한국원전 초기에 기술을 맛보기식으로 극히 단편적으로 보여주고 정식 계약이 체결된 이후 공개했던 것은 한국원전이 반면교사로 삼아야 한다. 수주를 위해서는 상대방이 간보기를 할 수 있을 정도의 기술만을 공개하는 전략이 바람직하다는 경험적 판단이다.

2 세계 최고 수준을 만든 원전기술 정책과 전략

정부가 기술정책 개발을 주도, 과학·기술이 전략 개발을 주도

한국원전의 기술자립과 완성도, 그리고 세계 최고 수준에 도달하게 된 과정은 선진국은 물론 신흥국이 경험해보지 못한 한국만의 고유한 경험과 지적자산이다. 몇몇 신흥국에서 원전기술의 자국화 및 독립화를 위해 국가전략으로 추진했지만 성공시키지 못했고, 선진국은 경험해 볼 기회가 없었다. 한국원전 기술독립과 세계 최고 수준 도달에는 정책과 전략에 대한 역할 분담이 있었기에 가능했다. 국가의 원전기술 수준을 10% 미만에서 95%까지 끌어올리는 데 35년(1950대 후반~1990대 중반) 이상이 필요했고, 95%에서 세계 최고 기술로 인정받기까지 또다시 15년(1995~2010)이 걸렸다. 이 수준까지 도달할 수 있었던 배경에는 범정부차원의 정책과 전략이 있었기에 가능했다.

'50년대 후반 정부의 원자력을 이용하려는 정책 수립 뒤에는 원전건설보다 연구원 설립을 통해 원자력에서 파생되는 기술에 더 큰 비중을 두었던 것으로 추정된다. 한국원자력연구원이 1959년에 도입하기로 계약을 체결한 연구실험용원자로 설치는 원전기술개발이 유일한 목적은 아니었다. 경제 성장동력 확보를 최우선시했던 당시 정부는 과학 및 공학기술의 황무지였던 한국이 기술력을 확보하기 위해서는 당시 최고의 기술로 인정됐던 원자력 관련 기술을 지목했으리라는 짐작이다. 정부는 과학기술 확보를 위한 정책을 수립하기 시작했다. 정부가 정책을 통해 제시한 기술 확보 목표와 방향을 읽은 과학자그룹은 목표 달성을 위한 전략 개발을 주도하기 시작했다. 개발된 전략과 정책 목표 실현을 위한 제도 개발도 정부에 주문했고 부처가 이를 법과 제도 개발로 연결했다. 첫 출발은 정부가 주도하고, 학계와 연구계, 그리고 산업계가 동참하는 형태였지만 기술과 산업이 발전하게 되면서 자연스럽게 '산·학·연 주도, 정부 지원'체계로 전환될 것이라는 선진국의 사례를 충분히 인지했으리라 추정된다.

정책의 최우선 과제를 기술자립에 두었고, 기술자립의 목표 수준을 계량적 평가가 가능한 국산화율로 내세웠을 것으로 판단된다. 한편, 산·학·연 그룹은 기술자립을 위해 기술축적 전략에서 출발했던 것으로 추정된다. 기술축적은 혁신적인 새로운 기술개발보다는 복제와 반복, 그리고 검증 후 개선하는 학습 과정을 철저하게 따르는 것을 의미한다. 원자력 자체가 안고 있는 안전 문제를 고려하지 않을 수 없었고 기술 수준도 독자 행보를 하기에는 수준이 미달되었음을 알고 있었기 때문에 내린 결정이었을 것으로 판단된다. 기술자립에서 출발했던 전략은 '기술자립 → 국산화·기술축적 → 국제경쟁력 → 세계 최고 수준 도달'로 이어졌다. 원전기술 고도화는 처음부터 규격과 기준, 수준을 국내 시장이 아닌 세계시장을 겨냥했던 것이다. 이와 같이 정책과 전략의 일관성이 없었다면 현재의 한국원전은 없었을 것이다.

과학·기술 확보에서 원전산업으로 전선을 확대한 정부정책

앞서 말한대로 한국원전 기술의 첫 출발은 경제성장 동력을 견인하는 원자력에 관한 과학기술 확보였던 것으로 추정된다. 1958년에 미국과 체결한 「한·미 원자력협정」으로부터 그 흐름을 추정할 수 있다. 미국은 한국이 원자력을 평화적으로 이용하는 범위로 제한하는 내용을 담았다. 한국은 경제성장 동력 확보를 위한 과학기술이었기 때문에 한·미 양국 간 큰 이견이 없었으리라 짐작된다. 당시 정부는 원자력과 관련된 과학기술이면 경제성장을 위한 동력 확보가 가능했을 것으로 판단했던 것 같다.

원자력 기술을 경제성장을 위한 촉매제로 봤지만 당장 제조공장을 돌아가게 할 전력에너지가 부족했다. 한국에 매장된 에너지원은 전력에너지를 생산하기에는 턱없이 부족했고 유류발전소 건설과 운영을 위한 연료비도 부족했다. 아무리 과학기술이 발전해도 발전에너지 자급자족을 할 수 없을 지도 모른다고 판단한 것 같다. 원자력을 이용한 원전건설이 당연히 거론되었으리라 추정된다. 산업의 동력을 필요한 만큼 확보하기 위해서는 에너지 빈국 탈출이 시급함을 예상했으리라는 판단이다. 에너지 빈국에서 과학기술과 에너지 독립을 위해서는 기술자립과 국산화가 필요했으리라 판단한 것 같다. 정부는 과학기술 독립과 에너지 자립이라는 두 가지 목표를 동시에 만족시키기 위한 국가전략으로 원전건설 정책을 수립했으리라는 판단이다. 국정 최고책임자의 의사결정을 지원하는 브레인그룹이 정책과 전략 수립에 가교역할을 했으리라는 추정이다. 원전건설은 기술 및 자금 부족은 물론 장기간이 소요됨을 인식했기 때문에 장기간을 포괄하는 정책을 수립했을 것으로 판단된다.

중장기 국정의 흐름을 좌우하는 정책뿐만 아니라 국가가 일상에서 당면하는 현안은 당장 해결하는 대책도 필요했다. 국민이 일상생활에서 겪게 되는 당면과제는 현안으로 일선에서 일하는 공무원에게 위임했던 것 같다. 정책이 소방체계 설계와 기준에 무게를 뒀다면 부처는 화재예방을 위한 제도를 수립하고, 일선에서는 화재 발생 시 화재를 진압하는 역할로 분담된 것으로 보인다. 초기 정책은 장기간에 걸친 거시적 목표와 방향 설정에 무게 중심을 둔 것이다. 정책 목표 달성의 주도는 공무원보다 과학 및 기술그룹의 지원을 받는 산업의 몫으로 인식했던 것 같다. 정부 주도의 정책과 제도 개발, 학계와 연구계의 지원을 받은 전략 수립과 실행은 산업계의 몫으로 인식한 것이다. 정부와 학계, 산업계의 역할 분담과 협력이 지금의 한국원전산업 기술 수준을 만들었다는 진단이다.

기술자립 대상은 '선택과 집중', 목표 달성을 위해 '각자 역할 분담'

정부는 원전의 기술독립을 위해 기술자립을 목표로 정했다. 기술자립의 계량화를 위해 국산화율 산정방식을 도입하기로 했다. 선진국 원전산업에 만능 해결사가 없음을 파악했다. 기술은 산업 전체를 평균으로 하는 기술의 범용성보다 원전건설에 필요한 기술로 한정했다. 산업에서 개발한 기술을 원전건설에 도입하기보다 필요한 기술을 원전산업에서 개발하여 활용하는 방식을 선택했다. 원전산업에서 활용을 통해 검증된 기술을 역으로 일반 산업에 전파하는 이른바, '파급 효과(spill-over effects)'를 노렸다. 기술자립의 대상은 설계엔지니어링과 건설, 1·2차 계통설계 및 제작, 운영 등 원전의 생애주기기술 전체를 대상으로 했다. 생산 및 운영에 필요한 전체를 기술자립의 대상으로 삼은 셈이다.

기술자립의 대상을 원전의 생애주기로 정했고, 자립을 주도하는 기술의 범위는 산업의 평균기술이 아닌 원전건설 기술을 주도하는 핵심기술에 집중하기로 했다. 당시 정부의 정책 기조는 기술자립의 근간인 국산화율이 높을수록 유리하다는 계량적 수치보다 정성적 목표에 중점을 두었다. 이에 반해 구체적인 기술자립의 목표값은 신규로 구축되는 한국원전 생태계가 수립한 전략에 따라 결정됐다. 한국원전의 생태계는 종합사업관리(PM), 종합설계(AE), 1·2차 계통설계 및 제작, 시공 및 시운전, 그리고 운영과 유지보수 등으로 나눠 역할 분담 설계로 구축되었다.

역할 분담에 따라 구축된 한국원전의 생태계에서 간과하지 않았지만 문서화되지 않았던 정책이 숨겨져 있었다. 한국원전이 기술자립 목표 달성을 통해 해외시장에 진출하게 되고 산업이 활성화되면 민간산업체에 시장을 개방하여 민영화시키는 방안이었다. 원전의 특성인 안전성 유지는 끝까지 공공의 영역으로 남겨두기로 했지만 상당부문은 민간시장으로 이관하는 정책의 기조가 있었다. 한국원전의 생태계 구축 시 처음부터 100% 공공의 영역으로 생각하지는 않았던 것 같다. '90년대 후반부터 시작되었던 전력산업의 구조 개편에서 숨겨졌던 정책이 가시화되기 시작했다. 원전을 공공의 영역에 남겨두되 화력발전소는 시장경쟁을 통해 민영화시키는 방향으로 5개사로 분할했지만 원전은 1개사(現 ㈜한국수력원자력)로 독립시켰다.

원전생태계에서 끝까지 공공의 영역으로 남겨두기 위해 1차 계통 시스템설계엔지니어링 기능은 주기기설계 및 제작과 분리하기로 했다. 일반적으로 1차 계통 시스템설계는 주기기 제작사 몫이지만 민간업체에 일임한다면 경제성을 중시하는 기업의 특성상 안전성 기술과 원전의 성능과 용량 증가를 위한 기술개발의 우선순위가 낮아질 것을 우려했기 때문으로 판단된다. 한국원전 산업이 활성화되면 산업체의 기술 수준에 따라 민간에 이양하는 대상과 범위를 확대하기로 했다. 이처럼 원전건설 기술과 성능을 좌우하는 1차 계통 시스템설계를 기기 제작과 분리한 예는 어떤 나라에서도 찾아보기 어렵다. 국내 전력산업구조개편 영향도 있었지만 1차 계통 시스템 엔지니어링의 역할을 당초 한국원자력연구원에 이관했던 것을 세계원전시장을 겨냥하여 AE 역할과 통합하기로 결정했다. 연구원의 고유 연구 및 개발과 산업을 분리하는 구도였다. 통합을 통해 한국원전의 소프트웨어 역량을 강화하려는 목적도 있었던 것 같다.

정책 목표는 명확했고 달성 전략은 기술축적을 기본으로

한국원전 기술이 세계가 인정하는 최고 수준에 도달한 배경에는 흔들림 없는 정책과 전략이 있었다. 한국원전 기술 자립 과정은 선진국은 물론 신흥국이 경험하지 못한 특별한 케이스로 판단된다. 원전이 가진 안전성과 기술의 완전성을 최대한 확보하는 경로를 밟아 왔다. 정부 정책의 목표는 완벽한 기술자립 혹은 기술국산화였지만 속내는 원전기술의 독립성이었다. 국산화를 기술자립 수준을 계량적으로 평가하는 수단으로 활용한 것은 지극히 현실적인 과제로 부족한 외화가 해외로 유출하는 것을 방지하여 국민 경제성을 높이려는 의도가 있었던 것으로 추정된다. 기술자립을 위한 기초 전략은 기술축적과 축적된 기술을 개선하여 고도화시키는 과정을 반복하는 구상이있다.

한국원전의 기술자립과 고도화 과정은 다른 나라에서는 볼 수 없는 독특한 과정을 거쳤다. 먼저, 많은 경험과 지식을 축적한 선진국의 선도기업을 사전에 벤치마킹한 후 실습과정을 거쳤다. 실습과정에서 취득한 기술을 복제 및 복습하는 과정을 거쳐 기술의 완성도를 높이는 과정을 밟았다. 기술 완성도에 대한 확신이 설 때 국내 기술진이 주도하는 실제 프로젝트를 통해 검증하는 과정으로 연결시켰다. 다음은 검증된 기술을 개선하고 고도화시켜 한국원전의 표준설계로 개발하여 국내(KINS)는 물론 미국 원자력규제위원회(NRC)의 설계인증을 받았다. 마지막으로 국내외에서 모두 인증을 받은 설계를 실제 원전프로젝트에 적용하여 새로운 표준원전설계 기술개발로 진입했다.

이러한 독특한 과정을 거친 한국원전 기술자립 전략의 독창성은 다음 두가지로 요약될 수 있다.

첫째, 신기술이나 첨단기술보다 실제 사업을 통해 검증된 기술을 적용하는 기본원칙을 초기부터 가지고 있었다. 복제·반복 활용을 통해 기술의 완성도를 높여가는 전략이다. 원전이 가진 안전성 확보를 위해 기술보다 안전성에 무게 중심을 뒀기 때문이다.

둘째, 철저한 '경험 활용(feed back)'체계를 따랐다. 복제하지만 그대로 복제가 아니라 수행과정에서 얻었던 경험지식, 그리고 운영 및 유지보수 단계에서 발견된 개선 사항을 철저하게 후속 원전설계에 반영하는 선순환사이클을 구축해 놓았다. 이 과정의 반복으로 한국원전은 '2R(reduction)·2U(update)' 전략과정을 일상화시켰다. 여기서 '2R'는 선행호기보다 후속원전은 공기가 단축(time reduction)되어야 하고 투자비는 절감(cost reduction)해야 하는 원칙을 세웠다. 호기가 반복될 때마다 공기가 줄어들고 예산을 저감할 수 있게 된다. 원전기술의 고도화 및 경제성 향상에 목적을 두었다. '2U'는 선행호기보다 후속원전은 용량과 성능이 향상(performance upgrade)되고 안전성이 높아(safety upgrade)지게 되는 구조를 지켜왔다. 기술과 안전성을 높이자는 전략이다. 단순 복제가 아닌 끊임없는 기술개선의 효과를 철저하게 노렸다. 원전생태계가 구축되지 않았다면 일회성 원전건설로 끝나 채택할 수 없는 전략이었다.

한국원전 기술고도화에서 반드시 짚고 넘어가야 할 정책과 전략이 있었다. 추후에 AE 기술자립 전략에서 구체적으로 서술하는 것으로 하고 본 장에서는 개략적으로만 설명하고자 한다. 한국원전의 기술 검증은 표준설계 인증과 실제 사업 적용을 통한 사실 확인을 거쳐 완성되는 구조다. 1987년부터 시작된 한국표준원전기술개발은 실제 사업과 연구 개발(당시, 이를 '기술축적'으로 호칭)사업이 병행하여 진행되는 일종의 'fast-track'방식이다. 실제 원전건설을 위한 AE와 표준원전기술 개발을 위한 AE가 동시에 진행된다는 의미다. 한 개의 원전건설 프로젝트에 두 개의 AE 프로젝트가 있다고 보면 된다. 한국표준원전은 미국이나 일본 등과 같이 연구실에서 개발된 프로젝트가 아니다. 실제 원전건설을 통해 검증되고 완성도를 높인 원전설계라는 뜻이다. 그렇다고 예산이 두 배 들어갔다는 뜻이 아니다. 모든 AE 직무 대상이 아니라 원전의 성능과 품질, 안전성, 통합성(integrity)과 연결된 것만 대상으로 했다. 본사 엔지니어링이 대상이지 현장에서 실행하는 현장설계(field run design)는 완전히 제외했다.

한국원전 고도화의 대명사로 불리는 한국표준원전 기술개발은 1987년에 시작하여 10년이 경과된 1996년에 완성되는 것으로 설계했다. 최초의 한국표준원전은 'OPR1000'으로 명명하고 영광 3·4호기와 병행하여 개발하기 시작했다. 표준원전은 최대 6기의 원전건설을 통해 기술의 완성도를 높이는 구조였다. 원전기술의 검증과 완전성에 대한 확신이 생기면서 수출을 목적으로 한 개량된 'OPR1000'기술개발에 돌입했다. 동시에 한국원전의 차세대로 불리는 'APR1400'기술개발이 국가과제인 'G-7'에 포함되면서 성능과 용량이 대폭 향상된 새로운 한국표준원전 개발에 돌입하게 됐다. 'APR1400'은 국내 원자력안전위원회 검증을 통과했고 미국의 원자력규제위원회에서 표준설계로 인증을 받았다(2014.8). 여기서 새로운 기술 향상을 위한 노력을 멈추지 않고 차세대원전에서 제3세대 원전으로 불리는 'APR+1400'기술개발에 돌입하기 시작했다. 2011년 3월에 발생했던 일본 후쿠시마 원전사고로 새로운 안전기준의 반영이 필요했다. 'APR1400'기술에 대한 확신이 들면서 'APR+1400'기술개발에 새로운 도전 과제가 추가되기 시작했다. 용량은 기존의 '1400MWe'에서 '1500MWe'로 높이고 내진설계기준도 '0.2g'에서 '0.3g'로 대폭 강화하는 것이다. 중앙통제장치에도 상당한 수준으로 성능을 혁신하는 기술을 접목하기로 했다. 'APR1400'에서 외국기술에 의존했던 핵심기술의 일부를 완벽하게 국내 기술로 대체할 수 있도록 기술을 향상시켜 한국원전의 제3세대 기술로 완성하는 목표를 세웠다. 한국원전 기술의 적용 범위를 '1000~1500MWe'로 넓혀 원전도입국의 전력수요에 맞춤형으로 공급하겠다는 전략도 세웠다.

명확한 정책 목표와 측정 가능한 평가시스템 도입의 위력

정부는 한국원전 기술자립의 목적과 목표를 명확하게 제시했다. 화려한 언어로 현혹시키지 않았다. 정부의 정책 목적과 목표 달성을 위해서는 치밀한 전략 개발이 필요함을 한국원전 산업의 생태계가 공감했다. 정성적으로 포장한 말은 시간이 지나면 평가할 수 없다는 사실을 충분히 인지했다. 수시로 목표 달성 현황을 파악하고 또 달성 가능성을 예측할 수 있어야 필요한 조처를 취할 수 있다고 판단했다. 한국원전 산업의 기술 목표 달성을 위한다면 측정 가능한 계량화가 필요함을 공감했다. 당시 한국원전 산업생태계의 수장역할을 했던 한국전력공사가 AE의 도움으로 기술자립계획과, 계획을 상시 평가할 수 있는 평가체계 개발을 요구했다. 주관적이 아닌 객관적인 평가를 할 수 있어야 했다. 계량적으로 측정 가능한 평가체계 도입은 생전에 현대 경영의 구루(guru)[29]로 평가받았던 故 피터 드러커 교수의 주장과도 일치한다.

한국원전의 기술자립은 10년이라는 장기간에 걸쳐 완성되는 것으로 계획했다. 10년만에 정책 목표 달성을 하기 위해서는 한국원전산업의 생태계가 역할 분담을 통해 매진해야 함을 강조했다. 생산 생태계별 분명함을 강조하기 위해 계량적인 목표값을 '%'로 제시하고 또 계량적으로 평가하는 방법까지 제시했다. 주관적인 계량 평가방식을 회피하기 위한 수단으로 기술자립의 평가기준을 '국산화율'로 선택했다. 국산화율로 측정하는 것은 '할 수 있는지 없는지'를 묻는 절대평가였지만, 발주자 역할과 AE 직무에 대한 평가는 투입인력 기준, 기자재 설계 및 제작은 기기 개수로, 시공은 금액 기준 등 속성별로 차별화했다.

---

29) 구루(guru)는 특정 분야에서 뛰어난 지혜나 혜안을 가진 인물로 대중을 이끄는 스승을 의미한다. 힌두교나 불교에서는 자아를 터득한 신성한 교육자를 지칭하는 말로 쓰이기도 한다.

기술자립을 측정하는 절대평가 방식에 따라 1994년에 목표 달성이 가능함이 예측되면서 해외시장 진출에 대한 욕심으로 평가 기준과 방법을 전환해야 할 필요성을 인식했다. 한국원전이 세계시장에 진출하기 위해서는 '할 수 있는지 없는지'보다 '더 잘할 수 있는지'을 증명하는 것이 필요하다는 것을 인식하기 시작했다. 그동안 유지되어온 절대평가에서 상대평가로 전환해야 한다는 목소리가 나오기 시작했다. 비록 계량화로 평가하지만 절대평가로는 해외시장에서 경쟁 상대와의 비교 우위를 측정할 수 없나는 결론을 내렸기 때문이다. 예를 들어 절대평가로는 100%가 나와도 경쟁 상대국과 비교 시 경쟁 우위를 측정할 수 없다는 점을 분명히 인지했다. 구체적인 예로 AE 핵심기술 중 한 부문이 내진해석 기술 자립도에서 100%가 나와도 경험과 지식을 축적했던 선진업체 기술자와 비교 시 100%는 아무런 의미가 없었기 때문이다. AE 조직 내 소수의 내진전문가 수준은 100%를 소화할 수 있지만 외국사 전문가와 비교 시 더 잘 할 수 있다는 사실을 객관적으로 증빙하기 어렵다는 사실에 모두가 공감했다. 이런 점에서 국내 건설기술 수준 평가 시 선진국 대비 %로 표시하는 방법에 개선의 여지가 많음을 알 수 있다. 예를 들어 원전산업 생태계에서 내진해석 전문가에게 내진해석 역량을 물으면 100%가 당연히 나오지만 보편적인 기술자에게 물으면 0%가 나와 산업평균으로 50%가 나오기 때문이다. 이런 오류는 국토부의 기술수준 평가에서 기본설계 역량이 대체로 80% 내외에 머물고 있지만 원전산업만을 따로 떼어내어 전문가에게 질문하면 거의 100%에 가까운 답이 나오는 것과 유사하다. 일반 국민의 시각으로 보면 지구상 시설물 중 고도의 기술을 요구하는 시설물의 직무수행 역량이 보편적인 시설물의 역량보다 더 높게 평가되는 점을 이해하기 어렵게 된다.

기술자립계획 개발과 평가시스템 구축은 한국원전 산업의 정책에 일관성과 지속성이 유지될 수 있도록 만든 결정적인 역할을 했던 셈이다. 1968년에 도입된 공무원의 순환보직제에 의해 정책그룹의 보직자가 자리를 이동해도 기술자립 계획과 목표, 그리고 현재 수준을 정확히 파악할 수 있었기 때문이다. 따라서, 국내 일반건설의 직무 역량 혹은 수준 평가를 설문조사를 통해 상시적으로 발표하는 것은 국민의 호기심은 만족시킬지 모르겠으나 기술발전이나 혁신에 모티브는 될 수 없는 한계가 있다는 판단이다. 국내 건설기술의 글로벌 수준을 제대로 평가할 수 있는 평가체계 구축이 미흡하다는 것에 아쉬움이 남는다.

정책으로 목적지를 결정하고, 내비게이션 역할을 하는 전략을 개발

정부는 한국원전 산업이 가야 할 방향과 목적지를 결정하고 원전산업 생태계에 목표 달성을 위한 구체적인 방법을 물었다. 정부 정책이 목적지와 도착시간을 제시했다. 원전산업 생태계는 목적지와 시간을 맞추기 위해 어떤 경로와 단계별 도착시간을 정할지를 알 수 있도록 하는 전략과 계획, 그리고 시간 프레임을 개발하기 시작했다. 목적지와 도착시간에 맞추기 위한 시나리오를 개발한 셈이다. 보편화된 일종의 내비게이션을 개발했던 것과 같다. 어디에 와 있고 어디에 와 있어야 했는지, 그리고 현재의 속도라면 언제쯤 도착할 수 있는지를 언제든지 알 수 있는 내비게이션을 갖추게 된 셈이다. 수시 파악을 통해 정해진 목표와 시간을 맞추는 장애물을 사전에 제거할 수 있는 시간을 벌 수 있었다.

정책이 목적지와 도착시간을 정해 주지 않았다면 전략과 평가시스템에 해당하는 내비게이션 개발도 필요없었을 것이다. 정책은 장기적이고 거시적인 목표와 비전을 제시했다. 정책이 한국원전이 가야 할 미래를 제시했다면 전략은 정책 목표 달성에 필요한 구체적인 행동계획을 개발한 셈이다. 즉, 실천

전략과 계획은 현재에 초점이 맞춰져 있었다. 미래와 현재, 다시 말해 정책과 전략이 없었다면 현재의 한국원전 기술생태계는 결코 탄생하지 못했을 것이라고 확신한다. 정책이 있어도 전략이 없어 전략이 뒷받침해 주지 못하거나 정책과 전략이 모두 있어도 서로 연계되지 않았다면 흔히 얘기하는 'NARO, no action road-map only(실행되지 못하는 계획)'로 전락했을 것이며, 한국원전 기술의 세계 최고 수준 도달은 당연히 불가능했을 것이라는 확신이 든다. 한국의 공학기술 촉매제로 인지했던 원자력 관련 기술이 타 산업 기술에 자극을 주지 못했으리라는 판단이다.

한국원전 기술의 자립화 목표를 달성하기 위해 10년이 소요되었고 글로벌 경쟁력 확보를 위한 도전에 또 다른 10년 이상이 소요되었다는 사실은 국내 건설기술 개발정책에 많은 시사점을 준다. 짧게는 3년 길게는 5년 이내 단 한 번의 R&D 투자로 국가대표 기술을 완성한다는 정책 로드맵은 실효성을 담보할 수 없는 연구실의 R&D로 끝날 가능성이 너무 높다. 주요 상품별(예: 철도, 공항, 해저터널 등) 국가대표 기술을 만들겠다는 목표를 세웠다면 한국원전 기술자립 및 글로벌화 정책과 전략을 심층적으로 벤치마킹하여 기술개발 정책을 혁신할 필요가 있다. R&D 예산투입의 최종 목표가 국가대표 기술 개발을 통한 세계시장 확대에 있다면 현재의 건설기술 개발정책과 제도는 당연히 개편되는 게 유리하다. 현재와 같은 평균적인 기술개발 체제로는 R&D 예산 나눠먹기로 연구실 연구자의 일자리는 만족시킬 수 있으나 국가대표 기술개발과 세계시장 확대는 어려울 것으로 판단된다.

3 1차 계통설계와 주기기 제작부문의 기술자립

선택하는 순간 60년이 좌우되는 1차 계통기술

한 국가의 원전건설 여부를 결정짓는 것은 '전력에너지 수급계획과 전략'이다. 원전을 도입하기로 결정했다면 다음은 용량과 노형을 결정한다. 물론 노형은 입찰과정에서 변경될 가능성도 있지만 크지는 않다. 용량과 노형을 결정하면서 동시에 위치를 결정하게 되는데 위치의 중심점은 언제나 원자로건물이 된다. 원전의 상징처럼 인식되는 원자로건물에는 외부인들이 볼 수 없는 1차 계통이 설치되어 있다. 외부인에게는 전혀 노출되지 않는다. 1차 계통의 시스템 설계와 주기기 구성은 국가와 공급자에 따라 상당한 차이가 있다. 동일한 노형이라도 시스템 설계에 따라 주기기 구성이 달라질 수 있다.

한 국가의 원전건설과 운영 기술 수준을 언급할 때 1차 계통기술 독립 혹은 자립 정도를 따지게 된다. 원전건설에서 차지하는 1차 계통의 시스템설계 비중은 1% 미만에 불과하지만 나머지 99%를 지배할 만큼 핵심적인 역할을 하기 때문이다. 1차 계통 기술은 시스템 설계, 주기기 구성 및 개별 주기기 제작을 위한 설계, 제작플랫폼 구축 등으로 구성된다. 1차 계통 기술은 원전의 용량과 성능, 그리고 안전성 확보에 절대적인 영향을 미친다. 1차 계통을 구성하는 핵심 주기기는 한국원전이 택한 가압경수로(PWR) 기준으로 보면 원자로압력용기(RV, reactor vessel), 증기발생기(SG, steam generator), 냉각펌프(CP, coolant pump), 가압기(P, pressurizer)로 구성된다. 1차 계통의 시스템설계에서 가장 차이가 나는 부문은 증기발생기와 냉각펌프로 1기당 대수가 달라지기 때문이다. 주기기제작 플랫폼은 막대한 투자비가 소요될 뿐만 아니라 규제기관이나 국제기준협회 등에서 인증하는 자격을 유지하기 위해서 매년 상당한 비용을 지불해야 하기 때문에 경제력이 뒷받침되지 않거나 연속적인 수주가 확실하지 않으면 직접제작(make)보다 구매(buy)을 통해 해결하는 방식이 보편화되어 있다.

1차 계통은 한 번의 건설로 끝나지 않고 원전의 수명기간(한국표준원전인 APR$^+$1400 기준 설계수명 60년) 동안 정비사업이나 주기기를 포함한 부품교체 사업 등 사후서비스(A/S, after services)의 시장지위를 유지하게 된다. 한 번의 선택이 원전 수명기간인 60년 동안 유지보수 서비스 시장 확보로 이어진다는 얘기다. 한국원전의 1차 계통 기술은 선진국은 물론 신흥국이 한 번도 경험했거나 시도해보지 않았던 독특한 접근을 통해 세계 최고 수준의 경지에 도달했다. 한국원전만이 가진 정책과 전략이 이를 가능하게 만들었다. 아직 100% 독립하는 수준까지 이르지는 못했지만 세계가 인정하는 수준까지는 충분히 기술력을 확보한 것으로 판단된다.

1차 계통 시스템의 설계 기술자립을 위해 특별함을 선택

한국원전의 기술자립 정책에서 목적과 목표는 분명했지만 기술자립 주체에 대한 것까지는 확정되지 않았다. 그중에서도 원전의 핵심기술에 속하는 1차 계통의 기술자립은 상당한 고민을 하게 만들었던 부문이다. 기술자립을 위한 전략과 계획 수립을 위해 원전 선진국의 원전산업 생태계를 분석했다. 세계 원전시장 선두를 달리고 있었던 대부분 국가의 원전산업 생태계에서 1차 계통은 예외 없이 '시스템설계+주기기설계 및 제작' 등 일괄생산체계가 형성되어 있었다. 한국원전 기술에 가장 많은 영향을 끼친 미국원전 역시 주기기공급자가 1차 계통 전체를 주도하고 있었다. 원전의 안전성을 최우선으로 해야 할 정부 정책은 미국과 같이 민간산업체 주도로 할 때 경제성을 중시하는 기업의 특성에 대한 리스크를 고려하지 않을 수 없었다.

한국원전의 안전성과 기술성 기준과 규격을 만족시켜야 할 기술 역량이 충분하지 않다는 사실은 누구나 인정하고 있었다. 이런 상태에서 공공의 영역과 시장에 맡기는 영역을 구분하는데 고민과 갈등을 겪지 않을 수 없었다. 정부는 한국원전 기술의 완전한 독립을 위해서는 미국 산업생태계와는 다른 접근방식을 택하기로 했다. '일식생산체계'에서 '분리생산체계'로 전환하기로 한 것이다. 1차 계통, 혹은 원전의 안전과 성능을 좌우하는 시스템 엔지니어링 및 설계와 주기기제작 설계 및 제작을 분리하기로 했다. 크게 보면 SW기술과 HW기술을 분리하기로 한 결정이다. 원전의 안전성과 성능확보에 필요한 기술은 공공의 영역으로 남겨 두기로 했다. 개별 기기 제작은 한국원전의 수준이 일정한 궤도에 올라가고 또 시장성이 확보될 때 민간 경쟁에 맡기는 방안을 선택했다. 이런 정책적 결정에도 불구하고 한국원전의 시스템 설계와 주기기제작의 분리를 받아들일지 여부는 공급자 몫이었다. 한국원전에 선택권이 없었다는 얘기다.

원전기술 자립과 독립 목표를 달성하기 위해서는 차별화된 접근방식이 필요했지만 수용 여부는 한국원전의 선택권 밖에 있었기 때문에 혁신적인 전략이 필요했다. 선진국 원전 생태계에 익숙하지 않았지만 한국의 분리 조건을 수용하면서도 기술이전이 가능하도록 입찰안내서를 작성하기 시작했다. 한국원전이 내세운 조건을 수용하지 않을 리스크도 고려했다. 입찰에 참여하지 않을 가능성도 고려했다는 의미다. 입찰대상자로 한국원전에 전혀 경험이 없는 업체 참여를 최대한 유도하기로 했다. 물론 입찰대상자는 세계원전시장에서 다수의 공급 실적을 통해 검증된 기술을 확보한 업체로 제한시켰다. 입찰안내서에 한국원전이 제시한 분리조건의 충족은 물론 기술이전의 범위와 폭이 클수록 유리하도록 평가 기준과 배점을 짰다. 제안 가격보다 한국원전이 내세웠던 조건 충족에 더 많은 비중을 두기로 했다. 비록 당해 계약에서는 가격이 높을 수 있겠지만 반복건설을 통해 후속원전에서 가격을 저감할 수 있다고 판단했다. 입찰가격에 너무 민감하지 않도록 했다. 동시에 1·2차 계통공급자 선정을 AE사와 동시에 하는 방식에서 벗어나 1차 계통공급자를 먼저 결정하기로 했다. 1차 계통 시스템엔지니어링에서 놓친 틈새가 발견될 때 AE 업무에서 해결할 수 있도록 하는 전략이 숨겨져 있었다. 물론 1차 계통공급자 입찰안내서에는 이런 언급을 전혀 표시하지 않았다.

1차 계통 시스템 설계엔지니어링의 기술자립 목표는 1995년까지 95%로 정했다. 1987년 기술자립계획이 실행 단계에 돌입하는 첫해에 한국원자력연구원이 자체적으로 평가한 기술자립률은 30%에 불과[30]했다. 8년 동안 65%를 끌어올리는 전략은 철저하게 '복제·복습 → 기술검증 → 성능개선'절차를 따랐다. 안전성과 실적 경험 부족을 고려하여 기술을 도입하기로 한 미국기업의 실제 사업에 참여하는 방식과 기술자료 이전, 필요한 전산프로그램 사용권 구매 등을 통해 기술의 자립도를 높이기로 했다. 독자적인 능력 확보에 앞서 외국사의 기술 수행과정에 참여하고 또 모니터링하면서 실습과정에서 얻은 지식과 경험을 국내로 이전하여 연구진에 전수하는 과정을 답습했다. 복제학습과정에서 얻은 지식을 기반으로 후속원전에서는 국내팀이 주도적으로 수행하되 기술자문은 기술도입사의 지원을 받기로 했다. 국내에서 6기를 반복 건설하면서 검증된 지식에 연구원의 성능개선 성과를 보태 후속 7기부터는 국내 고유기술(한국원전에서는 이를 '표준원전'으로 통칭)을 적용하는 전략을

30) 한국원자력산업회의(1991), 원전건설 기술자립 추진실적 평가(3차) 요약보고서, 원전건설기술자립추진실적평가단, 1991.06

수립했다. 검증된 시작과 경험에 대한 완성도를 높이기 위해 한국원자력연구원 내 다목적연구로(MRR, multi-purpose research reactor) 구축까지 했다. 한국원전이 독자적으로 용량과 성능을 혁신시킨 새로운 한국표준원전 기술을 확보하기 위해서였다. 그 결과 용량을 '1000MWe'에서 '1400MWe'까지 높일 수 있었고 한국 고유의 소형원자로(SMR, small modulus reactor) 개발까지 가능했다. 한국이 가압경수로(PWR)에서 독자적인 1차 계통 시스템 설계 엔지니어링 능력을 확보할 수 있었다.

차별화된 전략적 접근 방식은 세계 최고 수준에 이르렀다는 평가를 받는 한국표준원전 APR^{+}1400 기술 확보까지 갈 수 있었던 원천이었다는 판단이다. 한국원전의 1차 계통 시스템설계 능력은 용량 다변화까지 할 수 있어 세계시장에서 수요 맞춤형으로 대응할 수 있는 체제까지 갖추게 됐다. 한국원전의 1차 계통 시스템 설계엔지니어링 기술자립 전략은 일종의 'high risk(고위험), high return(고수익)' 결과로 나타났다. 특히, 향후 한국원전 산업생태계에서 'AE+1차 계통 시스템설계' 구도가 형성될 수 있는 기초를 만들게 됐다. 원전정책 선택의 유연성이 넓어지는 효과까지 얻었다.

생산 플랫폼을 최대한 활용하는 기술자립 전략

원전의 주기기 및 핵심 보조기기는 주문을 통해 생산되는 초고가 기기다. 고가이면서 초정밀을 요구할 뿐만 아니라 품질과 성능, 어느 것 하나 놓치기 어려운 제품들이다. 전 세계에서 원전 기기만을 제작 공급하는 중공업 회사는 없다. 여러 제품 중 하나에 불과하다. 그렇지만 원전 1차 계통에 포함된 주기기를 생산하려면 막대한 시설투자는 물론 시설 자체가 국제적으로 공인된 기관(예: ASME, IEEE 등)의 규격과 기준 심사를 통과해야 인증서(certificate)

를 받을 수 있다. 생산설비에 막대한 투자가 필요할 뿐만 아니라 공인기관의 인증서 유지를 위해서도 상당한 비용을 내야 하는 경제적 부담이 상당히 크다. 원전 발주가 지속적으로 투자기업에 이뤄진다는 보장이 없어 고가이지만 제작 공급할 수 있는 산업체도 많지 않다.

한국원전만을 위한 설비투자를 하기에는 규모의 경제 유지가 거의 불가능하다고 판단했다. 투자비를 한국원전 건설만으로 회수하기에는 시장성이 충분하지 않았다. 정책은 시스템설계와 기기제작을 분리했지만 민간산업체의 시각에서는 위험을 감수하고서라도 설비투자에 과감하게 도전하고 싶은 유혹이 컸다. 기술자립을 위한 정책과 전략은 한국원전에 내재된 한계와 리스크를 고려하지 않을 수 없었다. 정책 목표는 한국원전의 완전한 기술자립 및 독립에 있었기에 밝혀진 문제를 해결하는 방법을 찾을 수밖에 없었다. 정책과 전략은 한국시장의 규모의 경제 크기를 고려하면 1개 민간업체가 기술자립을 할 수 있도록 하는 조처를 취했다. 원전 주기기설계 및 제작 공급사에게 물량이 집중되도록 하는 '산업합리화' 카드를 꺼냈다. 기술자립과 설비 투자에 대한 채산성이 확보되도록 일종의 독과점 시장을 보장하는 조처를 취했다.

산업합리화 지침을 통해 지정된 민간업체는 설계 및 제작에 필요한 설비투자는 물론 국제공인기관의 인증서를 받기로 했다. 타 민간업체의 투자는 산업합리화 조처 때문에 입찰 대상에서 제외가 되었다. 기술자립 전략은 복제와 반복으로 6기를 동일한 규격으로 건설하기 때문에 한 번의 투자로 6기에 필요한 기자재를 설계 및 제작할 수 있도록 만들었다. 일종의 제작플랫폼 역할을 하도록 한 것이다. 생산 플랫폼 활용을 통해 '고액소건(高額小件)' 제품 생산에서 '고액다건(高額多件)' 효과를 누릴 수 있도록 했다.

기술자립 계획 실행 당시 국내 업체의 기술자립률을 약 41%로 자체 진단했다. 목표도 1995년까지 87%로 타 분야의 95%보다 낮게 정했다. 기기 설계와 설치 역량에서 경험과 지식이 부족했던 탓이다. 이를 이유로 외국업체가 국내 시장 진출을 시도할 수 있다고 판단했다. 타 제작업체가 국내 시장에 진입할 경우 기술의 완성도가 낮은 탓에 복제와 반복을 통한 기술자립 전략 자체가 흔들릴 가능성이 높았다. 이런 우려 때문에 산업합리화 조처를 도입하기로 한 이유도 있었다. 다만 한국원전의 기술자립도가 충분히 높아지고 세계시장에서 한국원전 산업체의 시장 파이가 커진다면, 타 민간업체가 투자할 수 있도록 하는 전략도 수립했다. 원전기기 설계 및 제작업체로 지정된 회사는 한국원전 생태계 구축의 출발점이 되는 영광원자력 3호기부터 주기기제작을 국내 공장에서 하기로 했다. 정식으로 제작에 돌입하기 전에 주요 기기에 대해서는 시제품(mock-up)을 만들어 정밀성과 품질을 사전에 검증하는 과정을 도입하기로 했다. 시제품 제작에도 상당한 비용과 노력이 들었지만 반복 생산되는 플랫폼 설비 덕분에 1번의 투자로 6호기에 필요한 주기기 생산까지 경제성을 확보할 수 있었다. 다만 기기제작 설계 초기에 기술도입회사의 기술지원을 상당한 수준으로 받았다.

원전 1차 계통의 주기기 제작 능력은 한국원전이 내세우는 표준원전에 포함된 주기기 설계 및 제작을 소화할 수 있는 수준까지 도달했다는 평가다. 원전 건설이 지속되지 않을 경우 국제공인기관의 인증서 유지에 필요한 예산 지원과 기술자 유지가 힘들 것으로 판단되어 우려되는 부문이 사실로 존재한다.

상식 파괴가 만들어낸 1차 계통 기술자립의 성공 비결

건설을 포함한 전 산업에서 한국이 가진 사고는 언제나 'software weak, hardware strong'이라는 이분법적이었다. 실제 산업부와 국토부에서 한국 산업체의 역량을 계량적으로 표시할 때 비록 설문조사 기반이지만 제작이나 시공 능력이 계획 및 설계능력보다 높게 나타난다. 그런데 한국원전 1차 계통 기술의 자립계획은 이런 상식과 정반대로 갔다. 1987년 5월 기준으로 했을 때 시스템설계엔지니어링의 자립도가 30%, 주기기제작기술의 자립도가 41%로 보편적인 상식과 일치했다. 기술자립을 위한 정책 목표 설정에서 이 상식을 파괴했다. 1995년 말 기준으로 달성해야 할 목표값은 시스템설계엔지니어링이 95%, 주기기설계 및 제작 부문이 87%로 오히려 hardware 역량이 낮았다. 이 목표값 설정 당시 다소 논란이 있었지만 한국원전의 기술자립을 위한 역할 분담이 정해져 있었기 때문에 이를 수용했다. 이유는 극히 단순했다. 달성 가능성과 여력(affordable & achievable)을 고려했기 때문이다. 이 배경에는 주기기 제작설계는 외국사에 의존하더라도 제작생산은 국내에서 하도록 하는 전략이 있었다. 제작설계가 핵심기술에 속하기는 하지만 주기기 제작 전체 비용에서 차지하는 예산 비중은 2% 내외에 머물러 기술자립 의무를 지닌 민간업체가 98%, 즉 가격에 더 무게 중심을 둔 것도 이유 중 하나였다. 상식과 어긋난 정책과 전략이 결과적으로는 한국원전이 독자적으로 1차 계통기술 자립을 성공시키는 데 상당한 기여를 했다는 평가다.

1차 계통기술은 특히 원전의 특성인 안전성과 성능 기준을 반드시 만족해야하기 때문에 단순히 연구실 혹은 실험실에 머물러서는 완성할 수 없다. 기술이 실험이나 시험 대상이 될 수 없다는 뜻이다. 반드시 실용화된 기술이어야 했다. 이런 속성을 고려하여 기술자립 프로세스를 설계했다. 1차 관문은 복제와 학습을 통해 기술을 이해하는 과정이다. 복제와 학습을 통해 취득한 지식을 축적하여 기술 완성도를 높이는 과정을 2차 관문으로 설계했다. 2차 관문을 통과한 기술에 새로운 기술을 보강하여 기술의 성숙도와 완성도를 높이는 3차 관문으로 만들었다. 3차 관문을 통과한 기술은 한국표준원전으로 만드는 4차 관문이자, 독자역량이 구축되는 과정으로 설계됐다. 독자 역량은 정체가 아니라 끊임없이 새로운 기술을 보강시키는 소위 '갑옷'을 입히는 과정으로 연결시켰다. 갑옷은 몸이 부실하면 전혀 쓸모가 없지만 건강한 몸은 전투력이 높아지게 된다. 갑옷을 기술 포장으로 사용한 것이 아니라 실전에 투입하는 실제 응용기술 보강에 사용한 것이다.

1차 계통기술의 성공 비결은 관문 통과에 머물지 않는 데 있다. 4차 관문을 통과한 기술을 정지시킨 게 아니라 끊임없이 새로운 갑옷으로 바꿔 입도록 만들었다. 연구소에서 끊임없이 연구한 성능 보강 기술을 실전에 투입하기 위해 새로운 갑옷을 입혔다. 동시에 설치 및 원전 운전과정에서 발견되는 개선 및 보완점을 한국표준원전에 반영하는 선순환 사이클 체계를 구축했다. 한국원전에서 후속원전의 성능이 지속적으로 높아지는 체계를 만든 것이다. 이 때문에 한국원전의 표준은 품질과 성능 면에서 국제기관이 인증할 수밖에 없었다. 실증을 통해 안전성과 성능을 검증해보였기 때문이다. 개선의 여지없이 단순 복제만으로는 사업자의 수익성은 높아지겠지만 기술혁신은 이뤄지지 않는다. 정체된 기술은 반드시 경쟁국에 의해 추월당하는 것이 세계시장의 상식이다.

1차 계통의 시스템설계엔지니어링과 주기기설계 및 제작을 분리시킨 전략도 원전 선진국에서는 시도할 수 없는 전략이었다. 동시에 기술자립의 목표가 달성될 때까지 산업합리화 정책으로 시장을 보장해 기술개발과 투자, 그리고 인적 자원 확보를 할 수 있도록 한 것도 한국원전 1차 계통기술 자립이 성공하게 된 배경 중 하나였다. 시장 보장을 받는 민간업체로선 주기기제작 성능과 정밀도를 지키기 위해 모형 혹은 시제품(mock-up) 제작을 통해 실제품 생산 전에 기술의 완성도를 확신하기 위한 투자를 할 수 있었다. 정부는 이런 산업체를 지원하기 위해 2차 계통의 주기기와 보조계통에 포함된 고가의 기기를 주문하여 기술자립과 기술축적에 필요한 재원을 확보할 수 있도록 배려했다. 경제성만을 중시하는 민간업체에 이런 보장이 없었다면 수익성을 희생하면서까지 투자를 지속할 수 없으리라는 확신이 있었기 때문에 산업합리화 조처로 이 문제를 해결했다. 1차 계통 기술자립 및 축적의 성공 비결은 정책과 전략이 실제 시장을 움직인 결과라는 확신이다.

4 종합설계(AE) 부문의 기술자립

그라운드 제로에서 정상까지 도착하게 하는 내비게이션

한국원전의 기술자립과 에너지 독립을 위해 기술개발 중심회사를 만들었지만 전체 구도를 설계할 수 있는 역량을 갖추지는 못했다. 정책의 목적과 목표는 명확했지만 어떻게 도달할 수 있는 확실한 방법은 없었다. 가야 할 길은 정해져 있지만 출발에서 도착까지 길을 인도할 수 있는 지금의 내비게이션과 같은 역할이 없었다. 의욕만으로 해결하기 어려웠다. 1970년대 말에 원전기술 자립은 피할 수 없는 과제로 공감했지만 어느 누구도 자신 있게 나설 수 없는 상황이었다.

당시 엔지니어링이라는 용어 자체가 한국에서는 생소한 용어였다. 원전뿐만 아니라 국내 산업 전반에 '엔지니어링'보다 '설계 혹은 용역'이라는 용어가 더 익숙했던 시대였다. 엔지니어링이라는 용어의 실체를 파악하기 위해 전화번호부까지 뒤졌다. 그 당시에는 인터넷이 없던 시절이라 유일하게 수소문할 수 있는 도구가 종이책자로 된 두꺼운 전화번호부였다. 책자에서 회사명에 엔지니어링이 들어가 있는 몇 개 회사를 찾아갔다. 대부분의 엔지니어링사가 영등포 문래동에 자리하고 있음을 확인했다. 3개의 회사를 방문해서 확인한 결과, 놀랍게도 모두 철강재를 판매하거나 고객 주문에 맞춰 가공을 전문으로 하는 공장형 회사였다는 것을 확인하고 더욱 혼란에 빠지기도 했다. 원전에서 생각했던 엔지니어링과 너무 큰 차이가 났기 때문이다. 한국원전 기술 도입선이었던 미국의 AE사와 너무 차이가 났기 때문에 당황하기도 했지만 그라운드 제로, 즉 무(無)에서 시작할 수밖에 없다는 것을 절실히 깨달았다.

미국 원전의 경우 소수를 제외한 대부분의 원전이 국내 원전 초기와 달리 벡텔과 같은 AE사가 주도하거나 발주자 조직이 주도하고 있었다. 간혹 국내 최초 원전인 고리 1·2호기처럼 공급자 주도의 완전 턴키방식이 발견되기는 했지만 대세는 AE 주도형이었다. 그라운드 제로 상태인 국내에서 미국은 물론 전 세계 원전시장에서 최강자 역량을 유감없이 발휘하는 벡텔사와 같은 AE사 수준으로 가겠다는 약속은 일견 과다한 욕심 혹은 무모한 도전으로 비칠 수 있었다. 그라운드 제로에서 세계적인 AE사가 되겠다는 욕심에 회의론을 가지는 외부 시각은 당연했다. AE에 대한 이해 부족은 물론 정확한 용어 정립까지 되어 있지 않았던 탓이다. AE의 'A'해석을 둘러싼 논쟁이 자체 내에서 불거졌다. A를 건축(architectural/architecture)의 이니셜로 볼 것인지 아니면 엔지니어링을 주도하는 설계기술로 볼 것인지에 대한 논쟁이 많았다. 한국원전 건설의 AE사 벤치마킹 모델이었던 미국의 벡텔사는 AE사이면서 내부조직에 건축설계나 건축시공조직이 없다는 것을 알았다. 조직은 물론 1993년 기준 본사 인력 구성비[31]에서 건축기술자 비중은 0.4%에 지나지 않았다. 이에 비해 토목/구조(civil/structural)기술자 비중은 전체 인력의 약 10%로 차이가 크게 났다. 벡텔사는 자신들의 사옥 건축도 외부에 아웃소싱할 정도로 건축기술과는 거리가 멀어져 있음을 확인했다. 결과적으로 AE는 엔지니어링은 물론 건설사업 전체를 주도한다는 뜻으로 해석하기로 했다. 원전에서 AE사 역할의 중요성은 1·2차 계통에 포함된 시스템엔지니어링과 차별화된다. 시스템엔지니어링이 핵심기술임에는 틀림없지만 최종적으로 원전의 안전과 성능, 그리고 품질과 경제성을 좌우하는 역할을 AE의 기본 직무와 역량으로 해석했다.

31) 1993년 해당 기업이 국책사업에 참여하기 위해 제출했던 설명 자료에서 발췌

기술자립을 통한 에너지 독립국 실현이라는 최종 정책 목적 달성을 위해서는 AE기술 독립이 필수적 과제라는데 이의는 없었다. 그러나 국내 기술수준이 거의 바닥 수준임을 고려하면 무모한 도전이며, 달성이 불가능하다고 판단하는 그룹도 있었다. 차라리 처음부터 AE를 외국기업에 맡기자는 의견도 있었다. 이면에는 AE 역할과 역량, 그리고 원전건설 주도권 혹은 업역 다툼이 외부에 알려지지 않았지만 있었던 게 사실이었다. AE 기술독립을 주장했던 기관은 기술의 독립성을 염두에 두었던 반면 발전회사이자, 발주기관은 사업의 주도권 훼손을 우려했다. 겉으로 드러나지 않았지만 사업주도권과 기술주도권 쟁탈이 치열했다. 양 기관 모두 사업과 기술주도권 모두를 가질 수 없다는 사실을 몰랐기 때문에 일어난 일종의 해프닝이었다. 보이지 않는 주도권 경쟁이었지만 기술축적을 위한 자극과 견제로 균형이 이뤄지는 긍정적 효과도 있었다.

AE 기술자립과 독립 책임을 맡았던 기관은 기술자 확보에서 답을 찾기로 했다. 기술은 할 수 있는 기술을 찾기보다 AE 역할 소화에 필요한 필수기술을 탐색하기로 했다. 무모해 보이기도 했지만, AE 내부에서는 코어기술 혹은 핵심기술 없이는 기술독립이 불가능함을 인지했다. 인재양성과 기술력 확보를 위해 거대한 목표를 수립하고 10년 이상 소요될 수 있는 전략과 계획 수립에 전력투구하기로 했다. 출발지와 도착지가 결정되었으나, 가는 길에 흔들림을 없애기 위한 일종의 내비게이션 전략도 수립하기로 했다. 누구도 가르쳐주지 않는 길이었지만 한국원전이 도전해야 하는 과제로 인식했다. 정부와 발전소 운영기관(원전의 발주기관)의 우려를 극복하기 위해 정면 도전하는 길을 택하기로 했다. 우회하기보다 상대방이 거부할 수 없는 전략 기반의 계획을 치밀하게 세우기로 했다.

목표달성의 첫 번째 문턱은 발전소 운영기관으로부터 신뢰를 얻는 것이었다. 신뢰 확보를 위한 길은 가시적인 데이터와 자료, 그리고 훈련되고 검증된 기술자 확보에 방점을 두었다. 당시 발주기관이었던 원전 운영기관은 AE사보다 국제 원전업체와 잦은 접촉을 통해 화려한 기술 소개 책자와 핵심기술 역량 홍보 책자를 상당한 수준으로 확보하고 있었다. 말하자면 선진업체 접촉으로 발주기관의 눈높이가 높아져 있었다. 속 내용의 이해보다 화려한 외관에 눈이 가려져 있었던 셈이다. AE사는 발주기관이 확보해 놓은 자료와 출처, 제공회사를 탐색했다. 간헐적으로 얻은 지식을 통해 선진업체 간 조직과 역할, 그리고 기술의 범위, 그리고 핵심기술에 차이가 있음을 발견했다. 심층분석을 통해 한국원전 AE의 기술자립과 독립을 위해서는 한국의 고유 모델개발이 필요함을 설득했다. 자료를 확보하고 있었지만 제공회사 간 차이를 몰랐던 발주기관이 비로소 화려한 외관에 가려진 실속을 이해하기 시작했다. 발주기관의 신뢰성이 높아짐에 따라 정부의 지원을 끌어내는 장애물도 제거되기 시작했다.

발주기관의 확실한 신뢰에도 불구하고 계약적으로는 엄연한 발주자와 수급자 관계를 피해 갈 수 없었다. 정부의 산업합리화 정책으로 한국원전의 생산역할 분담은 결정되어 있었지만 '갑'이라는 계약적인 우위를 넘어서야 하는 관문이 남아있었다. 갑을관계를 수평 혹은 대등한 관계로 유지하기 위해서는 기술적인 우위에 서야 한다고 판단했다. 발주자는 빈번한 선진업체로부터 얻은 지식 덕분에 원전 건설과 운영부문에서 '잡학다식(雜學多識)'했다. 발주기관의 잡학다식 문턱을 넘어서기 위해 AE사는 '박학다식(博學多識)'으로 기술자의 역량을 무장시키기로 했다. 발주기관이 아쉬워하거나 미처 인지하지 못하는 부문의 틈새를 송곳으로 찌를 수 있도록 기술자의 지식 축적과 완성도를 높여 실행기술의 성숙도를 높이기 위한 인재양성 정책을 펼치기로 했다.

이런 과정을 통해 발주기관의 우려를 불식시키는 전략이 효과를 발휘했다. AE가 한국원전의 기술을 선도하여 기술자립과 기술독립, 그리고 궁극적으로는 에너지 독립을 주도하는 역할로 자리매김하게 만드는 내비게이션 개발에 착수하게 되었다. 물론 당시에는 내비게이션이라는 용어 자체가 없었다. 지금의 내비게이션과 같은 전략 개발이 없었다면 AE 기술자립과 독립 경지에 이르지 못했을 것이라는 확신이다. 발주기관의 기술과 기대 수준을 넘어서지 못하면 AE사로서 역할을 기대하기 어려운 것이 당연한 현실이다. 목소리나 정책만으로는 해결하기 불가능하고 지속될 수도 없기 때문이다. 기술자립을 위한 축적 과정을 거치면서 얻었던 확신은 발주자 문턱을 넘어서는 가장 확실한 방법이 기술적 우위를 보여 줄 수 있는 역량을 갖추는 것이라는 사실이었다.

기술자립의 출발점은 사업 포지셔닝이 좌우

국제원전사업은 만능해결사 혹은 유일한 서비스 공급자가 존재할 수 없는 시장이다. 다양한 이해 집단이 원전건설을 위해 동원되는 복합 사업이다. AE 기술자립의 출발점은 원전건설 사업에서 차지하는 포지셔닝 혹은 위치에 따라 달라진다. 기술자립 전략 수립 당시 분석으로는 AE 포지셔닝에 결정적인 영향을 주는 것은 발주기관의 발주방식 선택이었다. 당시 정부의 정책은 한국원전의 기술자립을 위해 최초 원전인 고리 1호기(공급자 주도의 완전한 턴키 방식)와 달리 분할발주(한국원전에서는 이를 'component approach'로 호칭)하기로 이미 정해져 있었다.

AE가 자체적으로 분석한 결과로는 원전건설에서 AE의 핵심 역할인 E(엔지니어링) 서비스를 제공하는 방식을 크게 5가지로 파악했다.

첫번째 방식은 미국 원전에서 일부 발전사가 자체 조직에 상설 엔지니어링 전담부서를 두고 직접 설계하는 방식이다(owner's engineer). 원전을 지속적으로 건설하는 경우 선택할 수 있는 방식이다.

두번째 방식은 엔지니어링이 가장 강력하게 사업을 주도하는 AE 주도 방식이다. 한국 원전에서 고리 3·4호기 이후부터 도입한 방식이기도 하다. AE사 주도 방식은 'EPM, engineering+procurement management', 'EP, e+p', 'E, engineering', 'EPCM, e+p+construction management' 등 다양하게 존재한다. 우리나라에 도입된 방식은 EPCM 방식이 대표적이다. 구매조달이 엔지니어링과 함께 하는 이유는 주문기자재의 경우 공급자 설계정보가 조기에 확보되어야 설계에 반영할 수 있기 때문이다. 원전건설의 경우 공기에 결정적인 영향을 미치는 장기 소요 주문기자재(흔히 'long lead item'으로 별칭)를 실제 설치일보다 훨씬 앞당겨 발주하는 이유는 설계에 필요한 정보를 사전에 취득하기 위해서다.

세번째 방식은 공급자 주도 방식으로 'supplier+e'계약 형태다. 이 방식은 일본원전이 대표적으로 활용하고 있다. 공급자가 전체를 설계할 수 없어 상당 부분은 발주자가 별도 처리하는 경우가 많다. 공급자의 설계엔지니어링 역량이 충분할 경우 택하는 방식이기도 하다.

네번째 방식은 'owner+PM+e'으로 발주자 주도형이다. 발주자는 자체 조직에서 PM을 완벽하게 소화할 수 없어 외부전문 PM사를 선정한 후 엔지니어링을 시스템 혹은 건물 단위나 공종 단위로 분리 발주하는 경우가 간혹 발견되었다. 발주자가 자체 조직에서 상당 부분의 엔지니어링을 소화할 수 있다는 것을 전제로 이 방식을 선택한다. 이 방식의 경우 AE 역할 중 A가 없어지고 E만 남는 구조다.

다섯번째 방식은 건설사가 주도하는 방식인 'contractor+e'이다. 건설사가 자체 조직에서 건설과 PM을 주도하고 엔지니어링은 건설계약자 책임 아래 발주자가 지정하는 지명하도급이나 직접 하도급으로 엔지니어링사를 활용하는 방식이다.

AE 기술자립 책임을 부여받은 AE는 정부와 발주기관에 두번째 방식을 제안했다. 정부는 AE사 제안에 찬성했지만 발주자인 운영사는 사업의 주도권 약화를 우려하여 네 번째 방식을 제안했다. 발주자가 자체 조직 내에 강력한 PM 조직을 구축하여 AE사의 'E'기능만을 활용하겠다는 주장이었다. AE는 엔지니어링과 주문기자재와의 간섭, 그리고 정부가 지향하는 한국의 벡텔사가 되기 위해서는 PM 기능까지 확보해야 독자적인 해외시장 진출이 가능함을 역설했다. 발주기관이 가진 우려를 불식시키기 위해 'E는 완전 책임', 'P+C는 management support'를 제안했다. 동시에 발주자 조직의 약점인 총괄사령탑 역할을 하는 PM을 AE사가 지원하는 시스템 개발(책임)과, 시스템 운영(지원)을 분리하여 서비스를 제공하는 방안을 제시했다. 이 방식은 세계 원전시장에서 흔하지 않은 방식이었다. 그러나 발주기관의 포지션 약화에 대한 우려를 저감시키기 위해 제안한 독특한 방식이었다. 누구도 가르쳐 주지 않았지만 AE 조직이 독자적으로 개발 및 제안하여 한국원전 AE의 고유모델로 자리잡게 되었다. 사업의 포지셔닝에 따라 기술자립 및 기술축적, 그리고 인력 양성에 돌입하게 되었다. 이 과정 전부가 한국원전 고유의 AE 역할 모델이 만들어진 배경이 되었다.

'신의 한 수'가 된 후속기준비반과 기술축적팀 운영

원전의 기술자립을 위해서는 한국원전이 필요로 하는 기술을 확보할 수 있어야 한다. 원하는 기술을 얻기 위해서는 주도권을 확보해야 했다. 1982년 당시 한국원전은 기술을 주도할 수 있는 역량이 못됐다. 계약과 기술의 주도권을 분리하기로 내부 방침을 정했다. 후속원전(당시 후속원전은 11·12호기, 현 한빛원전 3·4호기)에서 계약의 주도권 확보를 통해 최대한 기술자립률을 끌어올리는 전략을 세웠다. 후속원전 발주는 2년 뒤인 1984년으로 예상했다. AE 내부 경영진은 후속원전에서 계약의 주도권을 확보하기 위해서는 후속기준비반(당시로는 후속원전 수행을 위한 임시전담팀, task force team, TFT) 가동이 필요하다는 결론을 내렸다.

1982년 4월 9일 직원들이 출근하기 전 AE사의 CEO가 후속기준비반 구성과 함께 10명의 인사발령을 내리는 기안문서에 서명했다. 발령 10인은 기술부서(토목/구조, 핵공학, 전기, 전자, 기계, 배관 등) 8명과 사업관리부서(당시 명칭은 공정관리부) 2명으로 구성됐다. 준비반이 근무할 공간도 마련되지 않은 상태에서 인사발령을 내렸고, 임시 사무실은 대강당에 마련됐다. 근무발령을 받은 기술자는 출근과 동시에 책상을 강당으로 옮겼다. 소속부서장의 동의도 받지 못한 상태였다. 부서장에게 우수인력 파견을 요청할 때 최고 인재가 아니라 한가한 기술자를 파견할 우려를 막기 위한 파격적인 조처였다. 당시 부서에서는 '저 사람이 없으면 부서가 무너질 것'이라는 우려를 할 만큼, AE사가 보유한 최고 수준의 인재였다. 파견인력은 당일 7시에 CEO실에서 부서장 2명과 CEO가 내부 회의를 거쳐 선발했다. 인사발령을 받은 기술자들은 당연히 부서장에게 인사발령 취소를 요구하기도 했다.

후속기준비반에 파견된 인력은 미국 벡텔사에서 실무를 2년 이상 경험한 기술자와 벨지움의 벨가톰사에서 16개월간 국내 및 파견 교육·훈련과정을 거친 베테랑급 기술자들이었다. 급작스레 파견된 기술자들의 불만을 잠재우기 위해 2년 후 본격적으로 사업이 착수된다면 본인 의사에 따라 원소속 복귀를 약속했다. 물론 본인이 원하는 경우로 한정했다. 4년 후 원소속 기술부서로 복귀를 희망하는 기술자는 4명이었고 나머지는 후속 원전에서 사업관리부서에 남게 됐다. 준비반은 초기 3개월 동안 팀워크 구축을 위한 다양한 활동을 사내 및 사외에서 펼쳤다. 팀워크 구축을 위해서는 목표 달성에 대한 공감대 형성이 첫 번째 과제였다. 팀워크 구축은 AE 조직 내부는 물론 정부의 기대와 우려, 때로는 견제를 불식시키는데 절대적으로 필요한 과정이었다. 준비반은 원전건설의 생애주기(기획에서부터 상업가동 직전까지)에 대한 프로세스를 설계했다. 프로세스는 원전건설의 마일스톤(예, 계약, 제한허가, 건설허가, 최초 구조물콘크리트 타설, 원자로 설치 등 10개 마일스톤)과 연결했다. 동시에 한국원전에서 역할 분담이 된 주체별 마일스톤 및 단계별 간섭 사항을 연결했다. 원전건설의 생애주기를 당시로서는 파격적으로 도면 1장에 흐름도 전체를 그렸다. 발주기관은 물론 인허가기관, 정부, AE, 주기기공급자, 시공자 등 국내 생산체계에 해당하는 조직의 책임을 완수해야 하는 마일스톤을 확인할 수 있게 만들었다.

원전건설의 생애주기 흐름도 1장으로 정부와 발주기관, 그리고 역할분담기관 모두가 각자의 역할과 책임을 확실하게 깨닫는 계기가 조성되었다. AE 내부에서는 EPCM 역량을 강화하기 위해 단 한 번도 시도하지 않았던 원전건설의 PM 교육 및 훈련의 필요성이 제기되었다. AE사가 후속 원전건설 사업을 주도하기 위해서는 강력한 PM역량이 확보되어야 함에도 불구하고 가장 취약한 것으로 파악되었기 때문이다. 준비반은 미국원전 AE사의 PM조직과 시스템에 대한 정보를 수집하기 시작했다. 그 전에 미국 벡텔사에 파견 근무했던 기술자에게서 많은 정보를 입수할 수 있었다. 그리고 한국원전 건설에 참여하기를 희망했던 업체에게 PM 역량을 증빙할 수 있는 포트폴리오를 요청했다. 입수된 자료 분석을 통해 최적의 AE사를 선정하여 10주간 미국 현지에 파견하여 교육·훈련과정을 이수하게 했다.

PM 훈련과정을 마친 준비반은 기술자립을 체계적으로 하기 위해 기술축적이 필요하다는 사실을 인지했다. 기술축적팀을 사업팀과 분리하여 기술축적을 전담시키는 방안을 제시하여 정부로부터 동의를 얻어 예산지원을 받기로 했다. 준비반은 기술과 PM 분야에서 후속원전의 독자 수행을 위한 계획 수립이 가능하다는 결론을 세웠다. 다행스럽게도 정부가 후속원전의 착공 시기를 2년 연기했다. 덕분에 4~5년간의 준비 시간이 주어진 셈이 됐다. 준비반은 나름대로 후속원전의 공정계획과 흐름을 정립할 수 있는 시간을 벌었다. 이 기간 동안 준비된 공정계획과 기술부서 간 인터페이스를 통해 마일스톤별 간섭사항을 확인할 수 있는 예행연습(당시 이를 도상 CPX로 호칭)을 반복하여 시행함으로써 완성도를 높여갔다.

한국원전의 AE 기술자립 전략 개발과 성공은 후속기준비반을 적기에 가동했던 점과 원전건설 착수를 2년간 연기한 것이 결과적으로 '신의 한 수'로 평가받을 만했다. 후속기준비반은 비록 한시적인 조직이기는 했지만, 준비반이 주도하여 원전건설의 생애주기를 설계하고 또 세부적으로 계획의 완성도를 높일 수 있었다. 이는 미국 현지에서 실제 사업에 참여한 다수의 기술자와 벨기에에서 순수기술 교육·훈련과정을 이수한 45명의 기술자를 확보하고 있었기에 가능했다. 4년이라는 준비 기간을 확보할 수 있었던 것도 조직과 인력 선정에 대한 CEO의 탁월한 선택이 주효했다.

기술자립의 평가를 실전 프로젝트와 연동

한국원전의 AE 기술자립은 원전건설 전체를 주도하는 EPCM 역량 확보를 목표로 했다. 정부는 실행보다 정책 목표가 주된 관심사였다. 발주기관은 공공기관 특유의 부서별 칸막이가 쳐져 있어 어느 한 부서가 종합적인 계획을 수립할 수 없는 상황이었다. 더구나 1968년에 도입된 순환보직제로 인해 한 부서에 3년 이상 재직하는 것 자체가 확실하지 않아 기술자립에 대한 오너십과 책임성이 부족한 실정이었다. 기술자립에 대한 연속성이 부족했던 셈이다. AE가 최고 수준의 다수 기술자 확보와 함께 후속기준비반 및 기술축적팀을 가동하여 가시적인 성과물을 내보이기 시작하자 정부와 발주기관이 신뢰를 보이기 시작했다.

AE가 준비반을 통해 기술자립 목표 달성을 위한 계획 및 전략 수립에 필요한 선도적인 역할을 하기로 하자, 정부와 발주기관이 예산지원을 할 수 있다는 신호를 보냈다. AE사는 한국원전 건설을 위한 생산체계에 따라 역할이 분담된 기관을 선도하는 기술자립 마스터플랜 수립을 제안했다. 이를 위해 AE 내부에 기술축적팀을 별도로 구성하기로 했다. 역할 분담에 따라 세부적인 실행계획은 각 사가 수립하되, AE가 제공한 마스터플랜 범위와 일정에 맞추도록 했다. AE는 기술자립 달성의 목표 연도를 후속기 원전의 상업기동 연도와 연동시켰다. 생산역할과 기술자립 책임을 동일하게 하나의 패키지로 묶었고 각사가 해당 역할에 준하는 예산과 인력을 동원하도록 했다. AE는 최소 10년이 소요되는 기술자립계획을 마스터플랜에 담았다. 기술자립의 진척도를 계량적으로 평가할 수 있도록 기술자립평가시스템을 개발하여 각 사가 평가시스템을 통해 스스로의 진척도를 평가하고 결과를 공유하기로 했다.

기술자립 책임을 맡은 개별 기관은 자체적으로 6개월 단위로 평가하되 월간단위로 진도보고서를 제출하게 했다. 원전 프로젝트와 동일한 보고체계를 구축했다. 기술자립의 연도별 평가는 기술자립에 참여하지 않는 제3의 기관인 '한국원자력산업회의'에 의뢰하여 객관적인 평가를 받도록 했다. 원자력산업회의는 평가를 위해 매년 '원전건설기술자립실적평가단'을 구성하여 평가

한 결과를 정부에 제출하기로 했다. 평가단은 객관성을 높이기 위해 국내 원전사업에는 직접 참여하지 않는 학자와 연구자들로 구성됐다. 이뿐만 아니라 AE조직 내부의 자체평가, 산업회의 평가와는 별도로 글로벌 기업 수준에 맞추려는 방안으로서 외국 AE사에 역량 진단을 의뢰했다[32]. 평가의 신뢰성과 객관성을 높임과 동시에 글로벌 AE사를 지향하기 위한 보완점을 스스로 발굴하기 위한 목적도 포함됐다.

한국원전의 기술자립 계획 및 실천은 원전건설 프로젝트와 다름없는 형태로 진행되었다. 마스터플랜이 없거나 단일 창구를 개설하지 않을 경우, 기술자립에 차질이 발생하면 한국원전 전체 기술자립에 중대한 문제가 발생할 수 있기 때문이었다. 동시에 창구 분산으로 검증되지 않은 정보가 외부에 유출된다면 불필요하게 오해가 발생될 소지가 있었기 때문이기도 했다. 당시 분위기는 한국원전 생산체계에 참여하지 못한 업체들의 견제가 많아 자칫하면 논쟁으로 번질 수 있다는 우려도 고려됐다.

계약과 기술주도권 분리를 활용한 기술전수 전략

후속기준비반의 판단으로는 기술자립 기간 단축을 위한 지름길은 후속원전에서 AE 계약의 주도권을 확보하는 것이었다. 당시 기술 수준으로는 누구도 이 방안에 대해 쉽게 동의하지 못했다. 그러나 AE 조직에는 미국과 유럽에서 실무와 학습 교육과정을 마친 120명 이상의 전문가가 포진하고 있었다. 기술자립 목표 달성에는 10년 이상의 시간이 필요한 것으로 예상했다. 기술개발보다 기술축적에 무게 중심을 뒀다. 기술자립을 위해서는 실무프로젝트의 실습을 통해 얻은 지식과 경험 축적이 필수였다. 방법은 실무프로젝트에서 어떻

32) Sargent & Lundy(1991), AE Evaluation Report(SL-4872)

게 실습과정을 병행할 수 있느냐에 달렸다. 이를 가능하게 만들기 위한 대안은 한국원전 최초로 국내사가 주계약자가 되는 것이었다. 이를 위해 준비반은 전략 수립에 돌입했다. 물론 발주기관과 정부의 의구심을 떨쳐버려야 하는 숙제가 있었다. 정부의 정책 목표 달성을 위한 불가피성을 강조하기로 AE조직 내부에서 결론을 내렸다.

10년 안에 정부가 설정한 기술자립 목표 95%를 달성하기 위해서는 사업수행과 기술축적 과정을 병행하는 전략을 택했다. 1개 프로젝트에 실제 엔지니어링과 가상 엔지니어링이 동시에 가동되는 일종의 'fast-track'방식을 택하기로 한 것이다. 사업조직과 눈에 보이지 않는 가상의 기술축적조직이 가동된 셈이다. 주요 사업포지션(예: 사업책임자, 기술책임자, 핵심기술 리더 등)에 카운터파트를 배치했다. 사업조직은 엔지니어링 성과물을 만들어내는 데 몰입했고 이와 동시에 이 과정을 모니터링하는 가상의 기술축적팀(실제 사업참여와는 별개 조직)은 완성된 성과물과 과정에서 얻은 지식을 축적해 나갔다. 축적된 기술지식의 다음 단계 실무 적용을 위해 기술보완 과정을 거쳐 완성도를 높이는 전략을 선택했다. 이 과정은 사업이 종료 시 기술축적과 기술자립 목표가 동시에 달성되는 구조로 설계했다.

계약의 주도권 확보를 통한 기술전수 전략은 어느 한순간에 만들어지지 않았다. 기술전수의 목적으로 기술자 개인의 직무역량 향상도 물론 있었지만 미국의 연구소와 대학, 그리고 산업체에서 경험한 리더들의 헌신적이고 전문적인 지식 축적이 있었기 때문에 세울 수 있었던 전략이다. 출발은 대만보다 늦었지만 현재 한국원전의 기술 수준은 대만과 비교할 수 없는, 세계 최고 수준에 도달했다. 이는 눈에 보이지 않았던 전략 선택이 있었기에 가능했다.

계약의 주도권을 확실히 잡기 위해서 계약문서에 표기하는 전술을 펼치기로 했다. 계약은 주도하되 초기 기술주도는 외국 AE 카운터파트가 하도록 명시하는 내용도 계약의 부속 문서에 표기하기로 했다. 계약의 주도권과 기술주도권을 동시에 계약에 명시하는 방법으로 계약서[33]에 첨부되는 부록(appendix)에 업무범위(SOS, cope of services)와 업무범위별 책임한계(DOR, division of responsibilities)를 추가하기로 했다. 업무범위에는 구체적으로 주요 성과물을 명시했으며 단계별 책임 한계를 명시하기 위해 성과물에 대한 정의는 물론 엔지니어링의 진행(preliminary, basic & detail, final & as-built)을 3단계로 나눠 기술주도권을 표시하기로 했다. 국내에서 처음 시도하는 것으로 외국 입찰자들이 입찰안내서를 받은 후 꽤 많은 질문을 보내왔다. 원전 AE에 상당한 경험을 가졌던 선진 AE사에게도 낯설었던 것 같다. 계약의 주도권을 한국 AE 조직이 가진다는 상징성을 강조하기 위해 한글과 영문 계약서 해석 차이가 발생할 경우 한글 계약서가 우선한다는 계약조항까지 본문에 추가했다. 계약우선협상대상자를 선정 후 거의 6개월간의 입찰서 평가와 협상 과정에서 외국 카운터파트가 한국 AE 조직이 제시한 의도를 확실하게 이해했다. 6개월간 협상 끝에 실제 서명은 밤 11시부터 이뤄졌다. 3자(국내 AE조직, 해외 AE사, 발주자)가 국문과 영문 계약서에 서명했기 때문에 1시간 30분 이상 소요되면서 실제 마무리는 다음 날 새벽 0시 30분 정도에 이뤄졌다. 경험과 지식이 부족했지만 기술자립 목적 달성을 위한 벼랑 끝 전술이 마침내 결실을 맺는 순간이었다.

33) 한국전력공사 외 3개 기관(1987), 원자력 11·12호기(영광원전 3·4호기, 현 한빛 3·4호기) 플랜트 종합설계지원계약(KPE-87-E112), 1987.4.9.

병사보다 장교 후보자를 먼저 양성

기술자립의 중심에는 인적자원을 뒀다. AE는 기술자 개인보다 시스템 역량이 지배할 것으로 판단했다. 아무리 우수한 인재라도 역량을 펼칠 수 있는 인프라가 갖춰져 있지 않으면 평범한 기술자에 불과하다는 사실을 AE조직의 경영진들은 파악하고 있었다. AE 직무는 시스템에 의해 수행되는데, 이 시스템을 지원하는 또 다른 인프라, 즉 회사와의 관계 파악도 중요했다. AE 시스템을 움직이는 것은 사업조직으로 파악하고 있었지만 선진 AE사가 여러 사업을 동시에 수행하고 있었기 때문에 모든 사업이 개별 사업조직을 구성하지는 않을 것으로 예상했다. 인적자원의 역량 확보가 중요하다는 사실은 인지하고 있었지만 어떤 기술부서, 어느 수준의 인력을 선발하여 양성할지를 선택해야 했다. AE 기술자립의 벤치마킹 모델이었던 미국 AE사는 1979년 기준으로 계약액이 1억 불을 넘어서면 별도의 사업전담 조직을 운영하는 것으로 개략적으로 파악이 된 상태였다. 이 회사는 기술부서와 사업부서를 분리하여 운영하는 강력한 매트릭스조직 형태를 가지고 있었다. 사업조직에 나타나지 않는 전문가조직이 기술부서에 있다는 사실은 미국 AE사에 파견된 이후 알게 되었다. 사업조직은 프로젝트에 주어진 공기(time), 예산(cost)에 책임이 있는 반면 기술부서는 기술과 기술품질에 책임을 맡는 이원화된 조직구조였다. 사업조직은 프로젝트가 종료되면 자연스럽게 소멸되고 사업조직에 파견된 인력은 원소속인 기술부서로 되돌아가는 구조였다. 현지 사무실에서 근무하는 과정에 외부에 노출되지 않았던 기술부서장이 기술그룹(specialist 혹은 staff으로 분류)을 운영하고 있다는 것이 파악됐다. 기술그룹은 소수의 전문가로서 사업조직에 파견되지 않고 기술부서에서 고도의 전문화된 기술영역(예: 내진해석, 열평형해석 등)에 대한 사업부서 조직을 지원하고 있었다. 외부에 잘 알려지지 않지만 이 전문가그룹이 회사의 기술역량을 대표하는 실질적인 기술그룹임을 알게 됐다.

OJP(on-the job participation)에 파견할 인력은 철저하게 해당 AE 사업조직의 책임자 혹은 리더급 포지션을 선택했다. AE 회사조직의 직급과 직위보다는 사업조직 포지션별 책임자와 리더급에 맞춘 역량 확보에 중점을 뒀다. 10년 후 이들이 한국원전에서 AE 주요 책임자 역할을 할 수 있는 역량을 갖추는데 목표를 뒀다. 인력은 기술부서뿐만 아니라 PM과 구매부서, 심지어 행정부서까지 총망라하여 최소 1인 이상씩을 파견하기로 했다. 기술전수를 해줄 상대가 포지션을 내놓기 전에 국내 AE조직에서 먼저 원하는 포지션을 지명하는 방식이었다. 행정인력을 포함시키자, 당시 총무부장이었던 사람이 극구 사양했을 정도였다. 영어가 서툴다는 핑계도 있었지만 도대체 행정인력이 가서 배울 것이 없다는 주장과 함께 고급기술자를 파견하는 것이 기술전수에 도움이 된다는 말로 사양했다. AE조직 경영진의 생각은 달랐다. 사업조직이 시스템에 의해 움직이기 때문에 사업운영과 회사운영시스템의 상관관계를 현지에서 직접 파악해보라는 의도였다. 총무부장 본인의 고사에도 불구하고 파견 명령을 받았고 3년 후 귀국했을 때는 AE 사업운영조직과 회사조직, 그리고 기술부서 지원 기능을 설계할 정도로 완전히 달라진 모습이었다.

미국 AE사에 파견된 인력은 군대조직에 비유하면 장교에 해당하는 책임자 및 리더급에 맞춰 선발됐다. 기술부문별 전문가그룹 및 기술리더급 기술자 양성은 실무가 아닌 기술부서별 이론 무장 중심으로 편성됐다. 한국원전 AE 기술자립 전략에 fast-track 방식을 도입할 수 있었던 배경에는 실무와 학습으로 무장된 전문가그룹이 있었기에 가능했다. 기술자립 혹은 기술독립을 위해 AE의 고급기술자 확보를 위한 전략은 아래와 같이 두 가지 트랙으로 설계했다.

첫번째 트랙은 실무를 통한 기술지식 취득이 가능하도록 설계했다. 하지만 실무에 투입하기 위해서는 2개의 장벽을 넘어서야 했다. 첫번째 장벽은 실제 프로젝트에 국내 AE 기술자를 외국 AE 계약자 조직에 카운터파트로 파견 투입하는 것에 대한 대가지불이었다. 발주기관의 동의가 절대적으로 필요했다. 발주기관의 입장에서는 국내 카운터파트의 인건비를 추가비용으로 인식하기 때문에 선뜻 동의하기 어려웠을 것이다. 그러나 AE조직은 기술자립을 위해 가장 확실한 지름길임을 발주기관과 정부를 상대로 설득했다. 추가비용은 외국 AE 계약액에 포함해 지급하기로 했다. 약 15% 정도의 비용 상승을 예상했다. 다만 이 방식은 외국 AE 계약자의 동의를 전제로 승인했다. AE 조직의 경영진은 외국 AE 경영진 및 사업책임자(PMr, Project Manager)와 협의를 시작했다. 계약조건에는 기술전수라는 책임만 명시되어 있지, 방법과 대가지불은 명시되지 않았다. 외국 AE사는 기술전수를 당연하게 'OJT, on-the job-training'으로 인식하고 회사 인근 대학원에 석사과정 개설을 준비하고 있었다. 우리보다 한발 앞서 대만원전[34] 당국이 이 방식을 적용했기 때문에 한국원전도 이 방식을 답습하리라 예상했던 것 같다. AE조직의 경영진과 협상팀은 대만원전팀의 조언을 듣기 위해 회의를 했다. 대만원전 관계자는 OJT는 기술전수에 별 도움이 되지 않는다고 했다. OJT를 위한 석사과정 이수는 기술자 개인의 경력관리에는 도움이 되지만 회사의 직무능력 향상과는 별 상관이 없다는 말로 다른 방식을 선택할 것을 권고했다. 한국원전 AE 협상팀이 내놓은 카드는 실무과정에 직접 참여하는 'OJP(on-the job participation)' 방식이었다. 당연히 외국 AE사가 심하게 반대했다. 원전의 성능과 안전을 보장하기 위해서는 지식과 경험이 검증된 전문가 투입이 필수라는 말로 방어벽을 쳤다. 국내 협상팀이 제시한 카드는 두 가지였다. 하나는 계약액에 미국 사업에 참여하는 국내 파견기술자에 대한 대가를 포함하겠다는 제안이었다. 다른 하나는 국내 파견기술자의 역량이, 요구하는 수준에 미달하는 경우 6개월 후 파견을 해지해도 좋다는 제안을 했다. 외국사는 동의할 경우 얻을 수 있는 경제적 부가가치를 자체적으로 계산하고 판단했던 것으로 짐작된다. 한국 협상팀은 6개월 후 직무능력을 평가하는 시스템과 기준을 계약 이전에 내놓기를 요구했다. 혹시라도 미국 AE 기술자와 다른 높은 기준을 적용하려는

34) 대만의 Maanshan 원전1호기는 한국원전 고리 3호기와 같은 모델로 1년 앞서 착수 및 준공 마일스톤이 정해져 있어 한국원전의 가장 좋은 참조 발전소로 인정되고 있었음. 1차 계통공급자와 AE가 한국원전과 동일한 구조로 되어있었음.

시도를 아예 없애기로 한 전략이었다. 6개월 후 평가 결과는 파견된 기술자 95%가 외국 AE 직무역량 수준을 넘어서는 것으로 나왔다. 국내 파견기술자들이 기대했던 미국 대학원의 석사과정은 개인의 선택에 맡기기로 하고 대신 대만 파견기술자들이 받은 혜택을 보완해주기 위해 일과 후 미국기술사시험(PE) 과정을 개설하여 운영하기로 했다. 시험에 응시한 국내 파견기술자의 100%가 합격해 외국 AE 카운터파트사로부터 깊은 신뢰를 얻는 계기가 되었다. 미국 AE사가 자발적으로 미국 내 원전사업에 국내 기술자 파견을 요청했을 정도다.

두번째 트랙은 엔지니어링 기술 전문사로부터 학습을 받는 프로그램으로 필요한 기술자를 양성하는 것이었다. 45명을 선발하여 국내에서 3개월간 원전에 대한 종합교육 과정을 이수하게 했다. 종합교육은 파견자와 별도로 국내 기술자가 원하면 함께 하는 강의실 교육이었다. 물론 강사는 교육을 제공하기로 한 유럽회사에서 파견된 기술자로 구성되었다. 3개월의 학습 과정을 마친 기술자 45명은 1년에 걸친 엔지니어링 전문기술(토목/구조, 핵, 전기, 전자, 기계, 배관 등 7개 부문) 교육프로그램 참여를 위해 유럽(벨기에의 수도 브뤼셀)에 파견됐다. 실무 실습보다 학습 중심의 교육이었다. 다양한 국적의 강사들이 투입되었다. 하루 8시간 교육을 12개월 52주 동안 진행하는 고강도 학습과정이었다. 기술에 대한 완벽한 이론을 무장시키기 위한 교육과정으로 설계됐다. OJP로 얻은 경험과 지식, 그리고 학습과정을 통해 완성도 높은 이론으로 무장된 기술자, 미국 AE사로부터 10주간의 파견 PM 교육을 받은 전문가 집단을 확보하면서 AE 내부적으로는 후속기원전에서 계약을 주도할 수 있다는 확신이 있었다. 다만 의사결정권을 가진 정부와 발주기관의 동의가 필요했다. 안전과 성능 보장을 확신시키기 위한 전략을 수립하기로 했다. 초기 엔지니어링(preliminary)과, 주요 성과물에 대한 검토와 승인(review & approval) 과정은 외국 AE사가 주도하도록 설계했고 중간 설계엔지니어링은 국내 AE사가 주도하고 최종 성과에 대한 책임도 국내 AE사가 지는 구조로 설계했다. 다만 국내 AE가 작성한 결과물에 대한 검토 및 승인에 대한 자문은 외국 AE사가 책임지기로 했다. 모든 결과물이 아닌 안전과 통합성(integrity)에 영향을 미치는 소수의 핵심 결과물로 한정시켜 외국 AE사의 부담을 덜어줬다. 정부와 발주자가 동의했다. 다음 단계는 외국 AE사를 카운터파트로 선정하기 위한 국제입찰안내서에 이 조건을 추가하기로 했다. 계약 이후에는 협상의 주도권이 외국 AE사에 있다는 사실을 고려했다. 입찰안내서에 동의하는 외국 AE사만이 입찰에 참여하도록 명시했다. 이런 전략 덕분에 입찰안내서대로 외국 AE사를 카운터파트로 선정할 수 있었다.

국내 문화와 관습에 익숙하지 않은 외국 AE 카운터파트의 사정을 고려하여 초기 12개월 동안은 미국 현지 본사에 국내 AE 인력을 파견하여 근무하는 것으로 결정했다. OJP가 아니기 때문에 비용은 외국사가 아닌 발주기관이 정상적인 대가로 지불하기로 했다. 국내 AE사의 속셈은 현지 본사에서 근무하면서 외국 AE 카운터파트사의 조직운영시스템과 기술자 수준, 그리고 축적된 기술자료 등을 파악할 수 있으리라고 판단했다. OJP방식을 통해 기술 습득을 노렸던 이유는 대가지불에 대한 욕심도 있었지만 기술전수를 해 줄 외국 AE사의 사업운영시스템과 기술자들이 활용하는 각종 문서와 프로그램, 사업조직과 회사조직과의 관계 등을 탐색하기 위한 전략도 숨겨져 있었다. 나타난 결과에 앞서 계획과 실행과정, 그리고 결과가 현장에 전달되는 과정 전체를 파견된 기술자들이 실제 사업참여를 통해 경험하도록 한 OJP방식이었다.

사업책임자(장군)와 기술분야별 책임자(장교)는 '미국'에서, 리더기술자는 '유럽'에서

기술전수가 지나치게 미국에 편중되어 있어 만약의 경우를 생각하여 기술을 다변화시키는 방안이 AE 경영진은 물론 정부에서도 나오기 시작했다. 기술자립 목표와 계획을 수립할 당시 한국원전은 미국 산업체 일변도여서 기술을 다변화시킬 필요를 인지하기 시작했다. 당시 미국과 유럽이 원전시장을 선도하고 있었다. 물론 일본도 원전건설을 활발하게 진행하고 있었지만 무슨 이유에선지 기술도입선에 포함하지 않았다. 유럽이 선진국이라는 장점도 있었지만 미국보다 이론에 강하다는 주장도 있었다.

AE 내부에서 기술도입선 다변화를 위한 회의 빈도가 늘어났다. AE 내부 분석으로는 미국과 유럽 AE에 상당한 차이가 있음을 확인하게 됐다. 미국 원전건설의 경우 AE 주도형이 많이 발견되었지만 유럽 원전의 경우 1차 계통공급자 혹은 발전운영사 주도가 많음을 확인했다. 원전 전체를 종합적으로 단일 회사가 설계하는 경우를 찾아보기 어려웠다. 국내 발전운영사는 유럽 원전방식을 선호하는 것처럼 비춰졌다. AE 내부 분석에는 외부에 노출시키지 않은 내용이 들어 있었다. 미국 AE사의 경우 모든 게 시스템화되어 기술자 개인의 직무역량이 크게 노출되지 않는 점을 주시했다. 엔지니어링 진행 과정, 'input(설계기준/개념설계 등) → process(해석) → output(검토 및 승인 등)'에서 경험과 지식, 숙련도를 요구하는 입력과 출력을 제외하면 실무기술자가 수행하는 해석과정은 거의 전부 전산프로그램에 의존하고 있었다. 입력과 출력에 대한 책임을 질 수 있으려면 다년간의 해석 경험과 이론 무장을 필요로 하나 시스템 의존도가 높은 미국 AE사는 이 면에서는 기술전수가 부족할 것으로 판단했다. 물론 소수의 기술진이 수기로 계산을 하는 경우도 있었지만 대세가 아니었다. 이에 반해 유럽계 엔지니어링사의 경우 컴퓨터프로그램 활용보다 개인 계산기를 활용한 기술자 직접 해석이 대세임을 확인하게 됐다.

AE조직의 내부 분석에 따라 한국원전 AE에서 사업책임자(장군)와 기술분야책임자(장교) 양성은 미국으로, 야전에서 직접 계산기를 활용한 수작업 계산을 하는 리더기술자는 유럽계 회사로 각각 파견하는 것으로 결론을 내렸다. 유럽계 회사는 단일회사가 아닌 국내 AE사의 리더급 기술자 양성을 위한 기술엔지니어링 컨소시엄을 구성하게 했다. 강의실 교육 위주로 프로그램 편성을 요청했다. 국내 3개월, 유럽 파견 12개월 동안 약 2,000시간 전문교육 프로그램 설계를 주문한 것이다. 당시 국내 대학의 공학석사 과정에서 2년 동안 받는 수업시간보다 몇 배 이상의 고강도 강의실 교육을 주문했다. 기술 부문별 이론 무장을 완벽하게 하기 위해서였다. 장군과 장교, 리더라는 용어를 사용했던 배경에는 AE조직 내부에 육사 및 미국 육군사관학교 과정을 이수한 실무부장이 있어 정부를 설득하기 위해서는 가장 유효한 방식이라 생각했던 것 같다.

그라운드 제로에서 출발하기로 했던 기술자립 전술

기술자립 계획 및 실행 전략 개발을 준비 중이었던 1984년 기준 한국원전 AE사의 기술자립도는 개략적으로 약 40%로 자체 진단했다. 기술자립도는 필요한 직무 중 순수 국내 인력으로 대체할 수 있는 양적 수준을 의미한다. 제조업의 국산화 비율을 '인력수'로 대체한 것이다. 기술자립률 40%에서 기술 축적을 해가는 덧셈 방식으로 갈 것인지 아니면 기술자립률 40%를 포기하고 처음부터 시작하는 뺄셈 방식으로 갈 것인지에 대한 논란이 후속기준비반에서 있었다. 당시 화력발전소 건설부문은 원전보다 월등하게 높은 70% 수준이었다. 40%에서 95%까지 55%를 더할 것인지 아니면 그라운드 제로에서 새 출발 할 것인지 논쟁은 뺄셈으로 가자는 방향으로 결론이 났다. 당시 화력발전은 70%에서 출발하는 덧셈 방식을 선택했다. 1995년 기술자립률 평가에서 화력발전은 98%선에 머물렀던 반면 원전은 95%까지 목표 달성을 함으로써 뺄셈 전술이 더 좋은 결과로 나왔음이 확인됐다.

기술자립을 위해 기술축적 과정을 포함한 전략은 계약주도권과 기술주도권 분리에 핵심이 있었다. 1개 사업에서 2개의 서로 다른 프로젝트(영광원전 3·4호기와 기술자립)를 가동할 수 있어야 가능한 구조다. AE 착수 후 2년 이내 거의 마무리되는 설계 및 기술기준서 작성을 포함한 예비설계(preliminary engineering)는 카운터파트인 외국 AE사가 주도하도록 입찰안내서에 조건을 달았다. 물론 예비설계 결과물에 대한 정립을 계약서에 명시했다. 사업조직 구조는 국내 AE가 설계하는 조건을 내세웠다. 이유는 사업조직의 주요 포지션에 2명의 보직자를 두도록 했기 때문이다. 기술부서책임자 및 주요 기술리더 보직에는 1명의 외국 AE과 국내 AE가 책상을 나란히 하는 'side by side' 배치를 했다. 외국 AE사는 이런 조직 구조를 이해하지 못했지만 한국원전 사업에 참여하기 위해서는 받아들이지 않을 수 없도록 만들었다. 모든 주요 문서에는 외국사와 국내사 인력이 동시에 서명하게 함으로써 모든 과정에 국내보직자가 반드시 참여할 수 있도록 입찰안내서를 설계했다. 초기 단계에서 생산되는 결과물 작성에 설사 국내 AE가 자력으로 수행할 수 있는 부문이 있어도 철저하게 외국 카운터파트가 주도하도록 했다. 불필요한 마찰을 피하기 위한 목적보다 엔지니어링 프로세스 차이를 익히고 또 카운터파트사가 활용하는 도구와 기술문서를 충분히 파악하여 소화하는 과정을 두기 위한 목적이 더 컸었다. 부분적으로 다소 갈등이 발생하기도 했지만 기술주도권이 카운터파트사에 있다는 점을 들어 국내 AE 책임자와 실무자를 설득했다.

보편적이지 않은 입찰안내서를 쉽게 받아들이기 어렵다는 사실은 알고 있었다. 특히 한국원전 시장 상황에 익숙한 미국의 AE사는 입찰안내서 내용에 가장 많은 질문을 보내오기도 했다. 고치려는 의도가 훤히 보이는 요구성 질문들이었다. 국내 AE사는 이런 내용을 사전에 예상하고 있었다. 기술자립을 위한 기술축적 과정을 실제 프로젝트를 통해 실행하기 위해서는 설계된 입찰안내서 조건을 만족시킬 수 있는 회사여야 한다고 확신했다. 기술자립 목적을 달성하기 위해서는 한국원전 생태계에 익숙하지 않지만 엔지니어링 기술만큼은 뛰어난 실적을 가진 회사를 선정해야만 했다. 엔지니어링 역량은 뛰어나지만 구매나 건설관리, 발주자를 대행하는 PM 실적이 부족한 회사를 찾기로 했다. 한국 AE사는 OJP과정을 통해 이미 미국은 물론 전 세계에서 가장 강력한 경쟁력을 지닌 AE의 강점을 익히 알고 있었다. 빽셈 전술을 구사하기 위해서는 EPCM 역량 중 E 역량이 강한 회사를 선정하는 게 유리하다는 판단을 했다. 구매관리는 발주기관이 상당한 강점을 가지고 있어 기술만 보강하면 충분히 보완할 수 있다는 판단을 했다. 건설관리는 국내 AE가 시스템을 개발하여 제공하면 운용 자체는 발주기관이 충분히 소화할 수 있으리라는 판단도 했다. 결과적으로는 이 전략과 전술로 기술자립에 성공을 거두게 됐다.

기술자립도를 계량적으로 평가하기 위해서는 기술자립 대상을 정립해야 했다. AE는 초기부터 엔지니어링 시스템 기반이어야 한다는 사실을 파악하고 있었다. AE 시스템을 구축하기 위해서는 인력을 중심에 두는 삼각 편대를 구상했다. 인력과 조직을 정점 혹은 중심에 두고 좌측에는 기술자가 활용하는 도구(tool)를 뒀다. 도구에는 기술자가 사용하는 절차서와 각종 SW프로그램을 포함했다. 기술인력 우측은 기술자 설계 및 해석에 직접 활용하는 기술문서, 경험자료, 참고도면 및 계산서 등으로 정립했다. 독자적으로 원전의 AE 역할 중 E 역할을 할 수 있게 되기 위해서 필요한 기술자 확보, 절차서와 SW 확보, 그리고 기술자료 확보 등을 패키지로 하여 가중치를 부여했다. 가중치는 임의적이었지만 진척도를 표현하기 위한 수단으로는 유용한 방법이었다.

기술자립은 '복제'로부터 시작했지만 '쉼 없는 개선'으로 완성

한국원전 기술자립의 출발점은 복제에서 시작됐다. 기술자립에 실제 프로젝트와 병행하는 fast-track 방식이 도입되게 설계했다. 실제 프로젝트 성과물이 복제되어 기술축적이라는 사일로 용기에 고스란히 담겨지는 구조로 설계했다. 사일로(일종의 기술 DB)에 쌓인 복제 문서는 그대로 저장만 하지 않았다. 엔지니어링 수행과정에서 기술축적팀과 수행팀이 발견한 개선점을 끊임없이 기술축적 사일로에 반영했다. 또한, 기술축적팀이 사업과 무관하게 각종 문헌과 입수된 자료 분석으로 얻은 새로운 기술지식을 기술 사일로에 지속적으로 담고 있었다. 대부분의 참고문헌은 각종 문서기반의 자료였다. 당시 국내에는 현재와 같이 상용화된 인터넷이 없었다. 새로운 기술지식에 목말라 하던 시점에 AE사의 CEO와 경영진이 미국에 거주 시 간간이 접했던 미국공학기술정보 DB를 떠올렸다. 미국의 과학기술 DB에 접속할 수 있도록 통신회선(기억으로는 'dialog')을 도서실에 설치했다. 국내 AE 기술자 대부분이 통신선을 이용한 과학기술 검색에 대한 경험과 지식이 태부족했다. 더구나 1985년 당시 통신선 이용료가 1초당 79원이어서 사용료 부담이 엄청나게 컸다. 함부로 접속하기를 주저할 수밖에 없는 환경이었다. 이런 사실을 간파한 CEO가 통신선 개통식에서 CEO의 영문이름을 입력해보라고 한 기술자에게 주문했다. 영문이름을 입력하는 순간 CEO의 박사 학위 논문 제목은 물론 CEO가 미국 연구소 재직 당시 저술했던 각종 논문의 제목들이 화면에 떠올랐다. 기술자들이 1회 검색만으로도 DB와 통신의 위력을 충분히 파악할 수 있었다.

새로운 지식, 최신 기술서적 탐색에 목말라 했던 기술축적팀은 물론 사업조직에서도 dialog 검색이 폭증하여 사용료 부담이 생기기 시작했다. 급기야는 사용 시간 제한까지 했을 정도였다. 검색을 통해 입수된 자료는 분석을 통해 기술축적 사일로에 고스란히 반영되어 기술의 고도화가 끊임없이 지속되는 구조로 발전되었다. 복제된 자료는 기술축적 과정을 거치면서 고도화되어 원복제 프로젝트 기술보다 훨씬 고도화된 기술 DB가 구축되었다. 기술축적을 통해 완성된 새로운 원전설계는 한국표준형원전(OPR) 기술로 명칭이 바뀌는 계기가 되었다.

AE사 자체에서 기술이 고도화된 한국표준원전 설계는 신규 원전 적용을 위한 계약 시에는 발주기관의 추가 요구 조건까지 반영되었다. 건설 및 운영 과정에서 발견된 개선 혹은 보완이 필요한 부문을 정리하여 표준원전 설계를 적용하는 후속원전에 반영하는 조건을 계약서에 담았다. 이 과정은 국내에서 신규로 건설되는 모든 원전에 지속적으로 반영되는 구조로 정착되었다. 한국원전은 호기가 늘어날수록 안전성과 품질, 그리고 성능이 지속적으로 높아지는 선순환구조가 된 것이다. 이 과정은 한국원전의 기술을 주도했던 미국 벡텔사가 구축하여 운영 중이던 '경험축적(LLF, lessons learned file)' DB를 벤치마킹한 결과와 연결된다. 벡텔사는 원전과 같은 고도화된 기술이 필요한 사업 수행과정에서 얻은 경험(성공, 실패, 개선, 보안 등)을, 사업이 종료되거나 주요 보직자가 자리를 떠날 때 보직에 따라 차이가 있지만 3개월에서 6개월까지 LLF에 기록을 남길 수 있도록 직무 휴무기를 부여하는 제도가 있었다. 한때 유행했던 지식관리시스템(KMS, knowledge management system)을 이미 오래전부터 가동시키고 있었다. 직무 휴직기를 사용하지 않더라도 수시로 사업에서 얻은 지식을 LLF에 입력할 경우 성과평가에 일정 점수의 인센티브를 부여함으로써 임직원 누구나 지식을 남기도록 유도했다. LLF는 벡텔사가 세계에서 가장 강력한 경쟁력을 지니게 된 원동력 중의 하나로 판단된다.

한국원전 설계엔지니어링(AE)의 성공신화 창조에 도전

한국원전 산업이 국내에서 최초로 주계약자로 나선 프로젝트는 영광원전(현 한빛) 3·4호기였다. AE 내 후속기준비반이 4~5년 이상 준비한 계획과 전략을 검증하기 위해 끊임없이 도상 훈련을 거쳐 완결성을 높여가고 있었다. 한국이 최초로 주계약자로 나선 원전을 완벽하게 성공시켜야 할 이유를 3가지 목적으로 정리했다. 첫번째 목적은 한국원전 산업의 성공을 전 세계 원전 산업에 알리는 신호탄으로 삼아야 한다. 두번째 목적은 한국원전 산업의 기술 독립을 확실하게 보증하는 성공 프로젝트여야 한다. 세번째 목적은 한국원전 산업이 주도한 최초의 원전이 한국표준원전 설계 모델이 되어야 한다. 이 세 가지 목적 달성은 모두 기적에 가까운 도전이었다. 신이 내리지 않고 인간이 신화를 창조하기 위해서는 기술자립 기반의 전략과 전술을 동원할 수밖에 없다는 결론을 내렸다. 확실하지는 않았지만, 성공신화를 창조할 수 있다는 확신이 후속기준비반 내부를 지배하고 있었다.

한국원전산업 주도 최초 원전건설의 성공을 국내 및 해외에 알리기 위해서는 외국사가 주도해 왔던 국내 10기 원전과의 계량적 비교에서 우위를 증명해야만 했다. 외국사가 주도했던 원전 10기와 비교해서 공기, 투자비, 품질, 성능, 그리고 편의성 등에서 영광 3호기가 확실하게 우위로 상업 가동에 돌입했음을 증빙해 보이기로 했다. 한국 최초 국내 주도 원전이 성공하지 못하면 기술자립과 기술축적에 투입된 노력과 비용이 공중 분해될 뿐만 아니라 기술자립 실패로 인해 한국표준원전설계 모델 구축이 무산되는 것이었다. 한국원전 산업이 첫 주계약자로 나선 원전은 기존에 건설된 10호기와 AE, 1차 계통 공급자 모두가 국내 시장에 첫선을 보이는 것이었다. 리스크가 클 수밖에 없지만 도전했다. 일부에서 후속기준비반이 사막에서 신기루를 찾아나서는 낙타조직과 같다는 비아냥(?)까지 있었다. 준비반은 'high risk, high return'이라는 신념으로 확신했다. AE사 내부에 선진 AE사로부터 전수받은 실전과 학습지식으로 무장한 120명 이상의 고급기술자와 기술축적으로 쌓아 놓은 지식을 가지고 있었기 때문이다.

성공신화에 도전하기 위해 준비반은 한국적 관행과 절차, 심지어 법과 제도에서 탈피하기로 했다. 다행인지 불행인지 당시에는 국내원전에 적용하는 법과 제도가 제대로 마련되지 못한 상태였다. 영광 3·4호기는 철저하게 외국사가 기술을 주도하도록 하고 국내 카운터파트사는 해외기술진을 지원하는 역할에 충실하기로 방침을 정했다. 물론 성공신화 창조가 가시화될 때까지로 한정하기로 했다. 한국원전 성공신화의 신호탄을 올리는 시점부터 한국원전이 독자의 길로 들어설 수 있을 것으로 믿었다. 원전의 안전과 성능을 희생하면서까지 무모한 도전은 피하기로 한 것이다. 한국원전은 독자적으로 한국원전 표준설계를 갖춘다는 계획이 있었다. 영광 3·4호기 프로젝트 성공의 실증을 통해 개발된 한국표준원전설계는 후속 원전 6기에 적용 후 7기부터는 또다시 한 차원 높은 표준원전설계 기술개발을 위한 기술축적 과정에 돌입하기로 했다. 끝이 아닌 새로운 시작이 반복되는 구조가 한국원전 기술자립과 독립의 경로였다.

한국원전 AE의 기술자립과 기술독립이 가능했던 것은 기술축적을 위해 매년 매출액의 10~16%를 지속적으로 투자하면서 전문인력을 확보 및 유지할 수 있었고 외국으로부터 각종 공학해석 프로그램과 전산시스템을 구매할 수 있었으며, 목표 달성이 끝이 아닌 새로운 도전을 가능하게 만들었던 원동력이 되었기 때문이다. 한국원전의 기술자립과 기술독립이라는 성공신화는 만들어진 이벤트가 아닌 정책과 전략, 그리고 수시로 대응하는 임기응변의 전술이 있었기에 가능했다. 기술자립의 한계를 넘어 기술독립까지 이르는 길에 연료를 주입할 수 있는 재원 확보가 가능했던 것은 정부의 정책과 제도라는 밑거름 덕분이었다.

조직 칸막이 문화 극복을 위한 영어 사용 전술

한국원전 기술자립의 주도그룹인 정부, 발주기관, 그리고 AE 등 3개 기관 모두 공공조직이었다. 한국에는 공공조직 특유의 결재문화가 정착되어 있었다. 바로 옆에 책상이 있어도 부서가 다르면 공식문서(공문 및 협조문 등)는 기관의 중앙창구에 등록하여 문서번호를 따야 송·수신이 가능하도록 의무화되어 있었다. 조직 대 조직, 기관 대 기관은 반드시 중앙창구에 등록해야 송·수발이 가능했다. 송부와 접수, 그리고 재송부하는 데 2주 이상이 소요되었다. 오죽하면 부서와 부서 사이를 태평양 사이와 비교했을 정도였다. 행정에 소요되는 시간으로 공기 준수에 치명상을 입을 수 있다고 판단했다.

미국 AE사에 OJP로 파견되었던 기술자그룹은 회사 및 사업 운영시스템에서 결재문화를 보지 못했고 모든 문서가 개인과 개인, 그리고 조직과 조직 사이까지 개인 서명만으로 송·수신이 가능함을 직접 경험했다. 'person-to-person' 문화가 정착되어 있음을 눈으로 보고 경험해 본 것이다. 사업조직이 별도로 설치하여 운영하는 '도면 및 문서관리센터(DDCC, drawing & document control center)'를 통해 개개인에게 전달되고 또 기록은 물론 보관까지 되는 시스템의 유용성을 경험한 것이다. 한글 문서와 결재문화는 과도한 행정업무는 물론 시간을 지체하게 만드는 원인이기 때문에 AE조직 내 모든 문서를 영문으로 한다는 원칙을 세웠다. 사람과 사람, 그리고 기술그룹과 기술그룹 사이의 공식문서 송·수신은 사업조직 내 공문(IoM, inter-office-memorandum)으로 대체하고 기술문서(예: 보고서, 계산서, 도면, 시방서 등)는 100% 영문으로 작성하게 했다. 단, 계약변경 관련 문서는 예외로 한글 문서를 그대로 사용하기로 했다. 대외 명분으로 기술자립의 최종목적이 한국원전을 해외시장에 수출하는데 있기 때문에 처음부터 영문을 사용하는 게 당연하다는 점을 내세웠다. 이 주장이 정부는 물론 국회에서도 받아들여졌다. 사업조직 내 모든 문서를 영문으로 작성하여 송·수신은 DDCC에서 접수, 기록, 발송하는 절차를 따랐다. 기술자 개개인이 문서를 별도로 보관할 필요가 없도록 했다. 품질보증기준이나 미국기계학회의 원자력발전기준(ASME section III N.45), 그리고 미국원자력안전규제기관(NRC)도 모든 문서를 추적관리가 가능한 형태로 보관되어야 한다는 규칙이 명시되어 있다. AE에서 생산되는 모든 문서에는 고유번호(ID, identification number)가 붙여지기 때문에 보관장소와 검색, 변경추적과 재출력을 DDCC를 통해 할 수 있도록 하여 기술자그룹의 행정 부담을 최소화했다. 이 시스템을 경부고속철도와 인천국제공항 건설사업에 적용하려 시도했으나 성공하지 못했다. 정부의 문서규정과 모든 기술문서가 한글은 물론 개별번호가 아닌 패키지로 관리되었기 때문에 편리성에도 불구, 적용할 수 없었다. 변경추적과 검색, 그리고 유지 및 보수단계에서 절대적으로 편리하다고 설득했지만, 정부와 공공기관의 제도 장벽을 뛰어넘지 못한 결과다.

기술자립 성공 뒤에 가려졌던 비하인드 스토리

한국원전 기술이 세계 최고 수준에 도달하는데 상당한 기여를 했던 몇 가지 비하인드 스토리를 소개하려고 한다. 국내 대부분의 건설 관련 산업체들이 기술개발이나 기술력 향상과정에서 거의 놓치고 있는 부분이기도 하다.

1) 절차서에 관한 이야기

원전 AE는 개인이나 부서의 독자 수행이 아니라 시스템으로 묶여야 제대로 작동하게 된다. 절차서는 회사에 사규가 있듯이 사업 수행을 위한 일종의 사업부서 내규에 해당한다. 대부분의 미국 AE사는 수주와 동시에 사업 수행에 필수적인 사업절차서(project procedures & manuals)를 작성하게 된다. 사업에 인력이 본격적으로 투입되기 전에 절차서를 완성하는 게 보편적이다. 사업에 투입되는 모든 인력은 사업에 대한 오리엔테이션과 함께 절차서 사용 교육을 의무적으로 받도록 되어 있었다. 그만큼 비중[35] 있게 다뤄지는 게 절차서다. 한국에서 파견된 OJP기술자들에게도 오리엔테이션과 절차서 교육이 따랐다. OJP 파견기술자들은 교육을 통해 절차서의 위상과 가치를 인지하게 된 것이다. 파견기술자 일부가 절차서를 대출하여 사업조식도를 비교해가면서 절차서의 가계도(일종의 족보)를 그려냈다. 그동안 일부 국내 회사가 외국사로부터 입수한 절차서를 가지고 있지만 회사 및 사업조직과 일치하지 않으면 무용지물이기 때문에 절차서의 가치를 제대로 인식하는 경우는 매우 드물다. 국내 최초 원전의 절차서는 '사업절차서'와 'AE 내부절차서'로 구분되어 있다. 사업절차서는 사업을 총괄하는 절차서로 이 문서의 효력을 발주기관 내규에 명시했다. 사업이 독립적으로 운영할 수 있도록 배려한 것이다. 계약문서의 경직성을 회피하기 위한 수단으로 활용되기도 했다. 회사 사규와 다른 방식으로 직무를 수행할 경우 불가피한 감사원의 감사를 피할 수 있기 때문이다.

2) 기술문서, 'topical report(모범사례 보고서)'에 관한 이야기

상대 선진 AE사는 40년 이상의 원전 AE 사업을 통해 핵심기술에 대한 모범사례를 집대성하여 초보자 혹은 신규 진입기술자들이 엔지니어링 해석 및 계산 시 참조할 수 있도록 입력 기준, 해석 절차, 결과 검토 등을 순서대로 보고서로 만든 기술문서를 보유하고 있었다. 이 회사는 매트릭스조직을 운영

35) 미국의 유력한 AE사가 국내사와 합작회사(JV, joint venture) 설립 시 자본금으로 제시한 원전건설을 위한 절차서의 값은 1975년 당시 달러 가치로 24백만불(현재 액면 가치로 따지만 약 300억원)에 달할 정도로 높은 가격이었음.

하고 있었기 때문에 본부 기술전문조직에서 부서별로 모범사례를 보고서로 만들어 회사 전체 기술수준을 상향 평준화하려는 방안을 가지고 있었다. 본부 내 기술부서별 전문인력의 기술을 공유하기 위한 기술문서였다. 모든 기술이 아닌 핵심기술(예: 구조해석, 방사능차폐 분석 등) 중심으로 개발한 기술 참고서 격이었다. OJP가 아니었다면 접해볼 수 없던 기회였다. 이 기술보고서를 복사하지는 않았다. 국내 파견 기술자들의 판단으로는 이 문서가 회사 고유의 지적재산권이기 때문에 이를 복제하는 것은 엔지니어로서 윤리에 어긋난다는 판단을 했던 것 같다. 국내 AE사가 원전기술의 독립을 위해 독자적으로 작성해야 할 귀중한 보고서로 생각했던 것 같기도 하다.

3) 계산서(calculation sheet)에 관한 이야기

AE의 직무이자, 핵심 기술인 해석과 계산은 절대적인 가치를 지닌 기술 노하우(know-how)다. 해석(analysis)한 결과를 토대로 계산(calculation)을 한 결과를 도면이나 시방서에 옮기는 엔지니어링 기술의 전초기지 역할을 하는 핵심기술이다. 도면과 시방서는 노출되지만, 해석 및 계산서는 절대 회사 밖으로는 노출하지 않는다. 그만큼 중요한 회사 고유의 기술 가치이다. AE 조직 내에서도 해석과 계산을 독자적으로 할 수 있는 자격을 직급이나 직위로 인정한다. 아무 기술자나 컴퓨터 프로그램이나 계산기만으로 할 수 있는 것이 아니라는 의미다. 해석이나 계산 결과가 안전과 성능에 치명적인 영향을 미치기 때문으로 이해했다. AE사로서는 최고기술에 속한다. 당연히 기업의 고유 지식자산이니, 외부 유출이 금지된다. 누구나 탐내는 기술문서지만 고유 기술인 동시에 지식재산에 속한다는 사실을 인정한 OJP파견기술자 그룹도 스스로는 절대 복사하지 않았다. 불법 복제 시 한국원전 AE가 기술독립 시 발주기관이 요청할 경우 거부할 명분이 없기도 했지만 산업체의 지식자산을

외부로 유출하는 것은 직업윤리에 문제가 될 수 있다고 생각했던 것 같다. 국내 건설시장에서 도면과 시방서 등을 복제 사용하는 관행을 용인하는 것과 대조되는 부문이기도 하다.

4) 공학용 프로그램에 관한 이야기

국내에서는 거의 모든 공학 프로그램을 자체 조직에서 개발하여 활용하는 시기였다. 이에 비해 선진 AE사는 상용화된 프로그램을 응용하는 것이 대세였다. 국내 AE사는 기술전수 범위에 상대방 공학해석 프로그램의 'source code'를 포함했다. 결과적으로 얻었던 것은 해석된 결과를 가독성 높게 편집하여 출력하는 출력디자인 프로그램에 불과하다는 사실을 뒤늦게 깨닫게 됐다. 거의 모든 프로그램을 자체개발로 소화하려 했던 당시 국내 AE사의 한계였다. 모든 상용프로그램은 판매자 소유권을 이전하는 게 아니라 사용권, 그것도 동시 접속하는 사용자 수를 제한하고 있는 관행을 알지 못한 결과였다. 응용프로그램 명목으로 'source code'을 얻기는 했지만 프로그램 전체에 대한 알고리즘을 몰랐기 때문에 무용지물이 되어 버린 사실을 나중에야 알게 됐다. 이 과정을 통해 국내 AE도 자체개발에서 상용프로그램 응용으로 전환하는 계기가 만들어졌다는 데 위로를 받았다. 비싼 대가를 지불하기는 했지만 상용화된 공학 프로그램 사용을 확대할 수 있는 계기가 되었다는 점에서 그나마 다행이었다.

5 시공설계(CE)와 시공부문의 기술자립

보이지 않는 기술이 지배하는 원전건설 공사기술자립의 기본전략

국내 건설산업체는 원전 26기를 건설한 실적 경험을 보유하고 있다. 4기는 외국사의 하도급으로 참여했지만 22기는 독자적인 주계약자로 참여했다. 원전건설에서 건설공사에 대한 기술자립 전략을 수립하고 시행했던 배경에는 원전 건설공사가 전통적인 토목이나 건축시설물 시공과는 차이가 있었기 때문이다. 원전건설에서 공사 기능 중 눈에는 보이지 않지만 원전 시공의 성패를 좌우하는 시공 SW엔지니어링 기술이기 때문이다. 전통적인 토·건 시설물 공사에 비해 계획 및 관리, 문서 작성과 공사관리의 중요성이 비교할 수 없을 정도로 중요하다. 건설공사의 SW엔지니어링은 공사계약자 선정 이전부터 진행된다. AE 업무에 공사조정 혹은 시공협력(CC, construction coordination) 기능이 포함되어 있다. 건물의 배치부터 시공까지 직접 입력이 되는 모든 엔지니어링 도면이 AE 조직 밖으로 나갈 경우 반드시 CC팀의 검토(시공성과 편리성 등)를 받도록 되어 있을 정도로 필수 과정이었다. 당연히 설계는 물론 시공경험이 풍부한 전문가로 구성된다.

원전공사는 공사계획, 공법설계, 공사관리계획수립 등 착공 전에 수립된 과정이 문서화되어 사전에 검토되어야 한다. 모든 시공은 계획된 시나리오에 따라 진행되어야 하고 모든 공사 과정 역시 문서로 제3자가 사전 및 사후에 검토할 수 있도록 기록으로 남겨야 한다. AE가 제공한 도면과 시방서를 어떻게 만족시킬 것인지에 대해 계획이 사전에 만들어져야 착공이 가능하다는 의미다. 외국 AE사가 EPCM 계약을 통해 국내 공사계약자에게 이 과정에 필요한 공종과 공사단위별 작업절차서 및 품질검수지침서(WPP/QCI, work package procedures/quality control instruction)를 선보이면서 그 존재를 확인하게 됐다. WPP/QCI는 원도급자가 해독한 후 하도급자 근로자에게 전수하여 이 절차서와 지침서를 반드시 따르도록 강제했다.

외국 AE가 제시한 시공 SW엔지니어링 혹은 공사기획 및 설계를 현장 조직에서 소화하는 일은 국내 건설사에게 익숙하지 않았다. 설계와 시공이 분리된 국내 산업생태계에서 건설회사가 자체적으로 소화하려면 특단의 조치가 필요했다. 가장 흔한 방식인 하도급을 통해 해결하는 것조차 설계회사의 시공 경험과 전문가 부족으로 어려웠다. 공사계약자가 스스로 해결해야 하지만 문제는 시공 SW엔지니어링 기술 비중을 소화하는데 상당한 인력이 투입되어야 하는 데 공사비에 필요한 예산이 반영되지 않았다. 발주자와 국내 AE는 이를 해소하기 위해 별도의 예산을 투입해야 한다는 결론을 도출했다. 이번에는 시공 SW엔지니어링 업무 내역과 이를 소화하기 위해 필요한 예산 규모에 대한 기준을 세워야 했다. 외국 AE가 자국 원전건설에서 사용하는 건설관리절차서(CMP, construction management procedures)를 분석하여 약 18개 직무부문[36]을 도출했다. 이에 소요되는 예산도 추정했다. 예산조달은 건설공사 간접비의 10~17%로 추정하여 공사원가에 포함하기로 했다. 첫 적용 프로젝트는 17%로 시작하지만 호기 건설이 반복될수록 점차적으로 10%까지 낮추는 전략을 수립했다. 이 비용을 별도 계정으로 분리 집행하기 위한 조처도 취했다. 공사현장 시공팀에 묻혀버리면 목적 달성이 어렵다고 판단했기 때문이다. 추가비용을 지불했던 배경에는 후속원전을 위해서도 공사계약자가 경험 인력을 유지하는 것을 지원하기 위한 숨겨진 목적이 있었다.

36) 김윤주·이복남(2013), 국내 건설기업의 시공계획 및 관리 현안과 역량 강화 방안, 한국건설산업연구원 건설이슈포커스, 2013.9. : ① 시공계획 및 관리에서부터 ⑱ 현장 보안관리까지 18개 항목을 선진기업의 절차서에서 발췌하여 구체적으로 설명하고 현안을 진단한 연구보고서임.

건설공사는 처음부터 민간의 영역으로 취급했다. 민간의 영역이었지만 SW 엔지니어링과 실전 경험의 중요성을 유지하기 위해서는 간접비에 추가비용을 지불해서라도 국내 건설업체들의 역량을 높여야 하는 절박함이 있었다. 원전의 경제성에서 공사의 공기가 차지하는 비중이 높기 때문에 건설계약자의 역량을 고도화시키는 것이 필수적이었다. 단순히 할 수 있다는 역량을 넘어 더 잘할 수 있도록 해야 했다. 공기를 최소화하면서도 품질이나 안전의 훼손을 피해야 한다. 원전건설에서 부실한 시공 마무리는 사실 여부와 무관하게 부실공사라는 오명뿐만 아니라 국민들에게 안전에 대한 불안감을 줄 수 있다. 한국 원전 건설공사의 기술과 절차는 처음부터 국내 관행과 달리 철저하게 선진국 원전건설 절차를 그대로 복제하기로 했다. 원전공사의 기술자립 전략은 민간영역이었지만 간접적 예산 지원과 함께 입찰방식을 활용하기로 내부 방침을 수립했다.

원전건설 공사경험의 글로벌 브랜드 가치 제고 지원

인류가 지구상에 건설하는 시설물에 동원되는 최고 수준의 건설공사 기술이 원전건설에 동원된다. 세계 건설시장에서 원전공사 실적 및 경험은 국내 건설회사들이 이해하는 것 이상의 수준으로 세계시장이 인정하는 브랜드 가치가 있다. 원전건설 공사경험은 문(文)과 무(武)를 겸비한 전쟁터의 탁월한 장수로 인정받는다는 의미다. 인류가 건설하는 각종 시설물 공사 중 가장 정밀하고 완벽한 시공기술을 요구하기 때문이다. 국내 시장은 제한된 규모의 원전건설 공사이기 때문에 극히 제한된 업체만이 참여할 수밖에 없다. 제한된 국내 원전시장이지만 원전공사 참여기회를 넓혀주기 위해 입찰방식을 활용하는 방안을 검토했다. 다만 원전건설 공사의 품질과 안전, 그리고 정밀성을 놓쳐서는 안 되기 때문에 신중한 접근을 할 수밖에 없었다.

원전건설 공기가 간접비(물가상승비 및 이자지급비 등)에 미치는 영향이 크기 때문에 경험과 실적으로 증빙된 공사경험이 부족하면 발주기관은 조심스러운 접근을 할 수밖에 없었다. 공사에 동원되는 중장비도 근로자 개인의 손도구에서부터 700톤 이상의 인양장비가 동원되고 공사 중 이동경로 설계도 상당히 중요하게 다뤄져야 한다. 옥외 이동 경로를 사전에 설계해야 하고 중량물 이동과 지하매설물 공사 간 정밀한 인터페이스 관리기술도 동원된다. 원전건설 공사의 성공적인 완수는 곧 해당 업체가 글로벌 브랜드 상품 가치를 획득한다는 의미다. 다만 국내 업체 대부분이 글로벌 상품 가치를 제대로 인식하지 못해 시장 개척을 위한 홍보 마케팅에 활용하지 못하는 아쉬움이 남아있다. 전 세계에 가동 중인 원전이 441기에 불과하다는 의미는 그만큼 원전공사 경험 실적의 희소가치가 높다는 것을 증빙하는 것이다. 국내에서 26기 원전건설 공사 참여 실적의 가치를 극대화하는 전략이 수립된 배경이었다.

공사기술의 보증수표를 받는 업체 수 확대를 위한 지원제도

건설공사를 민간의 영역으로 봤기 때문에 정부가 직접적인 지원을 하기에는 부담이 컸다. 원전건설의 품질과 안전을 지켜야 하기 때문에 함부로 경험이 없는 업체를 건설공사에 참여시키는 것도 위험부담이 컸다. 동시에 극소수의 업체로 제한하면 그 부작용으로 공기 단축이나 공사비 저감효과를 기대하기 어렵다는 판단도 했다.

원전 참여 업체수를 늘리기 위한 수단으로 입찰안내서에 원전공사 실적이 없는 업체를 참여시키는 컨소시엄을 요구했다. 컨소시엄 참여업체가 이 실적을 통해 새로운 주계약자로 나설 수 있도록 하는 전략이었다. 컨소시엄에 기대했던 것은 실적 없는 업체를, 실적을 갖춘 업체가 계약 전체에 참여시키는

'공동이행방식'이었다. 이런 기대와 달리 국내 업체는 공동이행방식에 익숙하지 않아 '분담이행방식'을 선택했다. 발주기관에게는 실적으로 축적된 기술 미비로 인해 완벽하지 못한 시공 가능성에 대한 부담을 지우게 됐다. 당시에는 어쩔 수 없는 선택이었다. 건설엔지니어링 역량 강화를 지원하기 위한 방안으로 건설공사 원가 중 제경비의 10~17%를 추가 지급하기로 했다. 기존의 공사비와 달리 공사엔지니어링 직무에만 사용할 수 있도록 계정도 분리했다.

원전건설 공사에 참여하는 국내 업체가 매출액 기준으로는 10위 안에 드는 큰 업체임에도 불구하고 선진국 건설현장과 같은 공사엔지니어링 직무를 선진 업체 수준으로 위임하는데는 부담을 느꼈다. 국내 건설업체의 공사엔지니어링 수준과 준비 상황부터 분석했다. 분석결과에 따라 공사업체에 위임이 가능한 부문을 최대한 발굴하려 했지만 제한적일 수밖에 없다는 결론이 나왔다. 옥외 매설물(대부분 토목시설), 건물공사와 관련된 상세설계(대부분 콘크리트와 철골 부재 해당, detailed design)와 가공도(철근 배근도 및 가공도, 철골 부재 가공도 등, shop drawing)는 공사엔지니어링 계약 패키지에 포함시키기로 했다. 소구경(직경 5cm 이하) 배관과 배관지지물, 전력선 지지물(cable tray detail), 그리고 냉난방설치도 등은 본사 설계보다 공사현장 실사(walk-down)를 통해 확인 후 상세설계하는 과정을 거친다. 소위 MEP(mechanical, electrical & piping) 상세설계는 국내 AE가 공사현장에 상주설계사무소(FDEO)를 개설하여 국내 업체가 일정 수준에 도달할 때까지 지원하기로 방침을 정했다. 국내 건설업체들이 현장공사 학습을 통해 역량을 확보할 수 있도록 배려했다. 이 부분은 AE에게도 부담이 되는 부분이었다. 원전건설에 설계와 시공이 병렬로 진행되는 'fast-track' 방식이 채택되어 있어 AE는 최소한의 기술자만 현장사무소에 파견하여 현장에서 일어나는 설계변경이나 예상하지 못한 기술적 변화에 대비하려고 했다. 이 방침은 국내 현실과 다르게 나타났다. 상당수의 AE 기술자들이 현장사무소에 파견되어 공사를 지원할 수밖에 없었다.

주계약자로 공사에 참여하는 종합건설업체는 물론 하도급자로 직접시공에 참여하는 전문공사업체는 원전건설 현장에서 요구하는 국제규격(ASME III N45.1, IEEE, UL 등)의 자격인증서(certificate로 배관 및 전선 설치 등을 직접시공할 수 있는 자격증) 취득자가 거의 없었다. 자격취득을 지원하기 위해 공사현장에 자격취득을 위한 특별교육 프로그램까지 개설했다. 전기공사에 필요한 자격자 양성과정을 당시 발주기관이 운영하는 수도공업고등학교에 개설하여 자격취득을 지원하기도 했다.

공사업체의 기술자립 혹은 완성도 제고의 최종 목표는 국내 건설업체들이 해외원전 공사에 참여하는 데 있었다. 이 목표 달성은 물론 국내 건설업체의 SW엔지니어링 역량을 높여주기 위해 모든 문서(도면과 시방서, 그리고 작업절차서와 품질관리지침서 등)를 영문으로 작성했다. 국내 대부분의 건설현장 공사가 공사관리는 원도급자(종합건설업), 직접시공은 하도급자(전문공사업)에게 일임되는 구조였다. 원도급자는 공사기획과 설계, 공법설계 기능이 실종되어 있었다. 공종별 및 공사단위별로 분산되어 발주되는 하도급자에게 공사엔지니어링 기술축적을 기대하기 어렵다고 판단했다. 영문으로 작성된 모든 기술자료를 원도급자 소속 기술자들이 해석하여 하도급자 소속 근로자에게 전달되도록 하는 조처였다. 최소한 국내 대형업체 소속 기술자들은 영문해석 역량을 갖췄다고 기대했기에 수립했던 전략이었다. 예상을 뛰어넘을 정도로 원도급기술자 그룹의 역량은 높았고 또 하도급에게 전달되었음을 확인할 수 있었다.

공사관리 체계 고도화와 선진화를 유도한 전략

원전건설 공사관리의 선진화 및 고도화를 위해서는 전통적인 국내 제도와 방식으로는 불가능하다고 판단했다. 기존 제도와 방식을 뛰어넘어야 했지만 발주자가 공공기관이라는 한계가 있었다. 특단의 조처가 필요했다. 법과 제도상으로는 원전건설 공사만을 분리하는 것도 어렵다는 판단을 했다. 원전건설의 공사관리 체계 면에서 선진국의 원전건설 현장과 동일한 방식이 가능한 인프라가 구축되어야 했다. 발주기관이나 발주기관 소속 개인의 이익이 아닌 한국원전의 기술자립을 위해서라면 감사원의 감사와 정부의 문책까지 각오하고 필요한 전략을 수립하기로 했다. 일단 계약과 절차서, 그리고 발주기관 내 내규를 활용하기로 했다. 계약과 절차서는 철저하게 선진국 건설현장 모델을 벤치마킹했다. 원전건설 공사현장에 적용하는 계약과 절차를 문서인 절차서에 담았다. 이 절차서의 위상과 역할을 발주기관인 공사(公社) 내규에 규정하기로 했다. 절차서에 따른 결과는 사규가 인정하게 만들었다. 이 전략이 예상을 뛰어넘을 정도로 높은 효과를 발휘했다.

원전건설의 고유한 특성인 안전과 품질을 지키기 위해서는 실적과 공사경험이 탁월한 소수의 업체에 한해 주계약자로 입찰에 참여할 자격을 부여하기로 했다. 발주기관의 사업책임자(PMr)가 '지명경쟁입찰방식'과 '실적제한경쟁입찰방식'을 선택할 수 있는 재량권을 부여했다. 계약방식도 당시 공공공사를 지배했던 「국가를 당사자로 하는 계약에 관한 법률」로는 설계와 시공을 병렬로 진행하는 'fast-track' 적용이 불가능했다. 전통적인 설계와 시공이 분리되는 직렬방식만이 가능했다. 이 경우 건설공기가 길어지는 문제가 있다. 설계시공일괄방식 혹은 턴키방식은 기술자립 목적의 분할발주(component approach)로 인해 도입이 불가능했다. 국가계약법의 원가산정방식은 상세설계가 완료되어야 도입 가능한 방식이다. 설계와 시공을 병렬로 진행하려면 추정가격을 기준으로 입찰 및 계약해야 한다. 병렬방식을 가능하게 하기 위해 '실비정산방식'과 '확정고정금액방식'을 동시에 한 계약에 적용할 수 있는 개산계약을 도입하기로 했다. 현재도 이 방식이 유효하다. 국내 원전건설 공사 계약에 개산계약과 확정금액분이 분리 명시되는 것은 이 전략을 기초로 탄생한 것이다. 국내 최초로 주계약자가 되는 공사의 추정가격을 산정하기 위한 조처로 선행호기(고리 3·4호기 및 영광 1·2호기)를 통해 입수된 건설공사의 생산성 실적자료를 활용하기로 했다. 원전건설 공사에 대한 품셈이 없었기도 했지만 원전에만 있는 다양한 공종을 소화할 수 없는 한계가 있었다. 선행호기 AE로 입수된 원전건설 공사의 생산성 자료를 기반으로 현장 근로자의 생산성을 미국 근로자의 70%로 결정했다. 축적된 자료가 없는 탓에 미국 건설현장의 생산성 데이터를 간헐적으로 국내 현장과 비교했고 동시에 미국 AE사의 국내 현장근로자의 생산성 평가도 문의했다. 이 자료를 토대로 생산성을 미국의 70%로 정한 후 공사비 중 직접인건비는 국내 표준품셈 노무량에 일괄적으로 1.43을 곱하여 추정가격을 산정했다. 완전한 기술자립을 위해서는 상당기간 현장 실사를 통해 주요 공종별 실 투입인력에 대한 누적 조사가 필요하다는 결론을 내렸다. 그러나 자료 축적을 위한 예산(당시 추정액은 5년간 52억원 소요) 문제로 즉각 실행되지는 못했다. 다만 AE가 기술축적 목적으로 주요 공종(예: 콘크리트, 철근, 배관류 등)에 대해 현장설계사무소에 파견된 기술자를 투입하여 약 25개월 동안 실사한 결과를 정리했지만 아쉽게도 파견인력 해지로 지속할 수 없었다. 25개월 동안 축적했던 자료에는 몇몇 공종의 생산성 추정에 큰 편차가 있음이 발견되어 추가적인 조사가 필요함을 인지했다.

한국원전 건설기술의 자립을 일관성 있게 추진하기 위해서는 한국표준원전설계의 모델이 될 후속기(영광 3·4호기) 원전건설을 반드시 성공시켜야 했다.

확실한 책임을 묻기 위해서는 사업을 대표하고 총괄관리하는 사업책임자(PMr)를 지명하고 상당한 재량권을 부여하기로 했다. 영광 3·4호기 사업책임자에게 50억원 이하의 설계변경에 대한 권한을 주기로 절차서에 명시했다. 공기에 지장을 주지 않게 신속한 의사결정이 가능하도록 한 조처였다. 사업책임자의 인사고과에도 사업평가 결과를 반영하기로 했다.

원전건설 공사현장에는, 1993년부터 발효된 책임감리제나 공사감리가 별도로 적용되지 않음에도 불구, 품질관리가 지켜지는 데는 이유가 있다. 한국 원전 건설에서 품질이나 안전관리의 원칙은 '생산자(건설공사의 경우 공사계약자) 책임'이다. 계약자의 공사관리 조직에 공사품질관리(QC)와 품질보증(QA)부서가 따로 있다. 생산자 책임원칙은 미국식이다. 공사관리는 공종별 및 부위별로 패키지화시키는 작업단위(work package)가 기본이다. 모든 작업단위에는 고유 식별번호가 부여된다. 작업번호별로 대표근로자, 작업관리 책임자와 하도급책임자, 계약자의 QC책임자, 그리고 발주기관 공사책임 기술자의 실명을 기록하게 되어있다. 주요한 공종의 경우 작업절차서 및 품질검수지침서(WPP/QCI)에 반드시 발주기관 공사관리 책임자의 입회를 요청하도록 되어 있다. 모든 과정을 문서화해 기록으로 남기도록 했다. 언제라도 이 기록 문서를 통해 확인이 가능하도록 되어 있다. 부실공사 부위나 부실용접이 발견되는 경우 작업번호 검색을 통해 관련자를 실명으로 추적할 수 있다. 이 때문에 근로자와 공사계약자 및 기술자 스스로가 자기 보호 목적을 위해서라도 부실공사나 하자 발생을 억제하는 확실한 효과가 있다. 공사계약자의 품질관리 활동을 지원하기 위해 발주기관은 AE의 지원을 받아 건설현장에서 발생하는 모든 불일치사항 보고(NCR, non conformance report)를 데이터베이스화시켜 필요한 정보를 가공(국내 원전에서 이를 'trend report'로 호칭)하여 제공한다. 발주자가 제공하는 NCR 데이터는 공사계약자는 물론 하도급자가 과거 현장에서 발견되었던 결함보고서 빈도를 통해 특히 유의하기 때문에 품질하자 빈도를 크게 저감하는 효과를 거두고 있다. 일종의 'Big data'가 한국원전 공사현장에 일찍부터 정착되어 있는 셈이다. 발주자 혹은 공사계약자가 고강도 품질관리가 필요한 작업단위 공사의 품질관리를 강화하는 보완수단으로 품질 검수자(inspector)를 두기도 한다. 원전건설 공사현장에서 발주자의 품질관리나 공사계약자의 품질보증 책임자는 일종의 품질감사 역할을 수행한다. 공사현장 상주보다 수시로 무작위 작업번호를 선정한 후 기록과 현장을 비교 분석하면서 기록문서의 신뢰도를 검증하는 역할이 중심이다.

닮은 듯 차이나는 건설공사 발주방식을 선택하게 된 배경

한국원전의 공사관리 기술에 대해서는 확신이 서 있었다. 최초 원전건설부터 한국의 건설산업체가 참여하여 그 역량을 외국사로부터 충분히 인정받았기 때문이다. 하지만 1호기에서 4호기는 주기기공급 계약자의 하도급으로 참여했고 분할발주를 선택했던 고리 3·4와 영광1·2호기는 모두 외국 AE사가 주도하는 EPCM 방식이었다. 국내 원전산업체가 최초로 주계약자로 나서는 점과 AE가 CM에 대한 검증된 기술력이 부족한 상태에서 건설공사의 기술자립 전략은 기타 부문과 차별화가 불가피했다. 시공기술 자체에는 의심의 여지가 없었지만 공사엔지니어링 등 SW기술역량 확보는 확신하지 못했다. 더구나 건설공사 자체를 민간시장의 영역으로 봤기 때문에 정부가 직접 개입하여 지원하는 것도 제약이 따랐다.

현실적인 한계성을 고려했지만 민간의 영역인 건설공사의 기술자립 계획을 방치할 수는 없었다. 엔지니어링과 구매기술, 관리는 AE가 맡고 기술지원(기술사양서 작성), 상업조건(구매사양)은 발주자가 담당하는 역할분담 방안을 선택하기로 했다. AE업무에 보조기기에 대한 구매패키지 설계부문을 추가했다. 발주자의 구매관리를 지원하기 위한 업무범위도 추가했다. 구매관리의 주체는 발주자였지만 기술주도는 AE가 전담하는 구조로 설계했다. 공사부문에서는 공사관리에 필요한 건설관리시스템(당시 PCS, project controls services)은 AE가 개발하여 초기 입력 자료까지 입력한 후 건설현장으로 이관하는 방식으로 AE업무범위에 포함했다. 현장으로 이관된 시스템에 대한 운영기술 지원과 데이터처리를 위한 인력지원도 AE업무범위에 포함하기로 했다. 속내를 알 수 없는 외부인의 시각으로는 AE가 외국사 주도형과 같은 EPCM계약으로 비춰질 수 있지만 발주기관이 운영과정에 깊숙하게 개입하도록 했다. 건설공사 계약을 미국원전에서 자리잡은 계약패키지(약 24개) 분할과 달리 6개 공사군(본관건물, 2차 측 건물, 부지정지, 옥외설비, 취수로, 배수로 등)으로 발주패키지를 설계했다. 원전건설공사에 참여하는 업체를 소수정예화시킨 후 확대하기로 했다.

공사발주패키지를 설계대로 계약했지만 원전건설 공사비와 공기가 전체 사업비에 미치는 영향이 워낙 컸기 때문에 전략 수정이 필요한지에 대한 여부를 시행과정에서 정밀하게 검토하기로 내부 계획을 수립했다. 당시 일본의 원전건설공사의 공기가 54개월에서 52개월로 단축되어가고 있었기 때문에 일본의 원전건설공사 현장과 주기기공급사, 발주기관 등을 방문하여 장점을 살펴보기로 했다. 일본의 공사현장은 발주자 조직과 인력을 최소화하였다. 오히려 1·2차 주요기기공급사의 조직과 인력이 훨씬 많이 투입되어 있었음을 확인했다. 주기기공급사 중심으로 일본 특유의 협력업체가 하도급으로 참여하는 방식이었다. 국내에 알려진 대형업체(일본식의 10大 제네콘)는 발견하지 못했다. 1·2차 주기기공급사 주도 아래 다수의 전문공사업체가 하도급 형태로 공사에 참여하고 있었다. 일본원전의 건설현장은 '일본주식회사' 형태로 되어있어 국내 원전산업 생태계를 일본식으로 개조하지 않으면 해외시장에 독자적으로 진출하기 어렵다는 결론을 내렸다.

프랑스 원전현장의 경우 일본과 유사한 형태로 보이지만 국영발전회사(EDF)가 종합사업관리 역할을 하고 있다는 점에서 일본과 차이를 보였다. 발전회사에 강력한 엔지니어링 전담조직이 구성되어 있었고 1차 계통의 경우 시스템엔지니어링과 주기기제작 및 공급을 국영기업 형태로 전담하는 회사(Framtom)가 있었다. 2차측 건설사업과 주기기제작 및 공급도 전문으로 하는 반국영기업 형태의 회사(Alstom)가 담당하고 있었다. 건설현장에는 미국 방식보다 공사발주 패키지가 세분화되어 있었다. 건설공사 발주패키지는 '소액다건(少額多件)' 방식이 기본이었다. 소액다건공사에 참여하는 건설업체는 국제시장에서 잘 알려진 회사(예: Vinci, Bouygues 등)였다. 알려진 회사규모에 비해 계약금액이 소액이어서 국내와 같은 규모별 입찰제한이 적용되지 않은 것으로 판단했다. 그러나 프랑스 건설산업체의 구조가 국내와는 너무 다른 일괄생산체계로 구축되어 있다는 사실을 나중에야 파악했다. 예를 들어 'Vinci[37]'라는 사명 아래 1,700여개 이상의 소규모 기업이 지역과 국가별로 분산되어 있다는 사실을 훨씬 뒤에 확인할 수 있었다. 이 체계는 국제기구의 거대한 연구시설인 '국제핵융합실험로구축사업(ITER)' 현장 방문 때도 확인할 수 있었다. 나중에 파악한 사실이었지만 Bouygues사의 경우 주기기제작업체인 Alstome사에 지분 30%를 투자하여 원전건설은 물론 화력발전소 등 주설비설치 공사에 참여하는 방식이 프랑스 발전소 건설현장에서는 보편화된 방식이었다. 프랑스 원전생산체계를 건설공사에 도입하기 위해서는 한국원전이 기술자립 전략과 생산구조 재구조화를 선행하여야 한다는 점에서 포기할

37) 한국건설경영협회(2008), 글로벌 건설기업의 선진사례, 2008.8.

수밖에 없었다. 해외원전 시장에 참여하기 위해서는 프랑스 모델을 복제할 수 없다는 결론에 도달한 것이다.

일본과 프랑스 원전 모두 나름대로의 장점을 발견하기는 했지만 주기기공급사와 발주기관의 자체 엔지니어링 전담팀 구축과 동시에 강력한 PM 역량을 구축해야 한다는 점을 고려하여 미국과 같은 AE 주도형 방식을 선택하되, 원전건설의 공사관리는 '발주자+AE' 연합형태를 택하기로 했다. AE가 현장공사 관리에 필요한 시스템과 운영기술, 그리고 초기 입력데이터 제공까지 책임지고, 운영 및 계약관리는 발주기관의 책임으로 역할을 분담하기로 한 한국원전의 고유모델이 구축되기 시작했다. 건설공사 기술자립은 발주기관, AE, 그리고 공사계약자 등 3자의 역할 분담에 따라 이뤄지는 구조로 설계했다. 하지만 이 구조도 2006년에 제정된 '공공기관 운영에 관한 법'에 따라 변하게 되었다. 원전건설 경험과 실적에 대한 비중이 가격 비중을 넘어서기 어렵게 되었기 때문이다. 경험과 실적, 즉 공사수행 역량에 대해 원전건설이 필요로 하는 기술 변별력에 차이를 크게 둘 수 없는 상황으로 전개되었다.

기술자립·독립 과정에 공개되지 않았던 공사현장 이야기

정부는 물론 한국원전 기술자립 그룹이 계획하지 않았지만 공사기술의 자립과 독립에 상당한 기여를 했던, 공개되지 않은 사건들이 많이 있다. 누구도 시키지 않았고 보상도 이뤄지지 않았지만 한국의 경제발전을 위한 다양한 집단의 숨은 열정이 있었다. 공식화되지 않았고 문서기록으로 남겨지지도 않았지만 한국원전 건설공사 기술자립에 큰 기여를 했기에 이를 소개해 국내 산업체가 취약한 공사 SW 기술역량 강화에 참고가 되기를 기대한다.

1) 한국원전 건설공사 현장에서 '영어'를 사용

국내 원전산업이 최초로 주계약자로 결정되면서 발주기관 내부에서 공식 언어에 대한 논의가 있었다. 주계약자가 국내 업체이기 때문에 당연히 한글이 공식 언어이어야 한다는 주장이 제기됐다. 원전건설과 관계없는 사람이 당연히 제기할 수 있는 이슈였다. 당시 국내에서는 '한국적' 혹은 '신토불이' 등 한국의 자존감을 되찾으려는 용어들이 난무했다. 후속기준비반과 기술축적팀은 건설공사의 기술자립과 독립을 위해서는 원도급자의 공사기술 역량을 선진기업 수준으로 올려야 한다는 판단을 했다. 기술수준을 높이기 위해 원도급 소속 기술자들의 역할도 구상했다. 1976년도에 도입된 전문공사업 면허로 인해 국내 대부분의 건설현장에서 원도급자는 공사관리라는 명목으로 직접시공보다 하도급자 계약관리에 치중해 있었음을 알고 있었다. 실제 시공은 하도급자의 당연한 몫으로 생각했던 시기였다. 하도급자 소속 근로자들이 도면은 볼 수 있었어도 시방서를 읽어낼 수는 없었다. 원도급기술자 그룹의 SW역량 강화를 주문하기 위해서는 기술문서를 해독할 수 있도록 유도하기로 했다. 도면과 시방서, 그리고 작업절차서 및 품질검수지침서(WPP/QCI) 등 현장 문서를 영어로 작성하는 원칙을 수립했다. 발주기관의 주장을 일부 수용하는 차원에서 계약관련 문서(공사계약서 및 공문서)는 예외적으로 한글을 사용하기로 했다. 발주기관의 한글 사용 주장과 논란을 잠재우기 위해 세 가지 이유를 내세웠다. 첫째는 기술자립과 독립의 최종 목표는 해외시장이며 해외시장 진출을 위해서는 영문 사용이 필수라 주장했다. 둘째는 한국원전이 사용하는 공학 단위가 'feet-pound'로 되어 있어 '미터계량 m-g'으로 바로 전환하기 어렵다고 주장했다. 셋째는 선진기업으로부터 인수한 자료와 데이터, 그리고 해외 DB를 통해 입수된 자료가 모두 영어로 되어있어 한글 사용이 어렵다는 논리를 펼쳤다. 한국원전이 기술독립까지는 영문 유지가 바람직하다는 논리로 설득했다. 그 배경에는 미국과 유럽에서 실무와 교육·훈련을 받았던 다수의 기술자그룹에게 영어 사용이 더 익숙한 점도 한몫했다.

영어 사용원칙이 유효했다는 공식적인 평가는 아직까지 발견되지 않았다. 울진원전 1·2호기 건설에 프랑스 업체가 주계약자로 나서면서 국내 원전에서 겪었던 어려움으로 영어 사용원칙이 옳았음을 인식하게 됐다. 프랑스 원전산업의 원천기술은 미국으로부터 도입했다. 프랑스에 도입되면서 불어 사용원칙을 내세웠다. 미국산업체가 영어를 불어로 번역하여 프랑스에 기술을 전수했고, 프랑스 원전산업체는 이를 다시 익숙한 자국어로 변경했다. 한국에 프랑스 원전을 수출하면서 공식 언어로 영어를 지정하자, 이번에는 불어가 프랑스식 영어로 번역되어 한국원전에 전달되었다. 미국식 기술명칭에 익숙한 한국원전은 이를 해석하는 데 상당한 노력을 들여야 했다.

2009년 12월 한국원전이 UAE에 수출되면서 언어 사용에 상당한 혼란이 있었다. 영어가 공식 언어로 채택되었지만 한국원전 산업이 UAE 바라카원전(BNPP) 건설 당시에 내놓은 문서에 사용된 언어는 한국기술자까지 혼란을 겪었을 만큼 생소했다. 언제부터인지 확실하지 않지만 어느 순간 영어 사용이 한글 사용으로 변했던 것이다. 한글로 된 문서를 영어로 번역하면서 원래 영어가 살아나지 못한 소위 '콩글리쉬'가 되어버린 것이다. 2011년 3월 어느 날 국내 원전건설 현장을 방문하여 도면과 시방서를 살펴본 결과, 한글로 작성되어 있다는 사실을 확인했다. 당시 아무리 추적을 해 봐도 언제부터, 또 누가 한글 사용원칙을 수립했는지를 확인하지 못했다. 프랑스가 한국원전 건설에서 겪었던 언어 혼선을, 이번에는 한국이 BNPP 원전에서 그대로 답습한 아이러니였다.

2) 도전과 책임 의식을 살리는 회의체 활용

한국원전 산업 최초로 국내 기업이 주계약자로 나섰던 영광원전 3·4호기 건설은 프로젝트 성공과 기술자립 성공이라는 2가지 목표를 가지고 있었다. 공사계약자는 후속원전 참여를 문서로 보장받지 못한 상태여서 건설공사 기술자립 역할과 책임을 강제하기 어려운 상태였다. 그럼에도 본 사업을 통해 공사기술의 자립 목표는 달성되어야 했다. 당시 원전건설에 일일, 주간, 2주간, 월간, 3개월, 6개월 단위의 회의 개최를 설계했다. 6개월마다 개최하는 회의 명칭을 'PRM, project review meeting'으로 명명하고 모든 문서와 회의는 영어로 진행하기로 했다. 한국원전 산업을 대표하는 사업책임자 전체가 건설현장에 모이고, 다수의 외국계약책임자도 참여하는 매머드급 회의였다. 회의 전에 반드시 계약별 사업책임자가 회의 아젠다를 제출하도록 하고, 회의는 아젠다에 있는 주제만을 대상으로 했다. 회의는 과거 6개월간의 성과평가, 당장의 현안, 그리고 향후 6개월 이내 달성해야 할 마일스톤 등의 발제와 토론이 이어졌다. 회의록은 어젠다 토의가 끝날 때마다 작성되었다. 회의록에는 주요 발언은 물론 누가 언제까지 해결해야 할 과제에 대한 책임자까지 명시하도록 했다. 회의 종료 전에 발주기관의 사업책임자 혹은 AE 책임자가 반드시 회의록 내용을 참가자들에게 확인시키는 과정도 뒀다. 해결해야 할 과제는 회의 후 곧바로 'PALS, programmed action lists system'에 등재하도록 만들었다. 다음 회의 시 이에 대한 처리 여부를 반드시 재확인하도록 했다. 이를 통해 공기지연을 최소화하면서도 기술자립 의지를 다지는 기회로 만들었다.

PRM 회의는 적게는 수십 명, 많게는 약 150명까지 참석하는 자리였다. 원전 관계기관의 계약책임자 거의 전원이 참석했다. 회의 분위기는 살벌(?)하다 싶을 정도로 강도가 셌다. 일일 회의 종료 후 저녁에는 현장 인근 마을 식당에서 대규모 회식을 가지도록 했다. 음주를 곁들인 자리를 통해 팀워크를 다지기 위한, 의도된 회식이었다. 2가지 목표를 재확인시킴과 동시에 과중한 업무 부담으로부터 해방시켜 주는 분위기 반전 효과도 노렸다. 당시 회식에는 언제나 등장하는 건배사가 있었다. '우리는 한 배(we are on the same boat)'이며, 한글과 영어로 동시에 외쳤다. 동석한 상당수 외국계약책임자에 대한 배려였다. 계약적으로는 갑을관계였지만 목표 달성을 위해 함께 가야 할 공동의 운명체라는 사실을 강조하는 회의 전략이었던 셈이다.

3) 건설현장 근로자도 기술자립과 독립을 응원

캐나다원자력공사(AECL)[38]가 주 계약자였던 원자로건물 내 주요기기를 둘러싸는 내부구조물(internal structures) 벽체와 기기 기초에는 특별한 콘크리트가 동원되었다. 방사선 차폐 목적의 중량 콘크리트였다. 캐나다는 중량 콘크리트에 사용되는 모래와 자갈, 물을 제외한 시멘트와 혼화재 등은 캐나다에서 직접 공수해 왔다. 기술 보호를 위해 원자로 건물 내 콘크리트 타설은 흑색천으로 가림막을 설치한 후 자국 내 기술자로 감독했다. 가림막 안 콘크리트 타설은 소수의 한국 근로자가 담당했지만 중량 콘크리트라는 사실 외에 배합설계는 물론 콘크리트 성분마저 노출되지 않도록 엄격히 관리했다. 어느 날 아침 7시 반경 콘크리트 타설 근로자 한 사람이 현장에 있는 콘크리트 압축강도 시험실 문을 노크했다. 중량 콘크리트 타설은 기술 유출을 막기 위해 주로 야간에 이뤄졌는데, 전날 콘크리트 타설에 참여했던 근로자가 바지 호주머니에서 소량의 검은색 레미콘을 꺼내주면서 시험실 분석에 사용하라는 말을 했다. 그 근로자는 젖은 레미콘을 보존하기 위해 나름의 방수 주머니를 미

38) AECL, Atomic Energy of Canada Limited, 캐나다가 해외원전 시장 진출을 위해 만든 캐나다국영원전공사(캐나다 원전산업체로 구성된 일종의 컨소시움)

리 만들었던 것 같았다. 자신의 체온으로 레미콘이 굳지 않게 하려고 바지를 입고 있었던 것 같다. 그 근로자는 원전현장 부근에서 어업으로 생계를 꾸려가는 가정의 한 청년에 불과했다. 현장에서 보는 외국기술자와 국내기술자가 받는 처우에 상당한 차이가 있어 기술자립이 필요하다는 생각을 했을 것으로 추정될 뿐이다. 어떤 보상이나 의무도 주어지지 않았지만, 외국기술 장벽을 넘어서려면 기술자립이 필요하다는 국민적 공감대가 퍼져 있었기 때문으로 추정할 수밖에 없었다. 한국원전이 세계시장에서 주목받기까지의 기술발전이 단지 정책과 전략 덕분만이 아님을 알게 된 기회였다. 낮은 기술 수준이었지만 국민적인 열망이 원동력 중 하나로 평가받아야 한다. 유감스럽게도 당시 현장 시험실에는 콘크리트 재료 분석을 할 수 있는 시설이 전혀 갖춰지지 않았고, 그 사이 콘크리트는 굳어져 버렸다.

4) 인간관계의 중요성을 일깨워줬던 외국기술자

원전건설에 참여하려 한국 현장에 파견되는 외국기술자에게는 특별한 배려가 있었다. 외국 파견기술자 그룹을 위한 외국인 단지가 조성되었다. 단지에는 주택과 의료시설, 교육시설과 체육시설, 그리고 쇼핑과 문화 공간까지 제공되는 당시로는 별천지였다. 사전에 출입을 허가받지 않은 사람의 출입은 당연히 거절당했다. 사무실에 책임자별 약간의 차이가 있었지만 별도 공간과 비서 겸 통역사까지 배당되었다. 외국기술진은 독립된 공간에서 자국으로부터 공수된 자료(절차서와 참고 자료집 등)를 활용하고 공간 밖으로는 노출시키지 않으려 했다. 퇴근 시에는 만약의 경우를 고려하여 서랍에도 남겨두지 않을 정도였다.

해외기술진이 읽고 기록하는 내용을 알고 싶지만 방법이 없었다. 동료라는 인식을 심어주어 스스로 내주기를 기대하면서 접촉의 빈도를 높여가기로 했다. 끊임없이 질문했고 외국기술자 퇴근 시간에 맞춰 저녁 식사 자리를 자주 마련했다. 회식 문화에 익숙하지 않았던 기술자였지만 동석 자리 빈도가 높아지면서 자연스럽게 동료라는 인식을 갖게 되었다. 조금씩 친밀해지면서 읽고 있었던 절차서와 지침서, 데이터 북과 같은 자료를 보여주기 시작했다. 현재와 같은 복사기나 휴대폰 카메라가 없었기 때문에 복사가 어려웠던 시절이었다. 외국기술자가 참고자료의 내용과 사용 목적, 그리고 용도 등을 자세하게 설명해줘야 이해도를 높일 수 있었다. 기술이전은 금전거래나 공식적인 계약보다 인간관계로부터 얻는 것이 훨씬 값지다는 교훈을 얻게 됐다. 당시 경험이 후속기준비반에서 세웠던 기술자립 전략 및 계획 수립에 상당한 도움이 됐음은 물론이다.

공사현장 기술기획과 설계 고도화는 피할 수 없는 과제

월성원전 1호기 원자로건물(격납건물) 외벽은 두께 1.2m로 기초에서부터 지붕이 시작되는 지점(이를 'spring line'으로 별칭했음)까지다. 높이는 약 60m다. 외벽공사는 시공이음이 허용되지 않는다. 원자로건물 내부의 차폐기능을 높이기 위해서다. 시공이음을 방지하기 위해서는 불가피하게 슬립 폼(slip form) 공법을 동원해야 했다. 전통적인 방식과 달리 슬립 폼 공사는 어떤 이유로든 중단되면 허물고 다시 시작해야 하는 위험부담이 큰 공법이었다. 슬립 폼 공법은 고난도의 시공기술이 필요하다. 콘크리트 배합설계, 응고 시간을 높이마다 조절하기 위한 지연제와 가속제 등 혼화재 추가 설계, 그리고 공사를 시작하면 단 1초라도 거푸집을 정지해서는 안 되기 때문에 레미콘 배차 간격 조절 등이 필수과제였다. 착공하기 전에 배합설계와 거푸집 이동 시험을 수차례 반복했다. 4개월에 걸친 실험에도 불구하고 조절에 실패했다. 확인 결과, 시멘트 품질의 불균형이라는 문제에 도달했다. 당시 시멘트는 벌크 운반선이 아닌 종이포대로 공급되는 포장시멘트가 주류였다. 시멘트 성분이 균일하지 못해 배합설계를 맞출 수 없다는 결론에 도달하여 일본산 시멘트를 수입하기로 결정했다. 4개월 이상 공기가 지연된 상태였다.

시멘트 수입으로 배합설계 문제는 해결되었지만 공기지연으로 전혀 예상하지 못했던 한여름에 콘크리트를 타설해야 하는 문제에 부닥쳤다. 25℃ 이하를 유지해야 하는 시방서 규정이 있었다. 콘크리트 배합 시 물에 얼음을 섞기로 했다. 그러나 얼음 조달이 쉽지가 않았다. 포항과 울산 어항에 축적된 얼음을 대량 구매하여 보관할 냉장창고를 건설해야 했다. 얼음 창고인 냉장건물과 배치플랜트 상부로 얼음을 인양하는 장치까지 설계하기로 했다. 레미콘은 생산하는 배치플랜트(batch plant)를 21일 동안 한순간도 멈추지 않기 위해 외부로부터 공급되는 전력선 2개를 별도로 설치했다. 동시에 2개 선마저 이상이 생길 경우를 대비하여 발전기를 임시로 임대하기로 했다. 그리고 3차 선이 무너질 리스크까지 감안하여 전통적인 수작업으로 레미콘을 생산하는 시설까지 구축했다. 21일간의 공사기간 동안 24시간 근무할 근로자 교대조 설계도 문제였다. 외국기술진은 자국에서처럼 5교대 조 편성을 주장했지만 국내 현실은 이를 수용하기 어려웠다. 일일 8시간씩 일하는 3교대 조를 편성하기로 했다. 현장근로자들은 12시간 근무 2교대 조 편성을 주장했지만 국내 공사계약자의 반대로 무산되었다. 근로자는 몸을 희생해서라도 수입 증가를 원했지만 공사계약자는 만약의 경우를 생각해서 근로자의 주장을 받아주지 않았다. 대신 근로자가 원하면 얼음 수송로 곳곳에 배치하여 수송차량 사고 시에 대처하는 업무를 맡겼다. 사고 시 긴급하게 대기시켰던 견인차에 연락을 취하도록 했다. 얼음은 버리는 한이 있더라도 보관된 얼음보다 수송되는 얼음을 우선 사용한다는 원칙을 세웠다. 상황에 따라 임시로 설치되는 각종 가설

장치에 대한 현장설계는 물론 예상할 수 있는 리스크에 대응하는 치밀한 계획 수립은 눈에 보이지는 않았지만 한국건설기업의 공사 역량과 열정을 외국 기술자들에게 각인시키는 계기가 되었다. 이 공사의 성공으로 외국기술진이 국내 건설기업 소속의 기술자를 보는 시각이 달라졌을 뿐만 아니라 감독이 느슨(?)해져 지연된 공기를 만회할 수 있었다. 당시 가시설물 설계와 설치에 많은 비용이 투입되었지만 공사계약자 내부에서는 공사 중단으로 재시공하는 비용이나 공기 지연보다 훨씬 유리하다는 경제적인 판단을 했다. 일종의 보험료 지불 성격으로 인식했던 것이다.

6 '기술자립단계'를 넘어 '국제기술 경쟁단계'로

국내 시장보호에서 글로벌 시장무대로 전선 확대

한국원전 기술자립의 출발점은 내수시장 보호를 위한 기술자립이 목적이었다. 자연스럽게 '국산화율'이라는 수식어가 따라붙었다. 국산화를 위해서 가격보다 기술이 우선이었다. 외화가 부족했던 탓에 외화 유출을 방지하기 위해서는 외국기술자는 국내기술자로, 외국산 자재도 국내산 자재로 대체해야 했다. 국산화율은 기술 및 경제 독립과 같은 의미로 해석했다. 기술자립이 곧 국산화로 인식되었기 때문에 계량적인 평가도 절대평가인 대체량을 기준으로 할 수밖에 없었다. 철저하게 한국원전 건설시장을 보호하기 위해서였다.

AE 내부 후속기준비반과 기술축적팀은 알고 있었다. 기술자립의 최종 목표는 기술독립이었고 독립된 독자기술로 국제원전 건설시장에 진출하는 단계로 진입할 것이라는 점이다. 독자생존의 무대를 국내 시장보다 국제시장에서 찾는 다음 단계를 염두에 두었다. 국제 원전시장에서 경쟁하기 위해 외국기술의 종속에서 벗어나는 것은 당연하다고 판단했다. 기술독립은 선진업체와 경쟁하기 위한 기본 중의 기본으로 판단했다. 기술적인 우위는 결과적으로 원전의 안전(safety)과 품질(quality), 성능(performance)과 경제수명(economic life span), 건설원가(cost)와 건설공기(time)에서 계량적인 비교 우위를 보여줘야 했다. 기술자립이 국산화율 기반의 절대평가였다면 기술경쟁은 경쟁업체와 비교하는 상대평가가 될 수밖에 없다. 상대평가 기반의 비교 우위는 국내시장과 해외시장으로 구분이 된다. 국내 발전시장에서는 타 연료(예: 석탄과 석유, LNG 등)보다 발전원가가 낮아야 한다. 타 연료 발전보다 생산원가가 높으면 원전을 건설해야 할 필요성 자체가 소멸되기 때문이다. 물론 에너지 다변화라는 정책 카드는 유효했지만 기본은 가장 싼 발전원가를 유지할 수 있도록 해야 했다. 밖으로는 타 전원과의 비교는 물론 경쟁상대가 공급하는 원전보다 객관적인 계량에서 비교 우위를 유지해야 한다는 사실은 지금도 변하지 않았다. 기술자립이 우리가 '할 수 있는가, 없는가'라는 잣대로 평가했다면 기술경쟁은 우리가 '더 잘 할 수 있는가'로 평가하는, 즉 다음 단계의 기술로 발전시켜야 했다.

국제기술 경쟁력 강화를 위한 전략적 선택

한국원전 기술자립의 목표인 95%는 영광원자력 3호기가 준공되는 1995년 3월에 달성되도록 계획되어 있었다. 실제 프로젝트를 통해 기술축적과 검증, 그리고 보완이 병행되기 때문에 영광원전 3호기가 성공적으로 가동에 돌입하게 되면 기술자립의 목표도 달성되는 설계구도였다. AE 기술축적팀을 중심으로 한 한국원전 산업생태계 그룹별 내부조직에서 기술자립 평가결과를 내놓았다. 내부평가 결과를 객관적으로 검증하기 위해 '한국원자력산업회의(원산회)'에 정부와 발주기관이 의뢰했다. 원산회는 그룹별 평가단을 구성하여 내부 평가 결과를 검토했다.

AE 기술자립 평가보고서에 담긴 내용으로는 기술자립 목표 95%는 충분히 달성된 것으로 확인됐다. 만약 영광 3호기 설계, 1·2차 계통, 공사 등을 주요 그룹이 수정 없이 복제한다면 100% 자력으로 원전건설을 할 수 있다는 사실도 확인되었다. 외부 평가단에서 새로운 논의가 시작되었다. 한국원전의 성능과 품질, 안전 등을 지속적으로 향상시키기 위해서는 정부의 정책 지원과 원전 운영기관의 자금 지원이 불가피하다는 주장이 제기됐다. 만약 외부평가에서 기술자립률 100%라는 결론을 내리게 되면 더 이상 지원이 필요하지 않거나 혹은 각종 지원이 후순위로 밀릴 가능성이 크다는 사실에는 외부위원 전체가 공감했다. 문제는 대외 명분이었다. 결론은 기술자립과 독립의 최종 목적지를 세계시장 진출로 정하기로 했다. 기술자립에서 국제기술경쟁이라는 다음 단계로 'jump up'해야 한다는 결론에 도달했다. 흔히 이야기되는 진도율 90% 달성에 10%의 노력이 들지만 나머지 10%를 달성하는데 90%의 노력이 동원되어야 한다는 논리로 외부위원들을 설득했다.

기술자립에서 국제기술경쟁으로 전선을 확대해야 한다는 사실에는 공감하면서도 기술자립을 위한 후속기준비반이나 기술축적팀과 같은 전담조직이나 후속 전략이 수립되지 못했던 아쉬움은 지금까지 남아있다. 다만 AE 내부의 기술축적을 전담하는 조직을 사내 독립연구소로 격상, 확대시킬 필요가 있다는 공감대는 형성되어 있었다. 복제기술의 한계를 이미 인식했기 때문이었다.

기술자립보다 어려웠던 국제기술 경쟁력 확보

기술자립의 경쟁 상대는 국내에 진출한 외국기술진과, 기술을 전수해주는 외국계약자였다. 그러나 국제시장에서 경쟁해야 할 상대는 특정되어 있지 않은 국가와 산업체였다. 경쟁 상대가 누구인지부터 파악해야 했다. 기술자립, 국산화율 제고를 위해서 한시적으로 내수시장 독과점 혜택과 금융지원까지 해줬지만 국제시장 경쟁에서 동일한 대우를 해주기는 어렵다. 더구나 기술자립 당시에도 산업합리화 조처에 따라 독과점 시장을 특정 기관에 유지해주는 정책에 대해 자유시장 논리와 맞지 않다는 주장이 끊임없이 제기되었다. 이런 주장에 맞선 설득 논리는 원전건설을 통해 얻은 기술을 전 산업에 전파하는 이른바 'spill-over' 효과였다.

기술자립 목표 달성을 위해서 한국원전 생태계를 조성했지만 국제시장 경쟁과는 다른 접근이 필요했다. 기술자립은 올림픽 경기에 비유하면 국제경기에 참여할 수 있는 일종의 자격에 불과하다. 올림픽 무대에 서려면 출전 자격자들과 우열을 가려야 한다. 기술자립은 지역 예선전에 불과하다. 국제무대에 서려면 국가를 대표하는 선수가 되어야 한다. 국제무대, 특히 원전시장은 산업체간 경쟁이 아닌 국가대항전이다. 올림픽 경기에 출전하는 모든 선수가 개인자격이 아니듯 세계 원전시장 무대에 서는 주체도 국가대표, 즉 한국원전이어야 한다. 대표선수 자격을 얻기 위해서는 원전을 건설하려는 상대국의 후보자(long list) 명단에 들고, 후보자그룹에서 다시 입찰참가초청자(short list) 명단에 들어갈 수 있어야 한다. 한국원전의 기술자립 혹은 독립은 영광원전 3·4호기의 성공적인 상업가동으로 입증되었다. 한국원전 생태계 주도로 후속 원전 20기를 건설 및 운영하고 있다는 사실만으로 한국원전은 세계 어느 나라에서든 입찰참가자 명단에 포함될 수 있는 출전권을 확보한 셈이다. 그러나 국제원전 건설시장의 실제 우승자를 가리는 핵심요소로는 금융조달 능력과 정책을 빼놓기 어렵다. 최근 폴란드 당국이 자국 내 원전건설에 참여하려면 총 소요예산의 49%(약 200억불)를 조달해야 한다는 조건[39]을 내세운 것도 이런 맥락으로 이해해야 한다. 국가대항전에서 정부의 정책도 중요한 몫을 한다. 원전의 설계수명이 60년을 넘기 때문에 운전기간 동안 수출국의 원전 정책과 원전산업 생태계 유지 여부가 중요하기 때문이다. 이는 때때로 경쟁 상대국의 부정적인 무기로 사용될 수 있다. 그만큼 원전산업의 해외 진출에는 국가의 '정책'과 '금융'이 중요하다는 의미다.

39) 관계부처 합동(2021), 금년 해외수주 동향 점검 및 수주지원 보완방안, 핵심 프로젝트 추가 발굴 및 중점관리 중 폴란드 원전 수주, 2021.12.13.

빠른 추격자(fast follower)에서 선도자(first mover)로 위치 변경

한국의 경제성장을 주도한 기술은 창조보다 선진국 기술을 빠르게 모방하는 소위 '빠른 추격자' 관행을 따랐다. 한국원전의 기술자립도 기술을 모방하는데서 출발했다. '복제 → 개량 → 축적'을 답습함으로써 기술자립 목표를 달성했다. 하지만 국제경쟁력을 높이기 위해 다른 선택의 길로 들어서기 시작했다. 경제성장으로 국내 전력수요가 증가하면서 원전 1기의 용량도 1000MWe를 넘을 수 있는 여유가 생겼다. 한국원전 기술 독자적으로 한국표준원전 APR 1400을 개발, 건설하기 시작했다. 안전성과 성능, 설계수명을 획기적으로 연장시키는 ARP+1400 기술까지 개발했다. 기존 기술에 새로운 기술을 첨가시키는 'Add-on' 방식으로 기술발전이 거듭되고 있다. APR+1400은 성능과 품질, 설계수명은 물론 공기와 건설단가도 최적화시켜 경제성을 높였다.

한국원전이 세계시장에서 경쟁 우위를 확보하려면 기존의 빠른 추격자에서 선도자(first mover)로 나설 수밖에 없다. 기술자립의 근간이 'only Korea(국산화)'였다면 국제경쟁은 'together(함께)' 전략으로 바뀌어야 한다. 원전을 수입하려는 국가의 인적자원과 자재를 최대한 활용하는 전략으로 가야 한다. 빠른 추격자 입장에서는 기술전수(OJT 또는 OJP)가 주였지만 수출을 위해서는 기술이전(technology transfer)이나 기술공유(technology share) 전략을 앞세워야 한다. 한국은 원조를 받는 국가에서 이미 원조를 주는 국가로 위상이 변했다. 국제시장의 'give & take' 원칙은 언제나 변하지 않는다. 주는 것만큼 받기 때문이다. 한국원전의 이익 독점보다 상대방과의 이익 공유 원칙을 내세우는 전략이 필요하다. 내수시장 보호를 위해 쳤던 울타리를 걷어내야 한다. 보호할수록 한국원전의 세계적인 위상은 떨어지게 되어있다. 한국원전이 가진 최대 장점은 그라운드 제로에서 기술독립 선진국 대열에 진입했다는 점이다. 지금의 원전 선진국이 갖지 못한 장점이다. 세계가 한국원전 기술을 바라보는 눈높이를 한 단계 높여보는 자세가 필요한 것이다. 선도자로 나서야만 한국원전이 국제무대에서 생존할 수 있고, 선도자 전략이 바로 한국원전의 숙명이라 생각했다.

제3부

발주자 역할과 PM 기술

제3부

발주자 역할과 PM 기술

100년 기업의 역사를 쓰기에는 더 많은 고난이
따를 수 있습니다. 지난 40년은 기술자립이라는 명분 아래
독점적 지위를 인정받았습니다.
제도 보호 덕분에 치열한 경쟁을 피할 수 있었습니다.
끊임없이 혁신하고 변화하고 도전하고 대비한다면
100년 기업은 꿈이 아닐 것입니다.
경쟁력이 있어야 꿈을 꿀 수 있고,
꿈이 있어야 미래가 있습니다.

- 2015년 어느 날 발전운영사의 전 CEO 인터뷰 중에서 -

1 발주자와 발주기관의 역할 고민과 선택

'의욕'과 '욕심'을 넘어섰던 '이성'

한국원전 기술자립 정책 목표에 따라 원전 운영사와 AE 주도로 기술자립 전략과 계획 수립에 돌입했다. 한국원전의 기술자립 목표 달성을 위한 역할 분담도 결정했다. 역할 분담은 가시적인 성과물 중심으로 이뤄졌다. 발주기관이자, 원전 운영사는 종합사령탑 역할을 맡았고, 목적물 생산을 중심으로 아웃소싱이 이루어졌다.

하지만 계약관리와 종합사업관리(PM)의 기능과 역할을 같이 볼 수 있는지에 대한 논란이 있었다. 이러한 논란이 발생한 것은 국내에서 건설된 10기 원전에서 선진기업의 EPCM 기능과 역할, 그리고 시스템을 직접 경험했기 때문이었다. 발주기관은 시스템보다 발주자의 기본적인 역할에 관심을 두었다. 발주기관은 기술도입국인 미국에서도 일부 발전운영사(예: TVA, tennessee valley authority와 SEC, southern edison company)가 자체 조직에서 종합사업관리 역할을 하는 것으로 봤다. 즉 발주자가 직접 건설하고 관리하는 'owner builder 방식'을 염두에 뒀던 것으로 판단된다. 이에 비해 실제 발주자 역할을 해야 하는 본부조직(당시 원자력건설본부) 입장에서는 엔지니어링(E)을 제외한 PCM(구매 및 건설관리)을 자체적으로 수행하기에는 준비와 역량이 부족하다는 것을 인지하고 있었고, 선진 AE사의 EPCM 위력을 알고 있었다. 엔지니어링 기술기반의 계획과 초기 데이터 생산, 그리고 이를 분석할 수 있는 시스템 구축이 절대적이라는 사실을 잘 알고 있었던 것이다. 발주기관의 의욕과 욕심이 실무부서의 이성적 판단과 서로 충돌하고 있었다.

후속기준비반은 발주기관과 발주자 사이에 있었던 인식 차이를 간파했다. 그래서 준비되지 않은 상태로 발주기관이 직접 PM 역할을 한다면 한국원전산업이 최초로 주계약자로 나선 프로젝트를 성공시킬 수 없을 뿐만 아니라 이로 인해 기술자립 목표 달성이 어렵다는 사실을 발주기관이 스스로 자각하도록 유도했다. 그리고 PM시스템 구축과 운영을 분리하기로 하면서 AE 계약 시 이 조건을 계약문서에 담기로 했다. 이를 구체화하기 위한 수단으로 계약서에 첨부되는 '부록 A(업무범위 및 책임한계)'에 'AE'과 'PM'을 분리하기로 했다. 시스템 구축과 계획데이터 입력은 AE가 주도하되, 건설현장이 개설되어 첫 구조물 콘크리트 타설이 시작되는 시점부터 PM 시스템을 현장으로 이관하여 발주자가 운영을 주도하되, AE가 기술지원하는 것으로 책임한계(당시, 업무분장, DOR, division of responsibility)를 구체화하기로 했다. 그리고 AE계약서에서 AE의 역할을 PM(사업관리)이라는 용어 대신 'PCS, project control services(사업관리지원)'라는 용어로 대체하기로 했다.

발주기관은 AE와 발주기관의 PM 역할 분담안을 수용하면서도 발주기관 직접 관리에 대한 욕심을 버리지 않았다. 계약 시점에 맞춰 발주기관 내 건설관리실을 신설했다. 기술자립 과정을 통해 운영사가 자체적으로 PM체계를 갖추는 목표를 설정했던 것으로 판단된다. AE가 엔지니어링 초기 데이터를 기반으로 종합계획을 수립해야 하는데 발주기관 내에 엔지니어링 기능이 없기 때문에 시스템 구축이 어려웠다. 또 공공기관에 적용되는 순환보직제로 인해 경험과 지식을 축적할 수 있는 체계구축도 어려웠다. 2~3년에 한 번씩 자리를 이동해야 하는 보직자가 경험과 지식을 축적할 시간이 충분하지 않았기 때문이다. 이처럼 순환보직제가 한 분야의 전문가 양성 기회를 보장하지 못했기 때문에 전문지식과 경험 축적에 대한 의욕이 떨어질 수밖에 없는 한계가 있었다. 이런 과정을 거쳐 한국원전은 한국만의 고유한 PM의 기술자립과 체계를 구축하게 되었다. 의욕과 욕심을 넘어선 이성적 판단이 큰 역할을 했다.

야누스의 두 얼굴을 넘어서기 위한 공공기관의 선택

한국원전의 발전운영사는 공공기관이다. 한국에서 건설사업을 발주하는 공공기관은 예외 없이 로마 신화에 등장하는 야누스의 두 얼굴을 갖는다. 하나의 얼굴은 공공기관이 만들어지면 당연하게 따라붙은 경상업무인 행정직무 중심의 조직이고, 다른 하나의 얼굴은 공공기관이 건설사업을 발주하면서 갖는, 경상업무와 전혀 다른 프로젝트 중심의 조직이다. 공공기관의 경상업무는 시작은 있지만 끝이 정해져 있지 않다. 당연히 일상 업무가 반복되는 조직이다. 그러나 프로젝트는 반드시 시작과 끝이 있다. 프로젝트는 시간에 따라 직무와 업무량도 변하게 된다. 경상조직은 변화가 없지만 프로젝트 중심조직은 직무와 업무량에 따라 변한다. 한국원전의 경우 계획에서부터 상업 가동 시까지 통상적으로 8~9차례 조직구조가 변한다. 프로젝트 중심 조직은 한시적이기 때문에 프로젝트가 종료되면 자연스럽게 해체된다. 2개의 서로 다른 얼굴을 가진 공공기관 조직의 상반된 성격의 장벽을 넘어서야 했다.

프로젝트는 '시간'이 가장 중요한 개념이다. 시간에 따라 직무와 업무량도 변하지만 프로젝트에 참여하는 다양한 계약자 역시 증가하게 된다. 계약에 대한 포괄적 책임을 가진 발주자의 의사결정이 늦어질수록 계약자에게 피해가 발생하게 된다. 그렇기 때문에 발주자의 의사결정은 정확하고 신속해야 할 뿐만 아니라 객관적이어야 한다. 원전건설에서 발주자의 의사결정을 돕기 위한 PM의 기능과 역할이 있기 때문에 PM은 발주자가 신속하게 의사결정을 할 수 있는 시스템을 갖춰야 한다. 후속기준비반은 데이터 기반의 시스템 구축을 위해 4~5년 동안 교육 및 훈련에 더해 가상현실을 시나리오로 만들어 수십 차례 도상연습 과정을 거쳤다. PM 시스템 구축의 기본원칙은 '계획되지 않는 일은 하지 말라'였다. 설령 의사결정이 늦어지는 한이 있더라도 계획되지 않는 일을 하지 못하도록 했다. 이 원칙은 추후에 서술하는 미국 내 현지 PM 교육 및 훈련과정을 통해 터득한 논리였다. 이 논리는 전 세계 PM분야에서 가장 많은 회원 수를 가진 미국의 사업관리기관(PMI, project management institute)이 발간하는 지식체계집(PMBOK, project management body of knowledge)에 담긴 'plan the work(일을 계획하라), work the plan(계획된 일을 하라)'와도 일치한다.

PM 시스템을 통한 의사결정이 잘못되면 공기 지연은 물론 사업비 증가로 이어질 수 있기 때문에 계획과 데이터의 중요성이 크다. 의사결정은 사실 확인이 중심이어야 한다. 개인의 경험과 지식을 기반으로 한 주관적 판단은 프로젝트 실패로 이어지기 때문에 정교한 시스템 구축이 필수적이다. 더구나 한국원전 최초로 주계약자로 나선 프로젝트의 실패는 기술자립 목표의 실패와 직결되기 때문에 보다 체계적인 접근이 필요했다. 한국원전이 최초의 주계약자로 나선 영광원전 3·4호기의 엔지니어링 착수는 한국이 아니라 미국의 시카고에서 시작되었다. 원전건설에서는 공기와 예산조달의 기준이 되는 마일스톤이 약 10개이다. 10개의 마일스톤을 결정하기 위해 2개월 동안 시카고에서 국내로 3회나 출장을 왔었다. 국내 발주자 조직에 대한 경험과 지식을 갖춘 고위직들이 자신들의 경험 및 지식과 다른 마일스톤이 결정되는 것에 대해 확신이 서지 않았기 때문에 의사결정에 신중을 기하지 않을 수 없었을 것으로 추정된다. 그들은 영광 3·4호기 엔지니어링과 1·2차 계통기술이 다르다는 것은 인지했지만 마일스톤의 중요성 때문에 섣부른 결정을 하기에 부담스러웠을 것으로 추정된다. 결국 AE 조직 내 PCS팀이 마일스톤과 일정을 결정하기로 했다.

마일스톤을 확정하는 과정에서 얻은 교훈이 한국원전의 PM 기술자립의 기초가 되리라는 것은 그 당시만 해도 예상하지 못했다. AE PCS팀은 마일스톤에 따라 개발된 종합공정표(IPS, integrated project schedule)을 모든 공정계획과 일정 준수의 버팀목 역할을 하도록 했다. 모든 회의와 공기촉진회의는 반드시 IPS가 기준이 되도록 조처했다. 이 조처에 대한 확신은 후속기준비반이 4~5년 동안 준비했던 과정에서 얻은 기술자립과 프로젝트 성공에 대한 확신이 있었기에 가능했다. 시나리오 기반의 PM 기술자립 전략이 성공을 거뒀다는 평가다.

또 다른 성공요인으로 발주기관의 경상업무보다 프로젝트를 더 중시하도록 만든 조처도 한몫했다. 승진 및 승급과 연관된 인사고과 평가에서 프로젝트에 투입된 발주기관 간부의 경우 경상업무보다 사업성과 평가가 중심이 되도록 비중을 조정했다. 경상조직 내 간부의 지휘보다 발주기관 내 사업책임자의 지휘를 더 중시하도록 한 것이다. 겉으로 내세웠던 명분은 공기 준수였지만 속내는 프로젝트 실패 시 입게 될 기술자립 목표 미달을 우려한 조처였다.

철옹성과 같은 한국원전 PM기술의 자립구조

한국원전 PM 구조는 겉으로만 보면 발주자가 주도하는 'owner builder 방식'으로 보인다. 속내는 PM 시스템 구축 주도와 운영 기술지원은 AE, 공사현장의 PM 시스템 운영은 발주기관이 각각 주도하는 이원화된 구조다. 선진국에서는 쉽게 찾아볼 수 없는 구조다. 한국원전의 PM 기술자립 구조는 현재까지 유지되고 있다. PM의 주도권이 과거보다 발주자 조직으로 기울어져 있기는 하지만 기본체계는 과거와 별 차이가 없다. 이 구조는 AE가 세계원전 시장 진출 시 한국 내 원전건설에서의 EPCM 역할을 내세울 수 있다는 명분이 있다.

공공기관인 발주자는 자체 조직과 인력으로 PM 업무를 독자적으로 수행하고 싶어하지만 'PM(사업관리)'보다는 '계약관리'에 가깝다. PM 업무를 독자적으로 소화하기 힘든 이유로는 엔지니어링 전담조직 부재와 순환보직제가 있다. 지금처럼 계약관리를 PM이라고 인식하게 되면 해외시장 진출 시 상당한 어려움에 부닥치게 될 것이다. 해외시장 진출 때는 한국원전의 발주기관이 발주자가 아니라 계약자로 참여하기 때문에 EPCM 역할을 해 줄 수 있다는 인식을 상대국의 발주자가 갖게 만들어야 하는데, 엔지니어링은 AE, 구매의 주도권은 진출 상대국 발주자에게 있어 현재 역량으로는 설득이 어려운 실정이다. 실제 2009년 UAE 원전 수주 시 발주자가 자신의 EPCM 역할 보완을 위해 별도의 미국계 기업에 PM 컨설팅을 의뢰했다. 한국원전이 EPCM 역량을 보여주지 못했기 때문으로 해석되는 부문이다. 국내 시장에서 정착된 것처럼 PM을 계약관리의 한 부문으로 고착시키려 했던 것이 상대국 발주기관에는 신뢰를 주지 못한 결과였다고 판단된다.

이 부분은 원전뿐만 아니라 대부분의 공공기관 발주공사에서 나타나는 현상이다. 계약은 사후관리가 중심이지만 PM은 계획(planning)이 중심이라는 사실을 간과할 때 나타나는 현상이다. 계획을 중시하는 PM의 속성은 엔지니어링 기술과 큰 차이가 있다. 엔지니어링은 입력(input)과 과정(process), 결과물(output)로 구성되고, 엔지니어링 직무는 준공 후 도면이 완성될 때(as-built) 완성된다. 반면에 PM의 한 분야인 공정관리에서는 계획공정표(CPM)는 있어도 준공공정표가 없다.

2010년 UAE 바라카 원전 건설에서 제3자가 한국원전의 PM시스템 부재를 지적했던 뼈아픈 경험을 상기하면서 해외원전 수주를 위해 현재 한국원전의 PM체계상 역할분담은 재조정해야 한다. 그렇지 않으면 기술자립으로 달성된 PM시스템 체계가 흔들릴 수 있다.

2 PM 기술자립을 필수과제로 선택한 배경

프로젝트를 경영하는 PM은 필수

기업을 운영하려면 규모와 관계없이 경영기술이 필수다. '1인 기업경영'을 부담 없이 일상생활에서 실천하는 것도 이런 이유 때문이다. PM은 프로젝트를 경영하는 기술이다. 프로젝트 규모와 관계없이 PM의 역할은 존재하기 마련이다. 기업에 CEO가 있듯이 모든 프로젝트에는 반드시 프로젝트 매니저(PMr)가 존재한다. 다만 프로젝트 성격과 규모에 따라 범위와 심도에는 차이가 있을 수 있다. 기업경영은 연속적이고 반복적인 경상업무가 중심이며, 변수보다 상수가 더 크다. 반면에 프로젝트의 경영에는 시간과 진척도에 따라 상시 변하는 변수가 더 많다. 프로젝트의 속성은 기업과 달리 시간과 예산에 제약을 받으며 안전관리와 품질관리가 특히 중요하다. 1980년대 선진 AE사들은 단일 프로젝트의 규모가 1억달러를 넘어설 경우 사업전담조직(조직 이론으로는 이를 'project island organization'으로 호칭)을 구축, 운영하고 있었다. 사업전담조직에서 독자적으로 PM체계를 구축 및 운영하는 공통된 현상을 목격했다. 이처럼 사업전담조직이 독립적으로 PM시스템을 구축하여 운영하는 이유를 시간이 지난 후에 깨닫게 되면서 선진 AE사 조직을 통해 PM 역할과 포지션의 중요성을 인지하게 됐다.

사업전담조직에서 PM은 기업경영에서 필요로 하는 모든 기능을 수행할 수 있는 체계를 갖춰야 하는지에 대한 고민도 따른다. 이런 고민 해결을 지원하기 위해 세계 최대 PM전문기관인 미국의 PMI는 기본지식체계집(PMBO

K[40])을 통해 PM이 필수적으로 갖춰야 할 기본지식 9가지(①integration ② scope ③time ④cost ⑤quality ⑥human resource ⑦communication ⑧risk ⑨procurement)를 전문분야별로 정립하여 제시했다. 기본지식 9가지는 모든 산업에 공통적으로 적용할 수 있다는 전제로 개발했다. 그리고 시간이 경과됨에 따라 산업별 특성을 추가로 반영해야 한다는 주문에 따라 건설 산업의 프로젝트에 4가지 지식체계집[41](①safety ②environment ③ financial ④claim)을 추가해서 별도의 지침서를 개발했다.

한국원전에서 PM을 독립된 과제로 선택했던 배경에는 발주자의 준비 부족과 AE조직의 치밀한 준비가 한몫했다. 발주기관은 PM을 계약관리의 연장선으로 인식하여 별도의 대책을 수립하지 않았다. 기술자립이 완성되면 발주기관의 PM기술도 완성되는 것으로 인식했던 것으로 추정된다. AE 조직 내 후속기준비반의 판단은 달랐다. 미국 AE사의 본사 조직에 OJP로 참여했던 기술자 대부분이 'E', 즉 엔지니어링 기술을 넘어서는 별도의 거대한 조직이 있다는 것을 발견했다. 당시 'Services Division'이라는 명칭을 가진 'E'를 전담하는 조직(Engineering Division)과 동등한 역할을 하는 조직의 기능과 역할이 무엇인지 파악하기 위해 각종 절차서와 지침서 등을 분석했다.

선진 AE사들의 PM 체계분석부터 시작했다. 다행히 한국원전 건설에 참여하기 위해 발주기관의 문을 두드리는 선진 AE사가 상당수 있었기 때문에 발주기관을 통해 선진 AE가 전달한 회사별 브로슈어를 분석하고 추가자료 확보를 요청했다. 입수된 자료 분석을 통해 선진 AE사별 PM체계에 차이가 있음을 발견했다. 장단점이 아닌 주력분야의 차이로 해석했다. 그리고 한국원전의

40) PMI(2000), Project Management Body of Knowledge(PMI는 4년 주기로 개정판을 출판함.)
41) PMI(2004), Construction Extension to A Guide to the Project Management Body of Knowledge

완전한 기술독립을 위해서는 PM의 기술자립이 필수과제라는 사실을 확인하게 됐다. 후속기준비반은 기술자립을 위해서는 PM기술의 고도화가 필수라는 결론을 내리고 후속기준비반의 핵심 역할을 PM기술 자립을 통한 기술고도화에 두기 시작했다.

후속기준비반은 PM시스템 구축과 기술의 고도화를 위해서는 엔지니어링 기술과의 연합이 필수라는 점을 선진 AE사 시스템 분석을 통해 간파했다. 후속기준비반에 투입된 인력은 10명으로 7개 기술부서로부터 8명이 차출됐고, 나머지 2명은 공정관리부서(준비반 구성 초기에는 사업관리부서 명칭 대신 공정관리부서로 호칭) 소속이었다. CEO와 경영진은 이미 AE가 가야 할 방향이 EPCM이라는 사실을 알고 있었던 것이다. PM기술자립을 위해서는 후속기준비반 소속 인력의 교육·훈련과정이 필요함을 인지했다. 동시에 기술독립을 준비하기 위해서는 발주기관과 협력은 하되, AE의 EPCM 역량 구축이 필수과제라는 사실도 확인했다. 확실한 역할 분담 선택이 필요했다. 발주기관의 우려를 넘어서기 위해서는 발주기관의 관심과 요구 수준 이상을 수행할 수 있는 체계를 갖춰야 했다. 이는 PM기술자립을 위한 기술축적과 고도화 전략 설계에 돌입하게 된 배경이 됐다. 후속기준비반의 PM기술자립 전략에 대해 미국 AE OJP에 참여했던 기술자 가운데 어느 누구도 PM 역량 고도화에 반대 의견을 제시하지 않았다.

국내현장에서 선진기업의 부가가치 역할을 목격

한국원전의 시작은 1972년 4월에 착공된 고리 1호기였다. 1972년 한국원전의 기술수준은 국산화율로 보면 20% 미만으로 추정되던 시기였다. 고리 1호기는 미국계 기업에 완전 턴키방식으로 발주했다. 계약조건으로 운영사가 제시했던 기준은 인허가에 필요한 안전성분석보고서와 보고서 내용을 증빙하는 기술서류 제출, 그리고 시공은 국내 건설사를 활용해야 한다는 것으로 알려졌다. 선진사가 제출한 기술문서를 검토하는 역할은 한국원자력연구원이 담당하기로 했다. 검토를 통해서 기술력을 높이겠다는 전략이었다. 그리고 조금이라도 외화 유출을 방지하고 공사비를 낮추기 위해 국내 건설사를 활용하도록 조처했다.

모든 기술문서와 공사도면, 그리고 사업 및 공사계획, 시방서 등은 외국사 주도로 작성했다. 엔지니어링과 구매에 국내사가 참여할 수 있는 기회는 거의 없었다. 건설현장의 공사는 물론 공사용 인프라 등 모든 역할을 선진기업이 주도했다. 중량물 인양을 위한 고성능 장비는 물론 공사용 중장비도 외국에서 임대하여 투입했다. 이 모든 비용은 국내 발전운영사가 지불했다. 당시 발전운영사 수준으로는 필요한 자금을 자체 조달하는 것이 거의 불가능했기 때문에 선진 턴키계약자가 금융을 주선했다.

1977년에 착공한 월성 1호기도 외국사에 턴키로 발주했다. 과거 5년 동안 쌓은 지식으로 발주기관은 공사업체를 발주자가 직접 선정하되 건설관리는 외국사가 주도하도록 했다. 발주기관이 자력으로 전체사업을 총괄관리할 수 있는 PM 체계 구축과 기술 수준에 대한 확신이 없었던 것으로 추정된다. 다만 5년간의 경험을 통해 공사계약을 직접 관리할 수 있는 수준까지는 도달할 수 있었다.

고리 1호기와 월성 1호기 건설을 통해 선진기업이 턴키방식으로 사업을 총괄 관리하는 역할을 목격하게 되었다. 동시에 총괄관리, 즉 PM 역할을 수행하는 데는 엔지니어링과 구매가 밀접한 관계가 있다는 사실을 파악했다. 원전건설에서 PM의 원가 비중은 엔지니어링과 1·2차 계통의 시스템엔지니어링에 비해 작지만 그 역할은 원전사업의 성패를 좌우한다는 사실을 깨닫게 되었다. 동시에 비록 턴키방식이었지만 발주자의 눈높이를 넘어서는 사령탑 역할을 하는 것이 PM이라는 사실도 확인하게 되었다. 겉으로 드러나는 결과물은 없었지만 공사계획에 맞춰 각종 기자재와 중장비가 동원되는 것을 목격하면서 보이지 않는 힘이 있다는 사실을 어렴풋이 알기 시작했다. 동시에 국내 건설현장에 파견된 선진기업의 기술자들이 매일 사용하는 각종 문서들(후에 알게 된 사실은 절차서와 지침서, 그리고 보고서 등)이 공사현장이 아니라 선진기업 본사로부터 공수되고 또 회수해간다는 사실에서 엔지니어링과 기자재, 시공 등과 같이 눈에 보이는 결과물은 없지만 엄청난 기술이 숨겨져 있다는 확신을 하게 되었다.

정부와 발전운영사는 선진기업이 수행하는 턴키방식에서의 사령탑 역할이 곧 발주자 역할이라고 인식했다. 이 때부터 발전운영사는 발주기관으로서 당연히 선진사가 수행하는 총괄사령탑 역할을 할 수 있어야 하고 또 이를 발주기관의 고유 역할로 인식했다. AE와 기자재, 그리고 시공 등과 같이 눈에 보이는 결과물이 없는 서비스는 발주기관의 고유 역할로 인식했던 것 같다. 그 당시에는 결과물을 생산하지 않는 선진기업의 기술자 혹은 전문가에게 인건비가 지불되는 것을 목격하면서 '공돈(?)'이라고 생각할 정도였다. 사령탑 역할이 중요한지를 파악은 했지만 어떤 직무가 있는지를 몰랐기 때문에 가질 수 있는 인식이었다. 공돈을 가져가는 기술자그룹이 많다는 사실을 목격하면서 정부와 발전운영사는 기술국산화가 필요하다고 판단했고 당연히 기술자립도 발주기관의 몫이라고 판단했다.

AE조직이 한국원전의 기술자립 계획과 전략 수립을 주도하면서 PM은 엔지니어링 기술기반이어야 초기 계획의 완성도가 높아진다는 사실을 깨닫기 시작했다. 엔지니어링과 PM의 상관관계를 발주기관보다 정부가 먼저 인식하게 됐다. 발주기관은 엔지니어링기술 기반의 PM이라는 사실까지는 인정했지만 국내 건설현장에서 선진기업의 사령탑 역할을 목격하면서 PM 역할을 포기할 수 없었던 것 같다. PM의 부가가치를 인식하게 된 것이다. 동시에 PM 기능과 역할을 발주기관 독자적으로 할 수 없다는 사실도 알게 됐다. PM 기술자립을 발주기관의 몫이자, 역할로 지정했지만 기술축적을 위한 전담조직 구성이 어려운 한계가 있었다. 결과적으로 AE와 함께 PM 기술자립을 위한 기술축적을 해나가야 한다는 방향으로 판단을 내렸다.

한국원전의 독창적인 PM 구도 설계로 출발

기술자립 계획을 수립하기 위해서는 한국원전 산업의 PM 구도를 먼저 설계해야 했다. 국내 건설현장을 통해 선진기업이 수행하는 사령탑 역할을 겉보기로는 알았지만 속내까지 알 수는 없었다. 선진 AE사 본부에 OJP로 참여했던 기술자와 후속기준비반에서 입수한 자료를 근거로 세계 최고 수준으로 평가받는 AE사의 구매력과 공사관리 역량을 사전에 파악할 수 있었다. 선진 AE의 구매력은 미국국방성(DOD)과 에너지성(DOE)까지 이용할 정도로 거의 완벽한 시스템을 갖추고 있었다. 당시 기준으로 100만 달러가 넘는 주문기자재에 대한 정보시스템은 엔지니어링과 공사계획을 충분히 지원할 정도로 완벽에 가까운 데이터를 축적하고 있었다. AE사는 주기적으로 발간하는 기자재 보고서[42]를 통해 은근히 자사의 구매력을 과시하고 있었다. 전 세계 원전건

---

42) 구매보고서는 'lead time report'로 주요 발전운영사에 비정기적으로 발송되며, 이 보고서에는 ① 기자재 용량 및 기술사양 ② 설계기간 ③ 원자재구매기간 ④ 제작기간 ⑤ 최고·중간·최저가격 ⑥ 자사 구매 가격(대외비로 보통 공란) ⑦ 운송기간 및 운송료(보험포함) ⑧ 전 세계 공급 가능한 회사 등이 담겨있다.

설시장에서 선도적으로 EPCM 역할을 하고 있었기 때문에 주문기자재에 대한 주도권(일종의 bargaining power)을 확보하고 있었다. 주문기자재는 주도권에 따라 표시가격보다 낮은 가격으로 구매할 수 있기 때문에 경쟁력이 높아지는 효과가 있다. 건설관리 역량 역시 AE 자체가 당시 기준으로 90년 전에 시공회사로 출발했기 때문에 다수의 유경험자와 더불어 자사가 참여했던 거의 모든 프로젝트에서 입수한 자료를 축적하고 있었다. 핵심 공종을 제외하고 대부분의 건설공사를 컨소시엄사나 하도급자를 활용하는 사업구조였다. 원전건설 공사의 경우 주요 공종별 작업 및 품질검사 절차서를 보유하고 있어 자사가 EPCM을 하는 프로젝트는 반드시 이 절차서를 따르도록 강제하고 있었다. 그 만큼 건설관리 역량이 앞섰기 때문으로 해석된다.

PM의 중요성과 역할의 부가가치를 충분히 인식하고 있었지만 국내 어느 기관도 독자적으로 수행할 수 있는 역량이 없었다. 발주기관과 AE가 연합하여 구축할 수밖에 없다는 결론에 도달했다. 역할 분담을 결정하기 전에 발주기관과 AE의 강·약점을 분석했다. 발주기관은 다수의 발전소를 건설 및 운영하고 있어 주문기자재에 대한 구매주도권을 가지고 있다는 강점이 있었다. 동일한 주문기자재를 AE가 구매할 때는 소매가격으로 지불해야 하지만 발주기관은 도매가격으로 구매할 수 있다는 뜻이다. 다수의 건설공사 발주를 통해 계약자 선정 및 관리에 관한 풍부한 경험과 지식이 축적되어 있었다. 이러한 강점에도 불구하고 약점도 적지 않았다. 우선 엔지니어링 기능이 없어 초기 계획 수립을 제대로 할 수 없었다. 동시에 설계엔지니어링과 연동된 주문기자재 발굴과 기술사양을 결정할 수 없는 한계가 있었다. 또한 PM시스템 구축에 필요한 전문조직과 인력, 그리고 전산시스템 자체가 준비되지 않은 약점을 가지고 있었다. AE사는 자체적으로 엔지니어링을 수행할 수 있고 또 주문기자재의 용량과 기술사양서를 작성할 수 있는 역량을 확보하고 있었다. 사업초기에 필요한 사업 및 공사계획 수립에 필요한 데이터 생산이 가능했다. 또 하나의 강점으로 다양한 선진 AE의 PM시스템과 운영체계를 분석한 결과와, 전문기술을 축적한 다수의 전문가그룹이 확보되어 있었다. 또한 원전사업의 사령탑 역할을 지원하는 PM시스템의 일부를 구축하고 있었던 게 강점으로 부각되었다. 반대로 주문기자재 및 대량소요자재에 대한 구매력이 약해 소매가격을 지불해야 해서 가격경쟁력이 떨어진다는 점과, 건설공사에 직접 참여한 기술자그룹이 적어 건설기업을 주도적으로 관리하는 데는 발주기관에 비해 역량이 낮았다.

발주기관과 AE조직의 강점 및 약점을 상호 보완할 수 있는 방향으로 PM 구도를 설계하기로 했다. AE는 엔지니어링과 엔지니어링관리(E+EM)을 독자적으로 주도하고 구매 및 건설관리는 지원(PCM, procurement+construction management)하는 역할로 설계했다. 그리고 AE조직이 EPCM 시스템을 책임지고 구축하는 역할을 담당하기로 했다. 발주기관은 본사보다 공사현장의 건설관리 역할 중심으로 설계했다. 즉 AE조직이 구축한 PM시스템을 건설현장에서 발주자가 주도적으로 책임 운영하는 방향으로 설계했다. 동시에 후속원전의 PM시스템 성능 개선을 위해 운영과정에서 발견되는 개선점을 지속적으로 AE조직에 제공하는 역할을 하기로 했다. PM시스템 구축에 필요한 상용프로그램은 발주기관이 구매하여 AE조직에서 사용할 수 있도록 했다. AE조직이 외부적으로는 EPCM 범위를 소화하는 것으로 비춰질 수 있고 발주자는 사령탑 역할인 PM을 주도한다는 인식을 심어 줄 수 있게 배려한 것이다. 한국원전의 PM 구도는 선진국에서는 찾아보기 어려운 독창성을 가지고 출발했다.

한국원전에서 PM 구도 설계를 통해 AE와 역할을 분담하기로 한 배경에는 앞서 언급한 바와 같이 각 조직의 강·약점을 파악하고 있었기에 불가피했던 측면이 많았다. PM시스템 구축은 필수과제라는 인식에는 누구나 공감했고, 동시에 어느 한 기관이 독자적으로 해결하기 어렵다는 사실에도 공감했다. 한국원전의 기술자립 목표 달성은 실제 프로젝트 수행을 통해 완성되도록 설계되어 있었다. 프로젝트 성공 없이는 기술자립 목표 달성이 어려운 구조였다. 프로젝트 성공을 통해 기술자립 목표 달성을 실증해보여야 했기 때문에 각 기관의 이해보다는 프로젝트의 성공을 먼저 생각해야 했다.

계약서에 포함시킬 PM 역할분담안의 큰 틀은 결정되었지만 엔지니어링관리(EM)과 사업관리(PCM)을 어떻게 분리할 것인지에 대한 논란은 여전히 남아있었다. 후속기준비반에서는 EM과 PCM을 분리하기로 했다. AE조직 내 사업관리부서에 설계엔지니어링관리(ECS, engineering control services)팀과 사업관리지원(PCS, project control services)팀을 분리하기로 한 것이다. 계약서 부록에도 ECS와 PCS를 분리하여 업무범위와 책임을 구분해 놓기로 했다. ECS의 주 고객은 AE조직의 사업관리책임자로 지정했고 PCS의 주 고객은 발주자 조직 내 사업관리책임자로 했다. 발주자의 사령탑 역할을 PCS팀이 중점적으로 지원하기로 했다. 이 때문에 AE조직 내부에서는 적(?)으로 오해받기도 했다. 1개월 혹은 3개월 단위로 열리는 사업점검회의(PRM, project review meeting)에서 PCS 팀이 제시하는 현안 및 마일스톤이 AE 사업조직 이해와 충돌하는 경우가 수시로 발생했기 때문에 발생한 오해였다. PCS 팀이 주도적으로 구축한 PM시스템은 EPCM 정보를 담고 있기 때문에 사령탑 역할을 위해서는 불가피하게 AE조직의 내부 현안을 지적하지 않을 수 없도록 되어 있었다. AE 사업조직 내에서 사업관리부서는 내부고객과 외부고객을 동시에 만족시켜야 하는 일종의 야누스의 얼굴을 가질 수밖에 없는 구도로 출발했다.

선진국의 원전건설에서는 AE사가 구축한 PM시스템을 발주기관에 양도하는 것은 상상할 수 없다. AE사가 구축한 PM시스템은 자사의 브랜드명을 붙이고 있기 때문에 제3자에게 양도할 수 없다. 또한 발주기관이 제공하는 상용프로그램(예를 들면 공정관리프로그램인 Primavera 6)을 이용한 특정 사업 고유의 PM시스템 구축 후 이를 발주기관에 넘기는 것 자체가 계약위반에 해당하는 것이다(상용프로그램은 사용료만 지불하지, 소유권 자체 양도는 불가함). 때로는 AE사의 전문인력이 발주기관 내 사업조직에 파견되어 필요한 서비스를 제공하는 역할까지는 양해되지만 전용 프로그램 구축을 양도하는 사례는 찾아보기 어렵다. 그럼에도 불구하고 한국원전은 발주기관과 AE사간의 고유한 역할 분담 구도로 시작했다. PM시스템을 어느 한 기관이 독점하고 있는 것이 아니기 때문에 고유 브랜드명을 붙이지 못한 것은 아쉬웠다. 하지만, 발주기관과 AE조직 모두 언젠가는 세계 원전건설 시장에 독자적으로 진출하기 위해 기관 자체의 PM 고유 브랜드명을 붙일 만큼 완성도 높은 PM시스템을 갖춰야 한다는 생각만은 확고했다.

PM 구도 설계의 필연성과 아쉬움

기술자립 계획 수립 당시 한국원전의 총사업기간은 120개월, 부지조성 및 정지 기간을 빼면 70개월이었다. 원전의 발전원가를 낮추기 위해서는 공기를 최대한 단축해야 했다. 발전원가 중 공기에 따라 좌우되는 간접비의 비중이 20~25% 정도였기 때문에 공사기간 단축을 위해서는 설계와 시공을 병렬로 진행하는 'fast-track 방식'을 도입하게 됐다. 이 방식은 공기를 최소화할 수 있는 장점은 있지만 설계변경 빈도가 늘어나기 때문에 설계와 시공 간 관계 조정 및 관리가 필수다. 이 문제를 해결하기 위해는 PM을 정교하게 시스템화해야 한다는 결론에 도달했다.

당시 국내 PM 수준으로는 경험 부족으로 확신하기 어려운 상태였지만 PM 기술자립 없이는 국내는 물론 해외시장 진출 시 한국원전이 주도권을 확보하기 어렵다고 판단했다. PM시스템 구축의 성공을 위해 당시 수립했던 전략 목표는 ①실시간 ②기술 통합 ③데이터 통합 ④계획과 실적 통합 ⑤수직과 수평 통합 등 5가지였다. 수직통합은 가능했지만 데이터와 시간이 다른 데이터의 수평통합은 실시간이 아닌 인위적으로 시행해야 하는 불편이 따랐다. 실시간으로 수많은 데이터를 수평으로 통합하기 위해서는 생산 장소가 서로 다른 데이터를 용도와 수요에 맞춰 실시간으로 이용할 수 있어야 했는데, 당시 상용 프로그램으로는 해결하기 어려운 난제였다.

당시 미국 시장에서는 일부 상용프로그램이 한국원전 기술자립을 위한 후속기준비반의 기대를 어느 수준으로 충족시킬 수 있다는 소식이 들려왔다. 그러나 AE 조직 내 전산실에서 이 상용프로그램 구매에 제동을 걸었다. 후속기준비반이 데이터 통합의 알고리즘을 설계(현재의 ISP와 같은 개념)해주면 전산실 자체적으로 프로그램을 개발할 수 있어 외화를 저감할 수 있다는 주장이었다. 그러나 후속기준비반의 판단은 달랐다. 자체 개발에 너무 많은 시간이 소요될 뿐만 아니라 하루가 달리 성능이 높아지는 상용프로그램 시장을 따라갈 수 없다는 판단이었다. 불편을 감수하더라도 자체 개발보다는 활용 가능한 상용프로그램을 응용하기로 했다. 그 당시 후속기준비반이 구상했던 분산된 데이터를, 소프트웨어 프로그램 플랫폼 구축을 통해 필요에 따른 맞춤형 데이터로 가공하여 생산할 수 있는 상용프로그램 접근이 현재처럼 쉬웠다면 한국원전 PM시스템을 훨씬 고도화시킬 수 있었다는 아쉬움이 남아있다.

3 PM 기술자립의 전략과 전술

'아마추어'가 '프로'를 앞서기 위해 추월선을 선택

한국원전 기술자립의 모태는 영광원전 3·4호기 건설프로젝트였다. 원전건설 프로젝트는 실패가 용납되지 않는 거대한 전쟁터다. 영광원전 3·4호기에 앞선 10호기 건설 모두 선진국 회사가 주도했다. 선진사가 한국원전 건설의 PM 역할을 주도한 것이다. 한국원전의 기술자립 목표 달성을 위해서는 PM 기술자립은 불가피한 선택이었다. 기술자립의 1차 목표는 외화유출 방지를 위한 국산화였지만 궁극적인 목표는 세계 원전시장에 독자적으로 진출할 역량 확보였다. 우리 스스로 우리 수준을 잘 알고 있었기에 PM기술자립에는 AE사를 제외하고는 별다른 관심을 두지 않았다. PM기술과 역할이 주목받지 못했던 배경에는 눈에 보이지 않는 서비스기반 기술이었기 때문으로 해석된다.

한국원전 AE는 선진 AE사의 PM 역량과 시스템을 현장에서 직접 목격하면서 설계엔지니어링 기술과 달리 선진 AE사의 PM 조직과 시스템을 답습해서는 선진 AE사의 벽을 넘어서기가 불가능하다고 판단했다. 추격자 위치에서는 아무리 빨리 달려도 여전히 선진 AE사를 추월할 수 없기 때문에 세계 원전시장에 진출하더라도 선진 AE사의 종속적 위치에 머물 수밖에 없을 것으로 판단했다. 그리고 추격자 포지션에서는 선진 AE사와의 경쟁이 무의미할 뿐만 아니라 발주자의 기대 수준 충족은 고사하고 기대를 넘어설 수도 없다는 현실을 절감했다. 그래서 한국원전은 선진국 산업체의 벽을 넘어서기 위해 PM 기술자립의 포지션을 선진업체와 다른 길, 즉 추월선으로 가는 전략을 선택하기로 했다. 한국원전 고유의 PM 구도 설계와 시스템을 구축하기로 한 것이다.

한국원전 PM 기술자립 전략이 선진기술의 모방이 아닌 독자적 시스템 구축의 길로 들어서자, AE조직 내부는 물론 정부와 발주기관에서 과도한 욕심이라는 비판이 쏟아졌다. 마치 운동경기에서 아마추어가 프로에 도전하면 체급과 경기력 모두에서 뒤지는 결과가 당연하다는 비판이었다. 경험과 실적, 그리고 지식과 시스템 구축이 없는 상태에서 한국원전 최초의 주계약자 프로젝트를 실험대상으로 삼아 망가뜨릴 수 없다고 주장하면서 PM 주도 역할을 선진 AE사에 맡기자는 주장이 우세했다. 후속기준비반에서는 한국원전의 기술독립을 위해서는 PM 기술자립이 반드시 필요하다고 반박했다.

후속기준비반이 과거 4~5년 동안 준비했던 시나리오 기반의 PM 구도와 시스템설계는 추월선에서도 충분히 승산이 있다고 판단했다. 당초 후속기준비반에 파견되었던 기술부서 기술자의 원소속 부서 복귀를 미루면서까지 한국원전 고유의 PM 시스템 구축을 위해 전력투구하기로 했다. 선진 AE사의 PM 복제 및 반복만으로는 한국원전이 세계시장에서 독자적인 경쟁을 펼치기 어렵다는 사실을 부각시켰다. 이런 전략을 선택했던 배경에는 앞으로 서술할 몇 가지 전술이 숨겨져 있었다. 무엇보다 선진 AE사별 고유한 PM 시스템의 강점과 약점을 상당한 수준으로 분석해 놓았기 때문에 자신감이 있었다. 이런 자신감을 바탕으로 한국원전 PM이 주도할 수 있는 계약적인 환경을 입찰안내서 및 계약서에 담기로 했다. 하지만 후속기준비반의 주장과 확신을 신뢰하는 그룹이 많지는 않았다. 발주기관은 물론 AE 사업조직 내에서도 한국원전의 PM시스템 구축이 성공하리라는 예상을 하지 못했다.

어깨너머로 익혔던 글로벌 선진기업의 PM기술

한국원전이 PM 기술자립에 착수할 당시에 얻었던 지식은 대부분 어깨너머로 익혔던 글로벌 선진기업의 발주기관 제공자료였다. 한국원전 시장 진출에 관심을 가졌던 선진업체들이 발전운영사에 수시로 소개 책자를 제공하기도 했고 때로는 직접 설명회까지 개최했다. 선진 AE사가 자사의 역량을 소개한 책자에는 자사의 PM 시스템 브랜드와 함께 조직과 샘플 보고서 일부가 포함되어 있었다. 엔지니어링 기술보다 PM 역량기술에 대한 내용이 더 많이 포함되어 있었다. 아마도 상대가 정부와 발주기관이었기 때문으로 해석된다. 또는 해외 AE사 본부에 OJP로 파견된 기술자그룹이 간헐적으로 보내 준 각종 절차서와 지침서와 기술보고서 등으로부터 PM 관련 자료들을 얻을 수 있었다. OJP 파견기술자그룹이 보내준 자료를 통해 상하 및 수평 조직 간 연관성을 분석했고, 그 결과를 기반으로 절차서와 지침서에 관한 체계도(혈통과 가족관계를 나타내는 족보 성격)를 그려 나갔다. 체계도가 어느 정도 작성된 뒤에는 빠진 부분을 채우기 위해 거꾸로 자료를 추가 요청하기도 했다. 자료 입수가 어렵다면 제목과 목차, 범위와 용도 부문만이라도 서술하여 보내 줄 것을 요청했다.

절차서와 지침서, 월간진도보고서, 공정계획표, 각종 현황보고서 분석 과정에서는 발주기관에 제출하는 각종 보고서 내용과도 대조했다. 분석보고서 작성에 필요한 원자료(source data & information)가 어느 문서에서 생성되었는지를 심층 분석했다. 보고서와 원자료 분석을 통해 해외 AE사의 도움 없이 한국 AE조직이 자체적으로 사업관련 보고서를 작성할 때 필수적인 절차서와 데이터베이스, 그리고 프로그램을 구상하기로 했다. AE조직이 자체적으로 사업 현황을 분석하는 데 필요한 데이터를 제공하는 시스템과 조직, 인력, 그리고 시스템 수요와 수준을 구상하기 시작했다. AE의 기술수준 이상의 역량 구축이 반드시 필요하다는 것을 인식했다.

프로 PM 전문가그룹 양성을 위해 선택한 전술

당시에는 AE기술진보다 PM 전문가가 부족하다고 판단했다. 결론은 PM 기술자립을 위해서는 가장 먼저 AE조직에 PM 전문가그룹을 조기에 양성하는 것으로 나왔다. 교육 및 훈련의 필요성도 절감했고 이 그룹에 PM 기술자립을 위한 계획과 전략개발을 맡겼다. 그래서 경영진은 AE 내부에서 별도 전문가 양성을 위한 인원을 선발하기보다 후속기준비반에 파견된 10인을 PM 교육·훈련 과정에 투입하기로 결정했다.

후속기준비반 중심으로 입수된 자료 분석 및 OJP와 선진 AE사로부터 획득한 지식을 통해 선진 AE사별로 각기 다른 PM 조직과 시스템이 구축되어 있음을 발견했다. 다른 PM 조직과 시스템이었지만 나름대로 원전건설 프로젝트를 성공시키고 있다는 사실도 확인했다. 한국원전 건설의 PM기술 자립을 위해서는 독자적인 PM 시스템을 구축해야 한다는 결론을 내렸다. 어느 한 선진 AE사를 집중적으로 벤치마킹하기보다 엔지니어링 기반의 기업 중 한국원전 시장 진출에 관심은 많지만 국내 시장에 노출되지 않은 미국적의 AE사를 물색하기로 했다. 유럽계 회사의 경우 다수가 발주기관 혹은 1·2차 주기기공급자가 주도하는 형태로 한국원전의 생태계와 차이가 발견되었기 때문에 제외하기로 했다. 후속기준비반은 미국의 AE사 몇 곳을 선정하여 PM 교육 및 훈련을 제공하는 제안서 제출을 요구했다. 그리고 제안서에는 자사의 PM시스템 구조(PM system architect), 조직과 인력, 실적 경험, PM 보고서 샘플 몇 가지를 포함할 것을 요구했다. 제안사가 알고 있는 다른 AE사의 PM시스템과 자사 PM시스템의 강점과 약점에 대한 개략적인 설명도 추가했다. 또한 교육·훈련 제공은 선진 AE사가 하겠지만 과목 설계는 국내사가 주도하고 선택된 과목에 대한 내용을 채우는 것은 제공사가 책임지도록 했다. 교육·훈련 과목은 국내사가 1주 전에 수시로 변경하는 조건을 달았다. 국내 학습 기간을 제외한 선진 AE사 본부에 10주간 약 400시간 교육·훈련하는 것으로 계약을 맺었다. 그리고 국내 AE 내부 후속기준비반의 인력 10명 전원을 파견교육에 참여시키기로 했다.

후속기준비반은 또한 파견 교육·훈련과정에 선진 AE사의 PM 시스템에 접근할 수 있도록 요구했다. 선진 AE사의 PM 시스템 접근을 통해 후속기준비반은 미국 내 어떤 AE사도 통합 PM시스템 구축이 안 되어 있어 데이터 통합이 어려운 상황이라는 것을 알 수 있었다. 하지만 한국원전의 PM시스템은 데이터의 완전한 통합 역량 확보였기 때문에 익힌 지식을 가공하여 우리 스스로가 해결사로 나설 수밖에 없다는 결론을 내렸다. 추월선에 진입하는 과감하고 도전적인 모험이었다. 미국 현지 파견 이전에는 국내후속기준비반 내부에서 가상의 프로젝트를 설계했다. 복잡하지 않지만 7개 기술부서 모두가 참여하는 가상의 프로젝트를 만들고, 해당 프로젝트를 대상으로 공정계획과 추정예산, 설계와 시공 데이터 통합을 수작업으로 시도하여 가상의 PM 시나리오를 개발했다. 국내에서 개발한 가상 프로젝트와 PM 시나리오를 기반으로 상대방 AE 내부 PM 시스템을 활용하여 원하는 성과를 얻을 수 있는지 여부를 검증하기로 했다. 이런 교육·훈련과정 이수를 통해 이론과 실습, 그리고 한국원전 고유의 PM시스템 구축 가능성을 검증해보기로 했던 것이다. 결과는 성공적이었다. 상대방 AE사의 강사진들이 오히려 교육·훈련이 왜 필요했는지 질문해 왔을 정도였다. 강의실 교육과 훈련, 그리고 가상프로젝트를 대상으로 한 실습 과정을 통해 한국원전 고유의 PM시스템을 성공적으로 구축할 수 있다는 확신을 가지게 됐다. 준비 없는 교육·훈련보다 사전에 획득한 지식을 활용한 시나리오 기반 교육·훈련의 효과가 더 크다는 것을 실감했다. 동시에 외국 AE사가 제공하는 프로그램보다 수요자가 요구하는 맞춤형 지식 교육의 효과가 훨씬 높다는 사실이 증명된 셈이다.

엔지니어링과 PM기술 사이의 주도권 갈등

PM 기술자립 계획 수립과정에서 엔지니어링부서와 PM(정확하게 표현하면 당시 후속기준비반)조직 사이에 주도권 갈등이 불거졌다. 현재와 미래, 익숙해져 있는 시스템과 새로운 시스템 구축, 그리고 복제와 창조, 역량 수준 차이로 인해 발생한 갈등이었다. 가장 먼저 불거졌던 갈등은 후속기준비반이 개발하여 제시했던 가상 프로젝트에 사용된 아라비아 숫자와, 기술부서가 익숙해져 있었던 알파벳 사용 간의 논쟁이었다. 한국 AE조직이 입수했던 대부분 선진 AE사의 자료에 표시된 고유명사에는 알파벳이 사용됐다. 예를 들면 'MS(main steam supply system)', 'AB(auxiliary boiler)' 등 알파벳 약자만으로 쉽게 어떤 시스템의 자료인지 확인할 수 있어 편리했다. 하지만 보조빌딩을 나타나기 위해서 전혀 다른 'ZX' 등과 같은 약칭이 사용되어 유추가 불가능했을 뿐만 아니라 데이터 통합 자체도 불가능했다(예를 들면 AB는 auxiliary boiler도 되지만 auxiliary building도 될 수 있음). 통합이 필요할 때마다 시스템이 아닌 수작업으로 별도의 코드를 부여해야 하는 불편이 따랐다. 또한 알파벳 약칭으로는 수직통합을 기반으로 한 정보 요약도 불가능한 구조였다. 후속기준비반은 한국원전이 추구하는 통합 PM시스템과 정보통합 목표를 달성하기 위해서는 아라비아 숫자를 도입(예 : 'main steam supply system'은 '432', 'auxiliary boiler system'은 '451')할 수밖에 없다는 주장을 폈다. 외국 AE사와 다른 접근 방식을 선택 할 수밖에 없다는 논리다.

기술 수준이 미약한 PM의 기술자립을 꼭 지금 해야 하는지에 대한 갈등도 있었다. 선진 AE사에 맡기면 확실한데, 굳이 기술축적이 미미한 PM까지 기술자립 대상에 포함해야 하는지에 대한 기술부서 내부의 강한 의문이 제기됐다. 엔지니어링 기술자그룹에 비해 PM 전문가그룹은 질적·양적으로 모두 열세였기 때문이다. 기술부서 대부분은 선진 AE사의 PM시스템을 일종의 '블랙박스'로 취급했다. 기술수준과 역량, 그리고 역량에 대한 신뢰가 부족했던 것이다. 국내 AE 내부에 강력한 PM 시스템이 구축될 경우 사업주도권을 상실할 수 있다는 의문을 품었던 것으로 추정된다. 이러한 AE 내부의 부정적인 인식이 정부와 발주기관에 전달되었던 것 같다. 특히 발주기관은 PM의 필연성을 이해하면서도 역량 구축에 대한 확신이 없었던 터 였다. 급기야는 발주기관 내부 고위 경영진이 1단계 기술자립 목표에서 PM을 제외시키는 방안을 요구면서 국내 AE의 주도 속도를 늦춰달라는 주문을 하기도 했다. 후속기준비반에 파견된 기술자들이 소속부서장을 설득하기로 했다. 당시 파견기술자들은 소속부서에서 최고 수준의 전문가들이었다. 이미 외국 AE사에 OJP 파견을 통해 기술에 대한 경험과 지식이 축적되어 있었다. 더구나 4~5년간의 팀워크에 더해 외국 AE사로부터 PM 교육·훈련과정을 거쳤기 때문에 기술과 PM 지식이 충만해져 있는 상황이었다. 그 결과, 경영진들을 논리적으로 설득하면서 후속기준비반이 내놓은 PM기술 자립계획의 성공 가능성도 높은 평가를 받았다.

발주기관과 AE조직의 내부 경영진이 한국원전 PM기술자립 계획 및 전략에 동의했던 구체적인 배경은 알 수 없다. 다만 이 과정까지 투입된 기술축적과 미국 AE사 현지 교육, 그리고 다양한 상용프로그램 구입에 투자했던 비용에 대한 매몰 가능성을 우려했던 것이 아닐까 짐작된다. 비싼 대가를 지불한 효과를 보기 위해서는 과감한 도전이 필요하다는 후속기준비반의 주장에 힘을 실어줬던 것으로 예측된다. 이 갈등의 배경에는 'management'라는 용어가 주는 어감이 한몫했을 것으로 추정된다. 그래서 후속기준비반은 'management' 대신에 'control or support'라는 용어를 사용하기로 했다. 한글로는 '프로젝트경영 혹은 프로젝트관리'보다 '사업관리 지원'이라는 용어를 사용하기로 했다. 그 흔적이 36년이 지난 현재까지 남아있는 것으로 파악되고 있다.

한국원전의 독자적 PM시스템 구축 전술

대부분 엔지니어링 기술은 선진 AE사로부터 전수받거나 어깨 너머로 배우고 익힌 기술이었다. 엔지니어링 기술은 수행과정에는 차이가 있어도 기술 자체는 세계 공통이다. 선진 AE사의 기술수준을 넘어서기 위해서는 생산성과 수준을 높여야 했다. 기술의 본질은 바꿀 수 없기 때문이다. 엔지니어링기술은 정답을 유추할 수 있지만 PM시스템과 기술에는 정답이 없다. 선진 AE사의 시스템을 심층 분석하는 과정에서 얻은 결론이었다. 장점과 약점을 동시에 발견하게 됐다. 동시에 선진 AE사 모두 자사가 보유한 PM시스템의 성능 혁신, 특히 수평 및 수직통합에 대한 필요성을 공감하고 있음을 발견했다. 다만 개별 사업에서 느끼는 필요성과 회사 차원에서 판단하는 시기에 대한 차이는 분명해 보였다. 개별 사업에는 당장 실행을 요구하지만 회사경영차원에서는 워낙 고비용의 투자가 필요하고 장시간이 소요됨을 알기 때문에 시기를 결정짓지 못하고 있을 뿐이었다.

PM 기술자립을 위해서는 선진 AE사의 가장 좋은 모델을 답습하는 것이 가장 유리했다. 하지만 이미 선진 AE사의 약점을 알고 있었고 또 상용 소프트웨어 패키지들이 시중에 쏟아져 나오는 현실을 고려했을 때 어느 한 AE사의 모델을 그대로 복제하기보다 한국원전 고유의 PM 시스템 구축이 더 유리할 것으로 판단했다. 통합정보시스템 운영이 가능한 형태로 PM 시스템에 플랫폼 개념(PMIS, project management information system)을 도입하여 개별 모듈(예: 공정관리, 자재추적관리 등)을 추가하는 방식으로 개발해가는 방향을 설정했다. 지금의 데이터 플랫폼과 같은 구상이었다. 기술의 발전 속도에 따라 새로운 모듈이 개발되면 언제든지 'Add on' 할 수 있도록 구축하기로 했다.

전산실과 기술자그룹의 의도와 달리 한국원전 고유의 PM시스템 구축 방향이 발표되자, 곳곳에서 반대의견을 냈다. 하지만 후속기준비반은 4~5년 동안 선진 AE의 PM시스템과 입수된 자료 분석 결과에 더해 국내외 교육·훈련과정을 통해 익힌 지식 덕분에 독자적 모델개발에 확신을 가지고 있었다. 반대자 그룹들을 대상으로 한국원전 엔지니어링 기술은 복제에서 한국 고유 기술 개발로 나아가야만 선진사들을 추월할 수 있다고 설득해나갔다.

후속기준비반은 후속원전 건설과정과 계획을 도식화한 후 수차례의 도상훈련을 통해 기술자그룹의 참여를 유도했다. 이러한 기술자그룹의 도상훈련 참여는 기술자그룹에 한국원전 고유의 PM시스템 개발 가능성을 자연스럽게 인식시킨 기회였다. 엔지니어링 기술의 완전한 복제를 포기했듯이 PM시스템도 복제가 아닌 신규 개발로 가자고 설득했다. 간헐적으로 입수된 선진 AE 자료의 시설 및 시스템 분류 코드(대부분 알파벳 활용)를 숫자로 바꾸는 과정은 굳이 수작업으로 일일이 하지 않더라도 'cross reference table' 프로그램으로 자동 전환할 수 있는 프로그램도 선보였다.

이렇게 국내 AE사와 발주기관의 반대를 넘어섰지만 국내 AE사의 파트너인 외국 AE사의 수용 여부가 남아있었다. 외국 파트너 AE사 선정을 위한 국제입찰안내서(RFP, request for proposal)에 PM 부문 기술과 운영책임은 한국 AE사에 있다는 조건을 명시했다. 이 조건에 동의하는 업체만이 입찰에 응하도록 했다. 한국 AE사가 PM을 주도한다는 사실에 공감하지 않으면서 입찰에 7개사가 응찰했다. 이어 계약우선협상대상자 선정 후 협상 과정에서 PM 주도권에 이의를 제기했다. 그러나 주도권에 걸맞은 책임을 국내 AE사가 맡는 것으로 제시했기 때문에 전면적으로 반대할 수는 없었다. 외부에 알려지지 않았지만 입찰서 평가 시 EPCM 강자보다 엔지니어링 강자에 더 큰 비중을 뒀었다. 국내 시장에 잘 알려진 EPCM 강자는 프로젝트 성공에는 분명 도움이 되겠지만 PM 기술자립에는 오히려 걸림돌이 될 수 있다고 판단했던 것이다. 더구나 가격 면에서 불리하게 작용할 것으로 예상했다.

외국 AE사는 RFP 조건의 변경이 불가능하다는 사실을 협상과정에서 확인했다. 그러나 확신은 하지 못했다. 가장 큰 걸림돌인 엔지니어링 중심의 조직을 설득할 엄두가 나지 않았던 것이다. 6개월간의 협상 과정을 거쳐 계약서에 서명하고 가장 먼저 국내 AE 조직 내 PM 팀을 시카고 본사에 파견해 줄 것을 요구했다. 일종의 선발대였던 셈이다. 본격적으로 엔지니어링 업무를 시작하기 전 준비기간이었다. 후속기준비반 멤버 중 일부가 파견되었고, 시카고 본사 경영진에게 몇 차례 한국 PM 시스템, 특히 설비분류(PBS, physical breakdown structure)와 직능분류(FBS, functional breakdown structure), 그리고 통합정보시스템 구축 방향과 그동안 준비하여 도상훈련을 해왔던 과정 및 시스템을 시현해 보였다. 외국 AE사의 최고경영자(CEO)와 책임자(PMr)가 가장 먼저 동의했다. 실패 시 인지도에 손상이 갈 수 있다는 사실보다 새로운 시스템을 개발하고 실증을 통해 확인해 볼 수 있다는 기회를 더 높게 평가했던 것으로 판단된다. 나중에 안 사실이었지만 외국 AE사는 한 번도 EPCM을 대상으로 한 PM 시스템을 구축하거나 운영해 본 경험이 없었다. 거의 100년이 넘은 회사임에도 창립 이후 줄곧 발전회사의 자회사로 있으면서 엔지니어링과 구매지원 역할만 했기 때문이다. 외국 AE사는 영광 3·4호기 PM 시스템 구축 과정에서 얻었던 실적 경험을 활용하여 자사의 PM시스템을 혁신했다는 소식을 10년이 지난 시점의 재방문 때 확인할 수 있었다. 만약 선진 AE사의 PM 시스템을 복제하는 방향으로 갔다면 현재와 같은 한국원전의 PM시스템 기술 수준까지 도달하지 못했을 것이라는 확신이다.

4 한국원전 PM시스템과 기술의 실체

선진 AE가 시도해보지 않았던 PM 포트폴리오 구축에 도전

한국원전 건설시장에 참여를 원한 선진 AE사 대부분은 자사의 PM시스템 브랜드를 가지고 있었다. 선진 AE사가 PM 시스템 브랜드를 홍보에 적극 활용했지만 내부 갈등도 겪고 있었다. 아날로그 기반 알고리즘과 상용 SW패키지의 유연성이 서로 대립 중이었다. 오랜 기간 축적된 경험자료 DB는 분야별로 수직구조(hierarchal structure)로 되어 있었다. 상용 SW패키지는 수평·수직 모두를 포괄하는 상관관계 DB(relational DB)의 장점을 자사의 마케팅 수단으로 내세우고 있었다. 당연히 사내 실사용자는 물론 발주기관은 수직구조보다 상관관계를 자유롭게 이용할 수 있는 유연성을 선호한다. 상용 SW의 기술고도화로 데이터 통합(integration)은 물론 타 DB와의 연결 운영도 가능한 데이터 융합(convergence) 추세로 발전하게 될 것이라는 주장이 힘을 얻고 있었다.

국내 AE조직 내부의 모든 전산시스템은 전산전담조직이 개발 및 운영하고 있었다. 전산실은 의외로 보수적이었다. 봇물처럼 늘어나는 수요를 감당하기에는 역부족이었다. 시스템 최적화를 위해서는 최소화가 답이라는 논리를 폈다. 전산실이 내세웠던 명분은 자사의 경험자료 축적이 방대하여 이를 상관관계로 DB 구조를 변화시키는 데 너무 많은 시간과 예산이 투입된다는 이유였다. 그러나 속내는 상관관계로 전환하기 위해 데이터의 고유번호는 물론 명칭(naming)과 제목, 키워드 등으로 통합이 가능한 형태로 새로운 프로그램을 개발할 엄두가 나지 않았을 것으로 추정했다. 상용 SW패키지 구매 이용 시전산실이 개발의 주도권을 상실할 것으로 우려했던 것 같다. 겉으로는 PM 브랜드를 내세워 마치 통합시스템처럼 보였으나 내부는 데이터 모듈과 모듈 연결을 수작업으로 처리하고 있었다. 현재와 같은 모듈을 통합할 수 있는 플랫폼 기반이 구축되어 있지 않았다. 후속기준비반은 선진 AE사의 PM 시스템의 약점과 향후 가야 할 방향을 설정했다.

선진 AE사의 PM 시스템 비교 분석을 통해 한국원전 PM 시스템의 구축 방향을 설계했다. PM 부문별 모듈 개발로 방향을 설정하되, 데이터 통합은 수동이 아닌 시스템 내에서 자동으로 이뤄지도록 하는 플랫폼 구도를 구상했다. 통합정보시스템(PMIS)이라는 현재의 플랫폼으로 구상했고 공정관리와 자재추적관리 등의 모듈은 개별 DB를 구축하는 개념으로 설계했다. 데이터는 분산하고, 정보는 필요에 따라 맞춤형으로 공유하는 '분산·공유' 개념을 도입하기로 했다. PM 시스템 구도에 따라 시스템을 구축하는 마스터플랜도 수립했다. 일시에 개발하기보다 우선순위에 따라 '선(先)사용, 후(後)보완'하는 전술을 구사했다. 마스터플랜을 경영진에 보고했지만, 실제 개발은 순차적으로 이뤄지도록 했다.

1) 국내 최초로 프로젝트 전용 인트라넷(intranet) 구축

한국원전 PM 시스템은 발주기관과 AE조직의 연합으로 구축되었지만 사용자는 원전산업체 모두가 접근할 수 있어야 했다. 실체 프로젝트에 참여하는 외국 계약자에게도 접근이 허용되어야 했다. 문제는 공공 발주기관이 구축한 전산 네트워크는 국가기간망이라는 이유로 민간업체의 접근이 허용되지 않는 점이었다. 결국 보안이 문제였다. 이 문제의 해결을 위해서 AE사는 HW와 자체 개발한 SW프로그램을 제공하고 발주기관은 이를 구축하고 인트라넷망까지 구축하는 데 필요한 예산을 제공하기로 했다. 인트라넷을 통해 각사가 접근하여 데이터 입력과 확인 등을 할 수 있도록 했다. 다만 데이터 입력과 확인만 허용될 뿐, 수정은 허용되지 않았다. 인터넷이 활성화되지 못한 상태에서 선택할 수 있는 최선이라고 판단했다.

2) 데이터 통합을 가능하게 만든 시설물/계통분류체계 개발

PM 기술에서 기본으로 인식되어있는 업무분류체계(WBS, work breakdown structure)와 다른 시설물/계통분류체계(PBS) 개념을 도입하기로 했다. WBS가 안고 있는 약점으로 수직통합은 가능하지만, 수평통합이 어렵다는 사실을 파악했기 때문에 내린 결정이었다. 선진 AE사들의 분류체계의 약점이 인프라(infrastructure)와 시스템(system) 사이 통합이 어렵게 되어 있다는 것이었다. 통합의 필요성은 인정하면서도 기존에 익숙해져 있었던 분류체계를 쉽게 변경하지 못하고 있었다. 축적된 기술자료의 빅뱅을 언제 할 것인지에 대한 고민을 오랜 기간 해 왔음을 간파했다. 데이터 통합을 위해서는 PBS를 개별 데이터에 고유번호(ID, identification number)에 넣기로 했다. 고유번호를 통해 데이터 간 연결이 자동으로 이뤄지도록 하기 위한 조처였다. PBS를 이용한 번호체계(PNS, project numbering system)를 구축하여 모든 정보 객체에 고유번호를 부여하기로 한 것이다. 고유번호를 계약조건에 담아 계약자가 제출하는 문서와 정보에 붙이기로 했다. 이 번호를 통해 통합사업정보관리시스템(PMIS)을 구축하여 데이터 통합의 플랫폼 역할을 하도록 설계했다.

3) 공기 준수 버팀목으로 활용한 마일스톤과 통합공정표

국내에서 설계와 시공, 그리고 시운전을 하나의 공정계획에 포함해 이를 CPM 공정표로 개발해 본 경험은 없었다. 후속기준비반은 통합공정표(IPS, integrated project schedule)를 국내 최초이자, 세계원전 건설공정관리상 처음으로 시도하기로 했다. 이런 시도의 배경에는 선진 AE사가 시공만을 대상으로 CPM 공정기법을 사용하고 있었고, 다른 AE사의 경우 설계엔지니어링 공정만을 대상으로 하고 있다는 점이 확인되었기 때문이다. 시공 CPM공정을 지원하기 위한 수단으로 엔지니어링 및 구매공정을 별도로 관리하고 있었다. 한국원전 공정관리에서 마일스톤 공정은 대외 공정현황과 보고용으로 활용하면서 내부적으로는 마일스톤에 따라 IPS가 개발되도록 했다. 사업내부에서는 모든 공정관리와 회의, 그리고 조처 사항이 IPS 중심으로 이뤄지도록 했다. IPS 개발은 일정 결정의 경우 마일스톤을, 시공순서와 연관관계는 기기배치도(GAD, general arrangement drawing)와 콘크리트 계획도(COD, concrete outline drawing)를 각각 기준으로 했다. IPS 개발팀은 GAD와 COD을 심층적으로 분석했다. 시공순서와 우선순위, 그리고 기기이동경로를 고려하여 작업순서를 치밀하게 설계했고 시공경험을 갖춘 기술자를 투입했다. IPS를 원전건설의 공정관리 중심에 두기로 했다. 공정관리는 철저하게 수평 및 수평통합이 가능하도록 했다. IPS 개발에 많은 인력이 투입되었지만 운영단계에서는 최소 인력이 투입되도록 했다. 공정관리를 위한 공정팀만의 성과물이 되지 않기 위해서였다. 자연스럽게 IPS 내 액티비티 개수를 호기 당 최대 1만 개 이하로 설계하도록 했다.

4) IPS를 지원하는 '엔지니어링 공정관리시스템' 구축

한국원전의 공정관리는 철저하게 시공공정을 지원하는 역할로 설계했다. 시공순서, 정확히 말하면 착공 시점에 맞춰 필요한 도면과 시방서를 공사현장에 제출하도록 하는 공정표를 개발하도록 했다. 엔지니어링 공정은 엔지니어링 성과물(예: 도면, 계산서, 시방서, 보고서, 매뉴얼 등)에 고유번호가 부여되어 현장 도착 요구 일정(issue for construction date)이 정해지도록 했다. 국내 건설과 달리 모든 도면은 낱장 단위로 고유번호를 부여하여 관리하는 시스템을 기본으로 정했다. '시점'보다 '종점'을 중시했다. 결정된 종점에 맞추기 위해 착수, 내부 검토, 시공성 검토, 시공용 발행 등 다섯 단계별로 계획 일정이 IPS로부터 추출되도록 설계했다. 다섯 단계별로 진척률이 자연스럽게 산출되도록 조처했다. 이를 통해 국내 최초로 엔지니어링 공정과 인력투입량을 연계시키는 'EVM(earned value management)'를 구축했다. 설계엔지니어링 성과물별 일정과 책임자가 지정되어 있기 때문에 모든 기술자는 자신이 생산해야 할 성과물과 제출해야 할 일정, 그리고 성과물 작성에 배정된 인력 규모를 정확하게 파악할 수 있도록 개발되었다.

5) 사업현황을 계량적으로 추정하는 '진도산정시스템' 구축

공정계획 기반의 공정표는 일정(date와 duration) 관리가 가능하지만 업무량(quantity)을 파악하는 데는 약점이 있다. 이 문제를 해결하기 위해 사업 총괄 사령탑이 파악할 수 있는 작업량 계획과 실적을 비교할 수 있는 사업진도율(project progress calculation)을 %로 표시하는 시스템을 개발했다. AE과 구매, 시공과 시운전 등 사업단계별 특성을 고려하되, 최대한 객관적으로 확인 및 평가가 가능하도록 했다. 엔지니어링 진도율은 미국 에너지성(DoE)과 선진 AE사가 제시한 기준과 인력 투입 기준으로 단계별 산정이 자동계산될 수 있도록 했다. 구매는 주요기기 패키지의 진행단계(입찰안내서 발급에서 현장 도착까지 약 12단계)별로 진도율이 산정되도록 했다. 시공 공정률은 개별기기와 대량 소요자재를 구분하여 진도율이 산정되도록 했다. 개별기기는 현장 도착부터 설치시험이 종료될 때까지 모두 8단계로 진도율이 산정되도록 했고 대량소요자재(bulk materials)는 계획물량 대비 실제 설치물량으로 진도율이 산정되도록 했다. 단위가 다른 공정률은 소요예산 비중을 가중치로 하여 통합하도록 하는 시스템을 구축했다. 최대한 작업량과 진도율이 일치하도록 개발했다. 비전문가 혹은 외부기관이 쉽게 이해할 수 있도록 개발한 보고용 목적이었다.

6) 미완성에 그친 '투자비 산정'과 '예산관리시스템' 구축

PM의 관리 대상 중에서 시간(time)과 원가(cost)는 기본 중의 기본이다. 한국원전 PM시스템의 미완성으로 인해 남아있는 예산의 관리는 정부의 회계관리를 위한 예산항목 번호와 구분, 발주기관의 회계 및 예산관리, 프로젝트의 원가(cost) 산정과 예산배정(budget)과 예산관리(accounting) 사이의 호환성 부재로 인해 초기에 상당한 혼란을 겪었다. 시스템 개발기간이 경과하면서 프로젝트 단위의 사업비 추정(estimating)과 관리(cost control)가 운영될 수 없다는 사실을 인식하기 시작했다. 정부와 발주기관의 회계 및 예산관리 기준으로는 프로젝트 사업비의 추정과 원가관리 이론의 수용이 불가능하다는 판단을 내릴 수밖에 없었다. 다만 선진 AE사로부터 입수한 사업비 경험자료와 AE조직 내부의 사업비 추정시스템으로 DB를 구축하긴 했지만 PBS로 예산을 배정(budgeting)하는 단계까지는 도달하지 못했다. 설계변경 시 사업비 증감 추정을 위해서는 배정된 예산과 공정을 연계해야 했지만 정부 회계규정과 호환시킬 방법이 없었다. 선진 AE사는 이런 사실을 이미 파악하고 있었지만 국내 AE조직에는 알려주지 않았다. 또한, 선행호기에서도 발주기관은 원가 및 예산관리 부분이 PM 업무범위에서 제외되는 듯 무관심하게 대응해왔다. 이 부분은 2022년 현재까지도 한국원전 PM시스템에 여전히 미완으로 남게 되었다.

7) 설계엔지니어링-구매-시공공정을 통합한 '시공패키지시스템' 구축

엔지니어링 공정관리는 성과물 기반의 데이터베이스를 통해 개별 성과물 단위로 관리되고 성과물별로 IPS가 요구하는 일정을 맞추도록 설계했다. 동시에 AE에 필요한 공급자 설계정보를 취득하기 위해서는 구매요구서가 발행되어야 할 일정을 사전에 구매책임자에게 전달할 수 있어야 한다. 구매일정은 AE에 필요한 기기설계정보, 그리고 IPS가 요구하는 설치일 이전 3개월간의 일정에 맞춰 현장에 도착하도록 설계했다. 구매일정은 책임자 주관이 아니라 AE과 시공공정에 의해 좌우되도록 설계됐다. 설계와 구매, 그리고 시공일정을 연결시키는 매개체로는 한국원전 PM시스템의 하부에 별도 모듈인 시공패키지관리시스템(CAPS, construction activity package system)을 구축했다. CAPS는 공사현장 시공 일정에 설계와 구매 일정을 맞추도록 만든, 강력한 시스템이었다. 설계도면 중 시공과 직접 관계된 'physical drawing'에는 반드시 관련 IPS에 액티비티 번호가 부여되도록 설계했다. 이를 통해 도면이 공사현장에 도착돼야 할 날짜를 정확하게 인지할 수 있도록 했다. 원전건설은 설계와 시공이 동시에 진행되는 'fast-track' 방식으로 인해 설계변경 빈도가 높다. 설계가 변경된 사실을 공사 현장에서 간과할 경우 재시공을 해야 하고 이 때문에 공기지연과 공사비 증가에 대한 위험 부담이 높다. 시공이 착수되기 전 CAPS를 통해 공사계약자가 가장 최신의 도면이라는 사실을 확인할 수 있도록 만들어 재시공을 사전에 차단할 수 있도록 조처했다. 이 CAPS는 국내 산업체들에게 익숙하지 않은 시스템이다. 건설 프로젝트에 fast-track 방식을 도입하는 경우 선진사는 대부분 이와 유사한 시스템을 도입하고 있는 것으로 사전에 확인했다.

8) 구매-시공-시운전을 통합한 '개별기자재추적관리' 모듈

원전건설에 투입되는 자재는 3종류로 구분된다. 콘크리트, 소구경 배관, 철골부재 등 대량으로 소요되는 자재(원전에서 이를 bulk materials로 호칭)와 펌프, 밸브, 가공 배관(spool) 등 주문을 통해 제작되며 고유번호를 가진 기자재, 그리고 공사현장 소모성 자재 및 가설재 등 3종류다. 개별번호를 부여하여 관리하는 자재(원전에서는 이를 통상적으로 'tagged material'로 호칭)는 대부분 기성제품이 아니라 주문을 통해 생산되는 기자재다. 한국원전 PM 시스템의 모듈 중 가장 많은 정보를 가지고 있으며 설계와 구매, 시공과 시운전, 그리고 운영단계로 이어지는 모듈이다. 모든 개별기자재는 계통도(system drawing)와 기기배치도(general arrangement drawing)에 표시된다. 개별기자재의 이력관리를 위해 한국원전 PM 시스템에서 MTS(material tracking system)는 독립 모듈로 구축되었다. MTS 구축 당시 분산된 각종 정보를 자동 추출할 수 있으리라는 판단을 했다. MTS 내 모든 기자재는 고유번호가 부여된다. 개별기자재는 약 50개 정도의 정보(예: 도면, IPS, 좌표, 현장 도착 예정일 등)를 가지게 된다. MTS의 최초 입력은 AE가 작성하는 계통도에서 자동 추출되도록 구상했다. 그리고 IPS와 CAPS로부터 구매요구서 발급과 현장 도착 요구일자를 자동 추출할 수 있으리라는 가정으로 설계했다. 당시 상용 DB 소프트웨어 중에서는 이를 수용할 수 있는 패키지를 구매할 수 없었다. 수작업으로 필요한 정보를 생산하여 MTS에 입력해야 했다. 한번 입력하면 MTS를 통해 기자재 구매에서 누락된 자재의 확인은 물론 계통별 시운전 준비 상태도 확인할 수 있게 설계했다. MTS는 설계와 구매, 시공과 시운전 등 4단계를 통합할 수 있도록 설계했다. MTS 정보를 통해 공사현장의 개별기자재 설치 현황을 정확하게 파악할 뿐만 아니라 공사현장에 자재가 도착하면 보관되는 창고와 설치 위치까지 확인할 수 있다. MTS에 입력되는 주요 자재는 밸브, 펌프와 모터, 열교환기, 가공 배관(spool)과 지지대, 기계 등 10여 종이었다. MTS 내 주문기자재는 공급자 정보까지 포함하고 있어 운영, 유지보수 시 활용할 수 있도록 설계했다.

9) 공사현장 설계 성과물 관리 모듈

공사현장 상주설계사무소(FDEO)에서 AE가 생산하는 상세도면(소구경 배관 및 지지대, 냉난방 설치, 전선 지지물 등)을 개별로 관리하기 위해 일종의 인덱스 DB를 구축했다. 공사현장 독립 모듈로 명칭은 'DECOL(detailed engineering control log)'로 부여하여 관리했다. 공사현장 사무소에서 생산하는 모든 상세성과물에는 고유번호와 함께 상세도면의 근거가 되는 본사설계도면 번호가 입력되어 있다. 본사의 설계도면에 변경이 발생할 경우 현장 DECOL에 그 즉시 변경 사실이 통보되도록 설계했다. 현장 상세설계도면의 변경에 대한 이력관리가 체계적으로 기록되도록 했다. 이 상세도면은 해당 공사 완료 시 준공도면으로 바뀌어 발전소 운영단계로 이관되는 구조로 설계됐다.

10) 문서관리 문화를 혁신시킨 '문서관리센터(DDCC)' 구축

원전건설에 참여하는 주체는 다양하다. 이들 다양한 주체가 개별적으로 생산 및 송·수신하는 문서 종류와 성격은 그 이상으로 다양하고 많다. 규제기관에서는 이들 문서를 누구나 원하는 시간에 검색 및 재생할 수 있도록 규정되어 있다. 이런 목적 달성을 위해서는 거대한 문서보관 창고에 더해 언제든지 편리하게 접근할 수 있도록 개별번호와 보관장소까지 실시간으로 검색할 수 있어야 한다. 문서관리시스템은 기술보다 방대한 행정업무가 필요하다. 이를 해결하기 위한 문서관리시스템을 구축하기로 했다. 문서관리센터 구축은 PM 시스템 영역에는 포함하지 않았다. 기술에 비해 행정업무가 과다했기 때문이다. 또한, 외부기관과의 문서 송수신량이 상당하여 이를 PMIS에 포함하기에는 당시 SW 및 HW 성능이 한계가 있었다. 다만 상용 SW 프로그램의 성능이 고도화될 경우 PMIS 내 한 모듈로 추가할 수 있다고 판단했다.

AE조직이 생산하는 기술문서(예: 도면, 시방서, 매뉴얼 및 보고서 등)는 물론 행정문서(예: 계약문서와 기관 간 문서 등)를 중앙에서 집중관리할 수 있는 시스템을 구상했다. 선진 AE사 내부 사업조직에서 운영하는 문서관리시스템을 심층 분석했다. 기술자그룹이 기술직무 외 행정업무에 소모하는 시간을 줄이고 보관장소의 파편화로 인한 사무실 공간 과다 점유 등을 방지하기 위해 중앙문서관리센터(DDCC, drawings & document control center)를 설치하고 있었다. 매일 오전·오후 1회씩 엔지니어링 사무실 각층을 돌아다니면서 기술자 책상에 놓인 문서를 수거하거나 혹은 접수된 문서를 배달하는 행정업무를 하고 있었다. DDCC에 접수된 문서는 번호 부여와 함께 표지에 처리 일자가 명기된 경우 이를 'action list'에 등재하여 개인에게 통보한다. 처리할 책임을 가진 기술자 혹은 부서장은 반드시 처리 상태를 DDCC에 알려주도록 했다. 처리 시간을 사전에 주기적으로 통보할 뿐만 아니라 처리일이 경과되면 해당 기술부서책임자와 사업책임자에게 통보되도록 시스템을 구축했다. 현재와 같은 데이터 파일형태가 아닌 실제 문서가 대세였던 당시에 기술자의 직무시간 확대를 위한 행정지원 서비스였던 셈이다. 매일 'desk to desk' 문서 송·수발 카트를 운영하고 있었다.

우리도 프로세스를 심층분석하여 AE 사업조직 내 DDCC를 설치, 운영하기로 했다. 내부에서 생산된 기술문서를 DDCC에 접수하면 DDCC에서 접수된 문서번호를 통해 어느 부서, 어느 기술자에게 전달해야 하는지 확인할 수 있도록 했다. 문서번호에 설비분류(PBS), 기능분류(FBS), 조직분류(OBS, organizational breakdown structure)가 포함되기 때문에 접수와 동시에 보관장소, 내부 배부처, 외부 배부기관 등을 알 수 있도록 했다. 기술문서의 목록(index) 관리는 엔지니어링관리부서의 일정과 배당 인력량(man-hour) 데이터를 포함하지만 실제 물리적 보관과 검색, 재생은 DDCC에서 일괄 처리하도록 했다. 외부로 발송되거나 외부에서 접수되는 문서 중 기술문서(예: 공급자 설계정보, 기술협회 문서 등)는 모두 DDCC에 접수 시 문서번호를 부여하도록 했다. 현재와 같이 전자문서파일 형태의 활용이 가능했다면 행정업무 부담을 상당한 수준으로 저감했으리라는 판단이다. 당시 사업행정(PA, project administration)에 소요되는 인력량이 AE 전체에서 차지하는 비중만 30%에 이를 정도였다. 국내에서는 익숙하지 않았지만 기술자그룹의 행정업무 부담을 덜어주기 때문에 이 방법이 비용 측면에서 훨씬 효율적이라는 사실은 나중에야 실감했다. PA 업무의 인력투입량은 많지만 특별한 기술을 필요로 하지 않는 직무여서 인건비 측면에서 기술자와 비교할 수 없는 수준이었기 때문이다. 이런 측면에서 PA 업무를 기술자그룹에 부담시키는 관행은 파괴되어야 한다.

발전소 준공과 동시에 문서관리센터에 보관된 기술문서는 발전운영사의 기록보관서로 이관하게 되어있다. AE조직이 DDCC에 보관하는 문서는 향후 기술적인 하자나 혹은 계약적 분쟁 발생 시 증빙 혹은 원인분석에 사용할 수 있는 근거자료가 된다. 국내 건설산업계의 허술한 문서 및 기록관리 관습을 타파하기 위해서라도 대규모 건설사업에 DDCC 개념을 도입, 활용하면 상당히 유용할 것 같다. 특히 해외 건설사업에서 기록 부재로 인해 피해를 보는 국내 건설 및 엔지니어링 산업체들이 도입할 가치가 충분하다고 판단된다.

기술자립 목표 달성에서 간과된 PM시스템의 미완성

한국원전 건설에서 생산되는 결과물과 관련한 기술자립 계획은 목표를 달성했다. 완성된 결과물이 있었다. 공사 준공 및 상업적 가동 진입과 동시에 모든 성과물은 준공 상태(as-built)로 기록저장소로 이관되기 시작한다. 기록저장소는 원전 수명 기간 내내 검색하고 재활용할 수 있도록 설계됐다. 성과물 혹은 목적물은 가시적인 형태로 기록저장소를 통해 언제든지 확인할 수 있다. 이러한 자료는 경험자료로서 향후 활용 가치가 높다. 이에 비해 원전건설 PM에 사용된 시스템과 데이터의 준공 상태는 반영되지 않았다. 초기 시스템 구도에서 구상했던 완벽한 통합데이터 PM 시스템 구축이란 목표는 달성되지 못했다.

한국원전에 대한 기술전수를 주도했던 미국의 AE사는 자사의 독립 시스템을 통합시스템으로 전환하는 조처를 취했다. 수평 및 수직 통합을 목적으로 한 시스템 혁신에 착수한 것이다. 또한, 최초로 국내사가 주계약자로 나선 프로젝트에서 파트너였던 선진 AE사는 영광 3·4호기 PM 시스템 및 운영과정을 모니터링하면서 미국 내 본사의 PM 시스템을 완전히 혁신하는 모델을 선택하기로 했다. 이러한 사실은 1997년 10월 시카고 본사의 재방문 때 파트너사의 CEO를 통해 알게 된 사실이다. 기술그룹이 축적과정을 통해 지속적으로 기술발전을 거듭한 반면 최초로 구축했던 PM 시스템은 그 자체로 만족하는 수준에 머물렀다. 후속 원전에 반복 사용했지만 상용 SW패키지 성능 고도화의 장점을 제대로 살리지 못한 아쉬움이 컸다. 어느 한 수준에서 만족하며 머무는 것은 기술과 정보시스템의 변화 속도를 외면하는 것이기 때문에 PM 시스템의 만족도보다 매너리즘에 빠지게 만들 뿐이다. 이런 사실은 UAE 바라카원전에서 한국원전의 PM 시스템이 제대로 활용되지 못했다는 사실로도 확인이 되는 아쉬움이다.

5 한국원전 PM시스템과 기술의 글로벌 수준

기술 기반환경을 주도했던 그림자 PM 전술

AE 조직이 기술자립과 사업계획 수립을 주도했다. AE 조직 내에서도 엔지니어링 사업책임자(PMr, project manager)와 발주기관의 총괄사업책임자(PD, project director)를 지원하는 조직(PCS, project control service)이 전체 사업계획 수립을 지원하는 구도였다. 사업 외부 및 내부의 대표자는 양 기관의 사업책임자였지만 이들을 지원하는 PM 역할은 외부에 잘 노출되지 않는 그림자처럼 숨겨져 있었다. 당시 PM 서비스 역할을 집안의 설거지와 청소에 비유하기도 했다. 설거지와 청소를 당연한 일로 생각하지만 하지 않았을 때 반드시 표시가 나고, 필요하다는 것을 알게 되는 것과 같기 때문에 일종의 별칭처럼 인식되었다.

PM 서비스 역할을 강조하여 전면에 노출할 경우 기술자그룹과 발주기관의 자존심을 자극할 개연성이 높다고 판단했다. 불필요한 마찰을 피하기 위해 그림자 역할에 머물게 했다. 사업책임자가 주관하는 모든 회의에는 반드시 PCS 책임자가 동석하게 했다. 사업관련 회의 전에 반드시 사업책임자에게 회의에서 다뤄져야 할 주요 이슈를 미리 알려주는 체계를 구축했다. 사업과 관련된 모든 정보는 반드시 PMIS를 통해 생산된 정보를 기반으로 했다. AE 조직 내 기술부서의 부서장을 보좌하면서 PM팀과 연결고리 역할을 하는 기술기획가(EP, engineering planner)를 지명하도록 했다. 사업 및 엔지니어링 수행계획 수립 시 기술과 PM을 연합시키기 위해서였다. 후속기준비반 파견기술자가 대부분 원래의 기술부서로 돌아가지 않아 별도로 EP를 지명하도록 했다.

그림자 PM 역할이 기술과 PM 프로세스를 연결하는 결정적 기여를 했다는 평가다. 국내 보편적인 건설관리 혹은 사업관리와는 다른 접근 방식이었다. 기술기반 사업 및 기술자립 계획이라는 측면에서는 한국원전 PM의 그림자 전략이 훨씬 효율적이었다는 사후적 판단이 가능한 부문이다.

프로젝트 성공으로 증명된 PM 기술자립 목표 달성

PM 기술자립을 어느 한 기관의 책임으로 배정하지 않았다. AE 조직은 PM 기술자립을 당연하게 생각한 반면 발주기관은 물론 정부도 계약관리의 한 부분으로 인식했던 탓이었다. AE 기술자립 목표 달성은 대상이 되는 영광원전 3·4호기 프로젝트 성공과 연결했기 때문에 프로젝트 성공으로 PM기술도 기술자립 경지에 도달했다고 평가했다. 이처럼 엔지니어링 기술자립이 인력과 절차서 등 문서, 그리고 필요한 SW프로그램 확보를 기반으로 계량적 평가를 받은 반면에 PM 기술자립은 발주기관의 주관적인 판단을 근거로 했다. 실제 프로젝트 진도율과 PM 기술자립 진도율을 동일시했던 이유다.

AE조직 내부의 PM 부서 판단은 달랐다. 완벽한 PM 시스템 구축을 기술자립의 목표로 삼았다. 완벽한 시스템 혹은 만족할 만한 수준의 PM 시스템 구축을 위해 투자를 지속했다. 외부에 보고된 PM 기술자립 달성 수준과 AE조직의 내부 평가는 상당한 차이가 있었다. AE 조직 내부에서는 기술자립보다 국제경쟁력 차원으로 접근했기 때문에 불가피한 차이로 해석했다. '만족'보다 '끊임없는 도전'을 선택했다.

PM시스템 알고리즘 설계와 미완의 시스템

후속기준비반이 4~5년 동안 준비해 왔던 한국원전 주도의 첫 원전건설 역할 분담과 실행계획은 보고서에 담았고, 실제 진행단계별 시나리오는 PM 시스템에 담았다. 보고서는 시뮬레이션이 도상으로만 가능(이를 당시에는 'CPX'로 호칭)했지만 PM시스템에서는 모듈별 다양한 변수를 수정해가면서 시뮬레이션이 가능했다. 모듈과 모듈 사이 데이터를 추출하여 PMIS를 통해 가공할 수 있어야 했는데, 이 작업이 사용 SW프로그램의 성능 및 컴퓨터 HW용량의 미달로 실현하지 못했다. 당시 하루가 다르게 변해가고 있던 컴퓨터 SW 및 HW 성능의 혁신 속도를 고려하면 한국원전에서 준비했던 PM 시스템 알고리즘이 충분히 실현 가능할 것으로 판단했다. 엔지니어링 도면에 나타나는 모든 기자재(tagged material)는 자동으로 자재추적관리시스템(MTS)에 입력이 되도록 알고리즘을 설계했다. 개별기자재가 나타나는 시스템 도면(당시 시스템 계통도, P&ID)과 기자재가 놓이는 위치도(기기배치도, general arrangement drawing)의 좌표가 입력되면 종합공정표인 IPS의 액티비티 번호가 부여되도록 알고리즘을 설계했다. IPS에 따라 기기별 입찰 공고시기와 현장 도착일이 결정되는 구조다.

알고리즘 설계에 그친 PM 시스템 구축이었지만 당시로서는 획기적이었다. 설계변경으로 도면이 수정되거나 공사일정이 변경되면 IPS로부터 새로운 일정이 부여되는 구조였다. 물론 변경된 데이터 정보는 화면에 다른 색(당시, 빨간색)으로 표시해 사용자에게 통보되도록 하는 체계였다. 준공 이후는 운영단계에서 유지관리 할 때도 이 데이터가 그대로 활용될 수 있도록 설계했다. 당시 설계한 알고리즘은 PM 시스템까지는 구현하지 못했지만 현재도 여전히 유효한 설계다. 프랑스 남부 까다라쉬에 건설 중인 국제핵융합실험로 구축사업에 도입된 변화관리시스템(CMS, configuration management system)에는 사물인터넷(IoT)이 활용되고 있는데, 그 당시 설계했던 구조와 유사하다는 것을 지난 2018년 확인할 수 있었다. 기술의 발전으로 한국원전 PM 시스템설계의 알고리즘을 살릴 수 있을 것으로 기대했고, 이를 통해 한국원전의 PM 시스템을 완성할 수 있겠다는 확신이 들었다.

같은 관리, 다른 역할로 설계된 PM시스템과 기술

선진 AE사는 관리(management)와 통제(control) 역할을 명확하게 구분하고 있었다. '관리'는 계획과 실행, 모니터링 및 조치 등 사이클 직무구조 전체를 책임지는 역할이다. 이에 반해 '통제'는 계획, 계획과 실행간 비교 분석 및 예측, 필요한 조처 발굴 역할까지는 하지만 조처에 대한 의사결정권이 주어지지 않는 역할이다. 공항에 비유하면 항공기 기장의 역할이 '관리'라면 관제탑 내 관제사 역할이 '통제'인 셈이다. 관제사는 계획(planned)된 데이터를 분석한 결과를 기장에게 보고하여 정상적인 항로의 운항과 이착륙을 유도하는 지원 역할을 한다. 관제사로부터 통보받은 데이터를 그대로 수용할지는 기장의 고유한 판단으로 결정한다. 의사결정 권한과 책임에 따라 관리와 통제 역할이 달라지는 구조다.

한국원전에서 관리기능은 발주기관이, 통제기능은 AE조직이 각각 책임지는 구조로 설계했다. AE조직 내부에서는 통제라는 한글의 어감이 감시 혹은 명령이라는 이미지를 줄 수 있다는 판단에 따라 사업관리지원(PCS)으로 명칭을 편집해서 사용하기로 했다. 해외시장 진출 시 한글을 영문으로 풀이할 경우 상이한 영어 단어가 될 가능성이 높은 문제가 있다. 한글에서는 관리라는 용어로 사용될 수 있어도 역할이 다름을 달리 표현할 수 없는 한계가 있었다.

'예행연습'에서 '실전무기' 개발로 전환

후속원전을 건설하기 위해 준비반조직을 출범시켰다. 한국원전이 최초로 주계약자로 나섰던 영광원전 3·4호기 계약 이전까지 후속기준비반이 사업수행계획 수립 및 예행연습을 했던 자료는 미국 AE사가 주도했던 고리원전 3·4호기와 영광원전 1·2호기의 것이었다. 미국 본사 사무소 OJP 및 국내에 전달된 자료를 기반으로 후속원전 건설을 위한 사업계획 수립과 PM 시스템 알고리즘을 설계했다. 후속원전이 동일한 AE, 동일한 설계, 동일한 1·2차 계통으로 건설될 것이라는 점을 전제로 해서 수립했다. 그러나 시뮬레이션 과정에서 만약 AE의 설계개념과 1차 혹은 2차 계통공급자가 달라지고 원전건물의 배치 변경은 물론 구조물의 종류와 시스템설계가 완전히 달라질 경우 준비하지 못할 수 있다는 문제가 불거졌다. 이때부터 복제가 아닌 창조로 가야 상황변화에 대응할 수 있다는 주장이 제기됐다. 전체 시스템을 복제개념으로 설계하는 방향과 그동안 개발되었던 시스템 구조를 완전히 새롭게 바꾸기로 했다. 완벽한 시스템 구성보다 분야 및 공종(commodity)별 표준적인 설계와 시공모델을 개발하기로 방향을 선회했다. 이 표준모델은 후속원전의 AE와 1·2차 계통공급자가 결정될 경우 최대한 활용하는 원칙으로 수립했다.

기술자립의 모델 및 대상이 될 외국 AE사와 1·2차 공급자가 결정되면서 선행호기와 완전히 다른 계통설계와 건물배치가 불가피했다. 예행연습으로 얻었던 표준모델은 실용성이 높았지만 AE 프로세스와 성과물은 완전히 다르게 갈 수밖에 없었다. 예행연습에서 얻은 지식을 실전에 사용될 PM 시스템개발에 활용하기 시작했다. 초기 엔지니어링 대부분을 외국 파트너 AE사가 주도했던 것과 달리 예행연습 과정을 거쳤던 PM 시스템 구축 알고리즘부터는 국내 AE가 주도하기 시작했다. 실전무기 개발을 처음부터 한국원전이 주도했던 셈이다. 다행스럽게도 외국 파트너 AE가 EPCM을 커버할 수 있는 PM 시스템 구축과 운영에 대한 경험이 없어 그라운드 제로에서 출발할 수 있었다. 외국 파트너사에 기술부분 및 공종별 실전 경험이 풍부한 기술자그룹이 참여하여 한국원전 PM 시스템 구축의 완성도를 높일 수 있었다. 후속기준비반이 4~5년 동안 예행연습 및 교육·훈련 과정을 거치지 않았다면 한국원전의 PM 시스템 구축은 전혀 다른 모습으로 설계되었으리라는 추정이다. 외국 AE사 주도로는 국내 시장에서 실용성을 확보할 수 없어 PM기술자립은 성공할 수 없었을 것이라는 판단이다.

기술과 PM의 연합

한국원전의 PM시스템 및 기술은 엔지니어링 및 공사기술에 기반을 뒀다. PM시스템이 기술과 무관하게 독립적으로 개발 및 운영되지 않았다는 것이다. AE 조직 내 PM 및 PCS팀은 대부분 기술부서에서 엔지니어링 직무를 수행한 경험을 가진 기술자로 구성했다. 전체 사업에 대한 진행 프로세스는 물론 설계와 시공, 시운전 프로세스에 대한 지식과 경험을 충분히 갖춘 인력을 투입했다. 자발적인 지원자가 많았지만 부족한 기술부서는 소수의 기술자를 강제로 차출하는 형식으로 배정했다. 이유는 기술과 PM 시스템을 연합해야 실용성이 있다는 사실을 간파했기 때문이다. 이러한 결정의 배경에는 선진 AE사의 사업책임자와 사업책임자를 지원하는 PM 조직 내 인력이 대부분 기술부서 출신이라는 사실 파악이 있었다(원전건설 사업의 사업책임자는 대부분 토목구조기술부서 출신이었고 마무리는 기계 혹은 핵공학기술부서 출신이었음).

공정표 개발 이전의 공정계획을 수립하기 위해서는 원전의 발전계통 지식은 물론 사업과 단계별 진행 프로세스의 이해, 그리고 도면과 시방서 해독이 필수였다. 기술적 지식과 경험이 부족하면 계획 수립 자체가 부실하게 되고 사용자도 외면하게 된다. 특히 IPS 개발 이전에 기기배치도와 구조물 도면은 거의 암기할 수준으로 심층 분석했다. 설계도면이 변경될 때마다 IPS에 영향을 미치는지 수시로 파악하고 있었다. 실제 건설현장에서는 발주기관의 현장 공사관리부장과 공사계약 책임자가 선행 호기 경험을 기반으로 구상했던 작업순서와 새롭게 제공되었던 IPS 작업순서에 차이가 있다고 주장하기도 했다. IPS 작업순서와 일정 수정을 주장했다. AE 조직 내 PCS 공정팀에서 분석한 결과를 토대로 도면과 함께 IPS 내 표준 작업순서도를 내놓자, 곧바로 주장을 포기하고 IPS 순서와 일정을 따르기로 합의했다. 만약 기술과 PM 시스템을 분리했다면 공정계획 및 공정표가 무용지물이 될 수 있었다. 국내 건설현장에서 계약용으로 제출하는 공정표가 실제 공사 진행과 무관하게 작성되는 현실은 공정팀과 공사팀의 역할이 완전히 분리되었기 때문에 나타나는 현상으로 해석된다. 공정표를 성과물로만 인식하고 실제 공사 순서와 일정관리에는 사용하지 못하는 국내공사 현장의 현실은 반드시 개선할 필요가 있다. 기술자그룹은 'scope'와 'why, who, and how'에 초점을 맞추지만, PM 그룹은 'what, who, when, where'에 중점을 두는 차이가 있다. 5W1H를 분리해서 생각할 수 없는 것이 원전건설의 PM 시스템이다. PM 시스템 구축에서 5W1H의 역할과 중점 분담은 기술과 PM을 연합시키는 데 필수적으로 고려되어야 할 사항이다. 이는 선진 AE사 모두 PM 그룹에 경험이 풍부한 기술자그룹을 배치하는 이유이기도 하다. 한국원전 최초의 PM 시스템 구축과 운영은 선진 AE사의 인력 배치 기준을 그대로 준용했던 것이다.

의도된 시행착오와 준비된 대응

엔지니어링 기술을 앞세운 AE였지만 때로는 그림자 역할을 하는 PM시스템의 필요성을 간과하거나 때로는 지원 활동을 당연시하는 경향이 나타났다. 공기나 물과 같아 평소에는 가치를 느끼지 못하지만, 산소 혹은 물 부족 시 반드시 찾게 된다. 그리고 찾더라도 고마움보다는 일종의 해프닝으로 치부하는 경우가 대부분이다. 그림자 위치에 PM 역할을 하도록 설계되었지만 PM 및 PCS 조직 내에서는 격무로 인해 소속부서로의 재배치를 요청하는 빈도가 늘어날 정도로 의기소침해질 때가 많았다. PM 시스템 구축 및 운영의 책임자로서는 부서 직원들의 존재가치를 부각해야 할 필요성이 있었다. 의도적으로 PM 시스템 가동을 일시적으로 멈추거나 혹은 데이터 정보 수정을 틀리게 만들어 일선의 기술자그룹을 당황하게 만들기도 했다. 평상시에는 당연하게 이용했던 PM 시스템 정보가 가동을 멈추자, 기술자그룹의 직무가 중단되거나 혹은 수작업으로 해야 하는 불편이 늘어났다. 사업책임자 혹은 기술부서책임자에게 클레임을 제기했다. PM 시스템 가동 중단의 효과는 바로 드러났다. 이로 인해 기술자그룹은 PM 시스템의 존재가치를 재인식하고 PM 및 PCS 조직은 스스로의 존재가치를 확신하는 계기를 수시로 만들 수 있었다. 의도된 실수였지만 시나리오에 따라 준비한 대응을 할 수 있도록 시도했다.

선진 AE사도 인정할 수밖에 없었던 PM 시스템과 기술

국내 AE조직이 주도했던 PM 시스템 구축 및 운영에 대한 선진 AE사의 의심은 쉽게 사그라지지 않았다. 한국원전에 기술을 전수했던 외국 AE사는 엔지니어링 기술은 복제할 수 있어도 자사가 자랑했던 PM 시스템은 단편적인 지식과 문서만으로는 결코 성공할 수 없으리라는 확신을 가졌다는 사실을 나중에야 확인했다. 당연히 PM 기술지원 혹은 자문을 요청해 올 것으로 기대했던 것 같다. 또한, 파트너 AE사도 경험과 지식이 없는 상태로 독자적인 PM 시스템 구축과 운영이 어려울 것으로 예상했다. 더구나 자신들이 백년 이상 축적한 경험으로 얻은 알파벳 기반의 WBS와 데이터 구조를 송두리째 바꾸는 숫자 기반의 PBS와 통합정보시스템 구축을 위한 번호체계(PNS) 개발 방향이 확정되자 계약서에는 서명했지만 여전히 믿음이 가지 않았던 것 같았다. 본격적으로 엔지니어링과 조기구매 품목에 대한 일정이 PM 시스템으로부터 제공되자 인식이 달라지기 시작했다. 특히 IPS에 따라 착공 등 공사 순서에 맞춘 엔지니어링 성과물 제출 일정이 제공되자, 자신들이 한 번도 경험하지 못했던 편리성을 실감했고 신뢰도가 높아지기 시작했다. 특히 IPS와 자재추적관리시스템(MTS) 내 정보가 엔지니어링 직무 수행에 도움이 되기 시작하면서 PM 시스템에 대한 의존도가 높아졌다. 자사의 분산된 엔지니어링 기술 기반 부서별 시스템을 통합하여 새로운 PM 시스템을 구축했던 것으로 파악되었다. 한국원전의 PM 시스템 알고리즘을 시카고 본사에 가져가서 자사의 새로운 PM 시스템을 구축했던 것이다. 한국원전 건설에서 독보적인 역할을 했던 미국 AE사도 통합정보시스템이 가동되는 현실을 목격한 1990년부터 자사의 기술 및 시설분류체계를 수평 및 수직 통합이 가능한 방향으로 대대적으로 개정한 것으로 파악됐다.

한국원전 산업이 주도했던 영광 3·4호기 프로젝트의 성공으로 PM 역량에 대한 지명도가 높아졌다. 프랑스 남부에 건설 중인 국제핵융합실험로 사업에도 한국원전 AE조직이 PM 분야의 참여 요청을 받았다. 인프라 엔지니어링 부문의 참여 요청도 있었지만 PM 분야는 사업현장 전체를 대상으로 한다는 점에서 한국원전의 PM 역량을 높게 인정받았다고 볼 수 있다. 다만 PM 시스템 분야의 지원 요청 시기가 조금만 빨랐다면 더 좋은 결과를 기대할 수 있었다는 아쉬움은 남아있다. 시스템 구축을 새롭게 하기에는 공사 진도가 너무 나갔기 때문이다. PM 시스템 구축은 사업 초기에 할수록 효과가 높다는 사실을 재확인한 계기다. 한국원전의 PM 시스템과 기술의 실체를 국제 사회가 인정했다는 점에서 높은 가치를 부여할 수 있다.

선진 AE사가 흉내낼 수 없었던 헌신적인 학습과 노력

선진 AE사 대부분은 오랜 역사를 통해 구축된 경험과 지식을 기반으로 자사가 구축한 PM 시스템 브랜드를 확보하고 있다. 나름대로 고유성은 가지고 있었지만 성능과 편리성은 별개의 문제였다. 다만 조직과 프로젝트 수행 문화를 기반으로 구축된 각각의 PM 시스템이다. 한 AE사의 PM시스템 브랜드를 타사가 제대로 활용할 수 없는 구조다. 조직과 문화, 그리고 프로젝트 수행 방식에 차이가 있기 때문이다. 이런 이유로 전 세계시장 어디에도 상용화된 PM 시스템을 통째로 내놓는 사례가 없다. 선진 AE사도 PM 시스템 구축과 운영에 대한 별도의 훈련 프로그램이 존재하지 않는다. 다만 활용을 위한 'project orientation'이 있을 뿐이다. 그리고 사업별로 별도의 PM 시스템을 개발하기보다 본사의 PM 시스템 브랜드를 프로젝트와 계약 범위에 맞게 수정 및 보완(외국 AE사는 개발(development)이라는 용어 대신 흔히 맞춤화(customization)이라는 용어를 사용)하는 과정을 거쳐 실용화시킨다. 물론 교육기관이나 각종 협·단체(예: PMI, AACEi, AGC 등)에서 제공하는 PM 지식 교육과정은 존재한다. 그러나 한국원전이 답습했던 단계별 PM 심화 교육과정은 거의 찾아보기 어렵다. 이유는 오랜 경험으로 축적된 시스템이기 때문이다.

한국원전은 거의 '0(zero)'에서 출발했기 때문에 체계적인 학습 프로그램 개발 및 이수 과정, 그리고 4~5년간의 예행연습과 시뮬레이션 과정을 거쳐

PM 시스템 알고리즘을 설계했다. 설계된 알고리즘은 구체적인 전산 SW프로그램과 데이터베이스 구축, 그리고 각종 모듈 개발에는 많은 시간이 필요하지만 프로젝트를 한정된 시간에 준공해야 했기 때문에 충분한 시간이 주어지지 않았다. 단기간에 실적 무기를 개발해야 했고 개발된 무기는 수요자와 PM 사용자의 눈높이를 넘어서야 했다. 선진 AE사는 대부분 주당 근무시간이 40시간이었다. 급여 자체가 시간급이었기 때문에 일일 8시간 초과 시 초과근무 수당을 지급해야 했다. 외국 기술자 스스로 초과근무를 기피하기도 했지만 국내 눈높이에도 맞지 않았다. 국내 기술자그룹은 시간급이 아닌 월급이었기 때문에 주당 근무시간에 개의치 않았다. PM 시스템 구축과 데이터 입력, 그리고 외부에 노출하기 전의 시뮬레이션을 통해 정확도를 검증해야 했다. 자연스레 시간이 충분하지 못한 상황이었다. 시카고 본사 파견자의 근무시간은 주당 60시간 초과가 거의 일상이었다. 시카고 본사의 외국기술진이 한국기술자그룹을 '일중독(workaholic)'자로 불렀던 이유이기도 했다. 체계적인 학습과 훈련, 그리고 기술진의 헌신적인 노력으로 한국원전의 PM 시스템이 구축됐다. 선진 AE사 누구도 자국의 시장이든, 외국의 시장이든 보상없는 노력으로 단기간에 PM시스템을 구축할 수 없었을 것이라는 확신이 들었다. 외국 AE 파트너 직원들이 인정했던 말이기도 했다. 불가능하다고 판단했던 한국원전 PM 시스템 구축의 실체를 목격했고 또 실제 활용 과정에서 얻은 교훈 덕분에 거부할 수 없는 한국원전의 현실이 만들어진 셈이었다. 이 과정은 미국기계기술자협회(ASME, american society of mechanical engineer)가 1991년 샌디에이고에서 개최한 국제연합발전소 컨퍼런스[43]에 초청받은 저자가 소개했다. 한국원전 건설과 PM기술 수준에 대해 의문을 가지고 있었던 미국 및 세계 발전산업계에 새로운 마일스톤을 심어준 계기였다.

43) ASME(1991), Introduction to Korea Nuclear Power Plant Project Management System by Bok Nam Lee at the International Joint Power Generation Conference at San Diego

기술자립 목표달성에 만족해 멈춰선 아쉬움

한국원전 PM 시스템과 기술자립은 영광 3·4호기 성공으로 증명되었다. 그러나 당초 설계했던 PM 시스템 알고리즘은 충족시키지 못했다. PM 기술자립에 대한 단일 주체가 없었기 때문에 프로젝트 성공 이후 지속되어야 할 시스템 개선, 즉 축적과정이 반복되지 않았다. 한 번의 구축 경험으로 얻은 프로젝트 성공 경험이 오히려 독이 된 셈이다. 부분적으로 완성된 미완의 PM 시스템을 복제해서 사용하기만 하고 성능을 개선하거나 하루가 다르게 변하고 있었던 상용 SW 패키지를 제대로 활용하지 않았다. 한국원전 건설의 공기(time)와 kwe당 건설단가(cost), 품질(quality)과 성능(performance) 면에서 일본원전을 제외하면 세계 최고 수준임은 부인할 수 없는 사실이었다. 일본원전과 비교하면 당시 건설공기가 6개월 더 소요됐지만 건설단가 면에서는 한국원전이 우위였다. 기술은 세계 최고 수준이었지만 PM시스템은 완성하지 못했다. 이는 2009년 UAE 원전 계약 시 한국원전의 PM시스템이 제대로 인정받지 못하는 결과로 나타났다. 1995년 수준에 멈춰선 기술이었던 탓에 15년이 경과된 시점에 실체를 인정받지 못한 아쉬움이 남아있다. 발주자 및 발주자 대리인(당시 PMC 계약자는 미국의 CH2MHILL이었음)의 눈높이를 넘어서진 못했다는 평가를 받았다.

엔지니어링 기술이 인정받는 것과 대조되는 아쉬움이다. 기술에서 만족은 절대 있을 수 없다는 교훈도 되새겼다. 정체된 기술, 복제기술로는 절대 원천기술을 넘어설 수 없다는 사실과 '기술 만족이 곧 기술 후퇴'라는 사실을 깨닫게 해주었다. 한국원전이 대외적으로 내세울 수 있는 PM 시스템 브랜드가 없다는 현실에서 서둘러 벗어나야 한다. 한국원전의 PM 시스템 브랜드는 여전히 빈 공간으로 남아있다. 현재와 같이 분산된 역할 분담으로는 해결하기 어려운 과제다. 역할 조정이 반드시 이뤄져야 할 부문이다. 단일화 구조로 가야 성공할 수 있다.

PM기술자립 노력에 비해 더딘 국내 확산

국내사의 주도로 성공한 첫 한국원전은 우리 원전기술과 PM 역량 수준을 국내는 물론 전 세계 원전산업계에 알렸다. 1993년 전후로 한국 주도 원전건설의 성공 가능성이 예견되면서 당시 추진되고 있었던 초대형 국책사업인 경부고속철도와 인천국제공항 프로젝트에서 기술지원 및 조언 요청이 쏟아졌다. 더구나 정부가 1995년 출범한 세계무역기구(WTO) 체제에 맞춰 건설시장 개방에 서명하면서 한국건설이 극히 취약했던 부문으로 PM·CM 기술부분이 지목되었다. 한국원전의 PM 시스템과 기술이 주목받기 시작했다. 그러면서 건설프로젝트에서 PM의 필요성을 처음으로 정부가 인정해 「건설산업기본법」에 건설사업관리 역할을 추가시켰다. 그러나 한국원전 PM시스템과 기술의 실체를 제대로 파악하는 과정은 생략되었다. 겉으로 드러난 PM의 성과만을 봤던 것이다. 시스템과 기술의 실체와 배경을 이해하지 못한 상태로 법조항 신설에만 관심을 뒀던 것 같다. 발주자와 기술, PM 서비스공급자 간의 역할 분담을 제대로 파악하지 못했기 때문에 법 조항 신설은 실제 건설프로젝트의 성공에 기여하지 못하는 결과로 이어졌다. 법 조항 신설 이전에 PM시스템과 기술 도입의 기반 환경을 고려하지 못했기 때문으로 해석되는 부문이다. 「국가재정법」과 「국가계약법」, 그리고 「건설산업기본법」과 「건설기술진흥법」 등 기존 제도가 수용할 수 없는 부분의 개정이 필요했지만 이를 간과했기 때문이다. 결과적으로 새로 도입된 CM 관련법 조항이 추가적인 업무로 인식되면서 한국의 PM 역량과 기술수준을 오히려 후퇴시키는 결과를 낳았다는 게 나름의 판단이다.

한편, 경부고속철도1단계와 인천국제공항1단계 건설에 한국원전 PM기술을 도입하기로 결정됐다. 고속철도 건설프로젝트에서는 PM기술 자문 및 전파를 요구했지만 기존 관행과 제도, 그리고 발주기관의 전통적 방식 고수로 인해 컨설팅 계약 형태로 타결되었다. 그러나 인천국제공항1단계 프로젝트에서는 한국원전의 PM 시스템과 기술을 최대한 활용하는 개념으로 시스템 구축에 돌입했다. 공기제약으로 인해 설계와 시공을 병렬로 진행하는 방식이어서 체계적인 관리가 필요했다. 원전건설 PM 시스템 수준에는 못 미쳤지만 나름대로 구축된 PM시스템을 체계적으로 활용하여 프로젝트를 성공시키는 데 결정적인 기여를 했다. 당시 CEO는 사석이나 공석에서 PM의 도입 시기가 좀 더 일렀다면 더 큰 효과를 볼 수 있었다는 아쉬움을 자주 드러냈다. 국가철도공단(당시 한국철도시설공단)의 초대 이사장이자, 이후 국토교통부 장관이 된 그 분은 발주자의 가장 중요한 역할이 PM이라는 사실을 늘 강조했다. 발주기관 임직원의 PM 지식과 능력을 높이기 위해 미국 PMI가 발급하는 PM자격인증서(PMP, project management professional certificate) 취득을 독려하는 사내 교육프로그램을 운영하기도 했다. 그 결과, 단일 조직으로는 국내에서 가장 많은 PMP 자격 취득자를 배출했다. 프로젝트에서 PM이 차지하는 비중을 발주자의 관점으로 보면 당연한 방향인 셈이다.

'기술'만으로 세계시장에서 최강자가 될 수 없는 이유

한국원전 산업이 가진 기술력은 영광원전 3·4호기 프로젝트의 성공으로 이미 세계시장의 주목을 받았다. 2009년에는 UAE 바라카원전 수주로 독자적 능력과 기술수준을 전 세계원전 산업에 알렸다. 안전과 성능을 중시하는 원전 특성상 프로젝트의 성공만으로도 기술력을 인정받는다. 한국원전이 해외 신규 원전시장 입찰 때마다 단골로 초청받는 이유도 프로젝트 성공 경험과 검증된 기술력이 확보되어 있기 때문이다.

그러나 기술만으로 세계원전 건설시장에서 세계 최강자가 될 수 없는 이유도 한국원전 내부에 있다. 한국원전은 세계시장에서 기술(engineering & technology)만 부각되었다. 기술자립은 물론 실제 프로젝트를 성공적으로 이끌었던 PM 시스템과 관련 기술은 여전히 그림자 위치에 머물러 있다. 해외원전을 발주하는 발주기관은 기술보다는 원하는 시기에 원하는 가격으로 품질과 성능을 만족시킬 수 있는 PM 역량을 확보하고 있는지에 관심이 높다. 한국원전 PM이 글로벌 시장에서 어느 수준에 있는지 아래 두가지 사례를 통해 추측해볼 수 있다.

첫 번째 사례는 28조원 이상이 투입되어 건설 중인 국제핵융합실험로 구축사업이다. 발주자인 국제기구(IO, ITER Organization)가 현장 공사관리 서비스를 발주했다. 본사와 공사현장이 동일한 부지에 있었다. 발주자는 한국원전의 참여를 기대했다. 국제기구에는 900명 이상의 과학자와 공학자가 투입되어 있었지만 PM기술과 시스템에 대한 지식과 경험이 극히 부족한 상태였다. 발주기관은 공사관리보다 총괄관리(Program Management) 서비스가 필요한 상황이었다. 공사관리 혹은 건설관리 명칭으로 발주했던 배경에는 900명이 넘는 고급인력을 더 이상 충원하기 힘들었다는 점과, 900명 중 어느 누구도 PM 시스템 구축과 실행 경험이 없었다는 점이 자리한다. 발주기관 내부에서 PM을 외부전문기관에 의뢰할 경우 주도권 상실로 이어질 수 있다는 의견도 많았다. 전문적인 PM 서비스가 필요하다는 사실에는 이견이 없었지만 총괄사령탑 기능에 대한 주도권 상실 우려로 인한 반론이 많았다. 공사관리로 발주하되, 입찰자가 PM 시스템과 기술을 제안해 올 것으로 기대했다. 한국원전 산업이 입찰에 참여했지만 발주기관의 이런 수요를 정확하게 파악하지 못했다. 한국원전의 AE사가 외국사와 컨소시엄 형태로 참여했다. 발주기관은 한국원전의 PM 시스템과 기술 역량을 믿었다. 하지만 국제컨소시엄은 발주기관의 기대와 달리 공사관리로 한정하여 계약을 체결했다. PM 시스템 구축이라는 용어가 사라지고 인력만 참여하는 형태로 계약이 이뤄졌다. 뒤늦게 시스템 구축이 필요하다는 사실을 인지했지만 발주기관의 신뢰를 얻지 못했다.

두 번째 사례는 UAE 바라카원전 사업이다. 기술의 주체는 명확했지만 PM시스템과 기술에 대한 주체가 명확하지 않았다. 국내 원전공사 현장에 정착된 시스템을 활용할 수 있으리라는 판단을 했던 것 같다. 이 접근 방식에 대한 문제를 발주기관(ENEC)의 대리인이었던 PMC(CH2M)가 지적했다. UAE 원전건설에 맞춘 새로운 PM시스템 구축을 요구했다. 당시에는 이런 요구를 수용할 수 있는 준비가 전혀 되어있지 않았다. 주계약자가 한국전력공사였다. 한전은 국내 원전건설에서 손을 뗀지 이미 10년이 경과되어 시스템은 물론 기술자체가 부족했다. 더구나 국내 원전운영사가 참여는 했지만 관리 주도권에 대한 업무분담이 명확하지 않았다. 두 기관 모두 국내 원전건설사업에서 발주자 역할을 해왔지만 바라카원전 건설사업에서는 계약자로서 발주자 수요를 만족시켜야만 했다. 그러나 이를 미처 깨닫지 못했던 것 같다. 발주기관의 대리인인 PMC가 PM시스템을 요구했는데, 제대로 대응하지 못했다. 국내 공공기관이 제시했던 데이터와 샘플보고서가 PMC 눈에는 계획보다 실행을 모니터링하는 데 집중되어 있었다. PM이 아닌 계약관리 중심이라는 혹평(?)이 나왔다. PM 서비스에 파견된 인력도 계획 및 관리보다 계약관리에 익숙한 전문가들이었다.

예시로 든 사례에서 PM 시스템 브랜드가 국제시장에서 차지하는 비중이 얼마나 큰지 알 수 있다. 유감스럽게도 한국원전의 기술은 세계적으로 인정받고 있지만 PM 역량은 인정받지 못하고 있다. 원전건설 프로젝트를 성공시키기 위해서는 기술과 PM의 연합이 절대적으로 필요하다. 한국원전의 PM시스템은 기술자립에 더해 영광 3·4호기 건설프로젝트에서 알고리즘은 설계했지만 실제 이를 시스템으로 완성하지는 못했다. 한국원전의 PM시스템과 기술이 개발과 운영으로 나뉘어 있고 선진 AE처럼 PM시스템 브랜드를 갖추지 못한 상태에 머물러 있다. 한국원전 산업이 세계 원전건설 시장에서 최강자 위치에 올라서기 위해서는 PM 시스템개발과 운영 주체 단일화와 함께 최신의 상용 SW프로그램을 활용하여 PM 시스템 플랫폼을 완성시켜야 한다. 동시에 전 세계에 내세울 수 있는 PM 브랜드명을 내세울 수 있어야 한다. 기술자립 전략을 수립할 당시의 초심으로 돌아가서 그라운드 제로에서 다시 출발하는 전략이 필요하다. PM 시스템 구축 알고리즘과 실전을 통해 경험과 지식을 쌓은 전문가그룹을 확보하고 있는 덕분에 시간은 예상보다 훨씬 단축할 수 있을 것으로 예상된다. 세계원전건설 시장에서 최강자로 나서기 위해서는 국내에서 그림자 역할에 머물렀던 PM시스템과 기술을 새롭게 단장시켜 전면에 내세워야 한다.

제4부

한국원전기술이 세계 최고 수준이 된 비결

제4부

한국원전기술이 세계 최고 수준이 된 비결

나는 원전엔지니어링사에서 CEO를 할 때가 가장 즐거웠습니다.
왜냐하면 나로 하여금 이론으로만 생각했던 걸 실천하게 해 주었고,
많은 과학기술자들을 실무 중심의 엔지니어로 육성한 것에
보람을 느꼈기 때문입니다.

- 한국원전 엔지니어링사의 초대 CEO인 C박사 인터뷰에서 -

표준원전 개발과 원전기술 자립은
여러 모함과 방해도 있었습니다.
국가 미래를 위한 정말 중요한 시간이었으며
첨단기술을 개발한다는
자부심이 있어 계속 추진할 수 있었습니다.

- 한국원자력연구원의 전 원장 인터뷰에서 -

1 한국원전기술이 가진 매력의 비밀

그라운드 제로에서 세계 최고기술 수준에 도달한 유일한 사례

한국 원전기술의 첫 출발점은 배고픔을 탈출하기 위한 생존기술의 확보였다. 원자력을 에너지의 원천으로 접근했다기보다 6·25 전쟁으로 철저하게 파괴된 한반도 국토를 살리기 위한 과학기술 확보책으로 출발했다. 국민의 생존권을 보장하기 위해서는 농업 중심의 1차산업에서 2차산업 중심으로 전환이 불가피했던 상황이었다. 2차산업을 일으키기 위해서는 과학기술이 필요했고 과학기술이 총집합된 원자력 기술에 주목했다. 정부는 생계를 위한 국민경제를 생각했고 산업계는 해외시장에 내놓을 수 있는 생산기술이 필요했다. 국민과 산업의 생존에 공통으로 필요했던 것이 과학기술이었다. 정부는 원자력 기술을 지목했고 산업체는 원자력 기술 확보에 적극적으로 참여하기로 했다. 해외에서 유치한 과학자그룹은 정부에 과학기술의 R&D보다 실용기술인 공학기술의 확보가 우선이라 제언했고 이를 원전기술자립 정책과 연결시켰다. 정부와 산업체, 그리고 공학기술이 연합하여 원전기술을 한국을 대표하는 기술로 키웠다. 삼위일체로 이뤄진 협력이 없었다면 한국원전 기술은 여전히 선진국의 지배에서 벗어날 수 없었을 것으로 판단된다.

한국원전 기술은 국내보다 세계원전시장에서 더 알려져 있다. 신흥국이든 선진국이든 국제입찰에 부치는 입찰대상 후보군에 단골로 한국원전기업이 등장하는 이유는 한국원전의 기술수준을 인정하고 있기 때문이다. 기술수준뿐만 아니라 한국원전에는 선진국이 가질 수 없는 매력이 있다. 한국원전은 그라운드 제로에서 출발하여 정상까지 도달하는 살아있는 경험과 검증된 기술,

그리고 기적으로 평가받는 경제성장 스토리를 가진 매력이 있다. 경제성장을 가능하게 만든 원전에너지 인프라 구축은 최근 중국경제가 전력부족으로 산업생산력이 감소되는 것도 한국원전 건설 경험이 큰 매력으로 다가갈 것으로 보인다. 원전 건설과 기술력에 관심을 가진 국가라면 기술 전수와 공유, 그리고 성공에 이른 경험을 공유할 수 있는 국가로 한국원전을 주목할 수 밖에 없다. 이러한 매력을 시장 상품으로 연결시키기 위해서는 국가연합인 'Team Korea'로 창구를 일원화시켜야 한다. 상대국 수요에 따라 다양한 서비스 패키지 디자인도 개발해야 한다. 원전기술 전수 혹은 공유를 넘어 원전기술의 파급 효과를 마케팅 홍보에 활용하는 전략개발도 필요하다. 최근 세계적인 K-문화 부상도, 한국은 배울 것이 많은 국가라는 이미지도 한국원전의 매력에 추가되는 부분이다. 잠재력이 큰 한국원전의 세계시장 상품화는 결국 한국원전에 달려있다.

위기에도 흔들리지 않았던 기술정책

한국이 원전기술 자립을 위한 정책 수립과 투자를 본격적으로 착수하려던 시점에 세계원전시장에서 종주국으로 인정받고 있었던 미국에서 TMI 원전사고가 발생했다. TMI 원전사고 2주전에 개봉되었던 'China Syndrome' 영화가 미국뿐만 아니라 전 세계인을 깜짝 놀라게 했다. TMI 원전사고에 대한 과학기술인의 논리적인 해명이나 주장은 미국인을 감동시키지 못했다. 오히려 원전사고가 인류에게 엄청난 재앙을 가져온다는 환경단체와 영화 주인공의 목소리가 미국인의 심리를 자극했다. 미국 정부는 여론에 굴복하고 미국정부가 30년 동안 미국 땅에서 원전건설을 중단시킨 결과로 이어졌다. 미국에서 원전을 더 이상 짓지 않고 건설 중이었던 원전을 석탄이나 석유발전소로 전환하기로 했다. 하지만 미국 정부는 자국 내 원전건설은 중단시켰지만 해외원전시장에는 산업체를 적극적으로 지원했다. 즉, 원전건설을 중단시켰지만 원전기술 개발까지는 중단시키지 않은 것이다.

한국원전은 미국기술에 의존하긴 했지만 기술자립 정책은 변하지 않았다. 국민과 산업의 생존을 위한 기술자립은 단순히 원전기술에 국한되지 않았다. 원전기술 자립을 넘어 기술독립, 나아가 에너지 독립국을 지향하는 정책 목표는 흔들리지 않았다. 계획된 원전건설은 포기하지 않았고 기술자립을 위한 대규모 인재양성 정책이 당초 계획대로 실행에 옮겨졌다. 1979년 3월 TMI 원전사고에도, 1986년 4월 구소련연방국에서 발생했던 체르노빌원전 사고에도 한국의 원전정책은 변하지 않았다. 에너지 빈국 한국이 에너지 독립국이 되기 위해서는 독자적인 길 선택에 여지가 없었고, 과학기술에 대한 믿음이 컸기 때문이다.

이처럼 정책의 일관성을 유지했던 국가는 많지 않다. 그렇기 때문에 신규원전을 도입하려는 국가가 한국원전 기술정책에 매력을 느끼기에 충분하다. 2022년 1월 유럽연합(EU)이 원자력에너지를 '녹색투자'로 라벨 지정 계획[44]을 수립했다. 원전을 지구온난화 및 경제성을 이유로 녹색에너지로 분류한 것은 세계 원전산업에 새로운 이정표가 될 것으로 예상된다.

지구온난화 속도를 낮추기 위해 세계는 탄소중립 정책이 부각되기 시작했다. 미국과 유럽, 중국 등 주요국은 중단시켰던 원전건설 정책을 부활시키기 시작했다. 한국원전이 세계원전 수요자로부터 주목받는 빈도가 늘어날 것으로 예상된다. 한국원전의 기술자립 정책은 1979년 3월 미국의 TMI 원전사고에도 불구하고 바꾸지 않았다. 미국이 원전건설을 전면 중단시켰던 정책과

44) 조선일보(2022), EU, 천연가슬 에너지 '녹색' 라벨 지정(VOA 뉴스), 2022.1.3.

대조적인 모습이다. 1986년 4월 구소련연방국의 체르노빌원전 사고에도 원전건설 정책을 포기하지 않았고, 2011년 3월 후쿠시마원전 사고에도 원전건설 정책을 포기하지 않았다. 에너지 다변화 및 에너지 자립을 위한 정책은 원전건설 호기와 시기는 조정했지만 기술독립과 국제경쟁력 강화를 위한 기술정책은 흔들리지 않았다. 사고가 발생할 때마다 중지하기보다는 안전성 강화를 위한 기술과 시스템 보강 정책을 펼쳐왔다. 세계원전 건설시장에 부활의 신호탄이 올라가면서 한국원선을 주목하는 이유는 한국원전의 가동률과 무사고 실적을 보여주고 있기 때문이다.

정부와 산업체가 공동으로 구축한 원전생태계

세계 어느 국가나 산업도 원전건설 및 운영을 한 개의 기관에서 맡아서 할 수 있는 구조를 가지고 있지 않다. 다양한 기술과 다양한 생산시설, 규모의 경제와 전문기술자그룹을 유지할 수 있는 여력이 없기 때문이다. 안전을 보장하기 위해서는 국가 혹은 공공의 영역으로 남겨두는 것이 유리하지만 자유시장경제 원칙과 어긋나는 부문이다. 한국원전도 공공의 영역으로 유지되어야 할 부문과 민간 산업체가 담당해야 할 부문으로 역할 분담을 하기로 했다. 민간에게 유리한 부문은 민간산업체 몫으로 분할했고, 민간산업의 기술자립 의지를 지원하기 위한 '산업합리화' 조치제도를 도입했다. 민간산업체에 시장을 보장함으로써 기술개발 투자와 전문인력 유지를 가능하게 만드는 전략이었다.

국가를 대표하는 1개의 만능해결사(total solution provider)를 만들기보다 원전산업 생태계를 구축하여 세계원전시장 발주국이나 발주자에 따라 수요자 맞춤형으로 갈 수 있는 유연성을 구축하기로 했다. 어느 한 기관도 독자적으로 원전건설을 할 수 없는 구조지만 밖으로는 국가연합군으로 대항한다는 논리가 깔려 있었다. 한국원전이 해외시장 진출 시 정부와 산업이 연합군으로 나서야 성공할 가능성이 높다. 이러한 전략은 2017년부터 정부가 해외시장 진출을 강화하기 위해 Team Korea 전략을 내세웠던 것보다 30년이나 빨랐다.

기술자립의 목표 달성을 위해 공공기관과 공공연구원, 산업체 사이 역할 분담은 결과적으로 황금분할이었다. 안전 및 성능과 직접 관련된 역할은 공공의 영역으로 남겼다. 내수시장에서는 역할 분담이 명확하게 구분되지만 밖에서 보면 한국원전이 한 조직처럼 비춰지게 만들었다. 역할 분담 정책을 수립할 당시에는 지금의 상황을 전혀 예상하지 못했다. 황금분할이라는 평가를 하는 이유는 기술 축적과 혁신이 원전건설과 무관하게 지속적이기 때문이다. 2017년 탈원전 정책에도 불구하고 기술축적과 혁신 활동은 중단되지 않았다. 다만 타겟 시장이 국내외 시장에서 해외시장으로 바뀐 것밖에 없다. 세계 원전시장이 한국원전 기술의 매력을 포기하지 않은 주요한 이유다.

민간의 참여를 촉진시킨 '인센티브' 전략

정부는 앞서 언급한 기술개발 및 인력 유지를 가능하게 만들기 위한 조처로 비록 한시적이기는 했지만 '산업합리화' 제도를 통해 독과점을 인정해주기로 했다. 주기기제작은 한 곳에서 하도록 하고, 공사 참여는 주계약자 경험이 있는 업체들이 참여할 수 있도록 제한입찰제를 도입했다. 국내 건설사업자에게 부족했던 공사현장의 시공엔지니어링 기술력과 인력 유지를 지원하기 위해 제경비의 10~17%까지 추가로 보상하는 제도를 도입했다. 기술자립의 출발점이었던 국산화 지원을 위해 외국산 기자재 가격보다 높은 가격에 구매하는 조달정책도 폈다. 가격보다 기술자립을 우선으로 했다. 그리고 AE조직이

기술개발 및 축적을 지속적으로 이어갈 수 있도록 엔지니어링 기술단가와 제경비 요율도 별도로 만들었다. 기본단가 상향, 제경비율 120%에서 140%로 상향, 기술요율은 20%에서 40%로 높였다. 정부 예산지원 부족을 실제 프로젝트 보상을 통해 보완하자는 정책이었다. 보편적인 기술 접근으로는 해결하기 어려운 원전기술자립 목표를 달성하기 위한 정책을 과감하게 도입 및 유지한 것이 성공비결이었다.

이러한 인센티브 정책을 비록 한시적이기는 했지만 일정 수준에 도달할 때까지 유지했다. 민간업체가 기술개발 및 축적에 투자하는 것은 미래 시장이 확실하게 보장될 때 이뤄진다. 투명성과 객관성을 이유로 공개 경쟁을 해야 하는 구조에서는 절대 기술개발 투자는 상상하기 어렵다. 고난도 기술을 요구하는 원전 기술은 한 번의 투자로 기술의 완성도를 확보할 수 없다. 확보된 기술을 유지하기도 어렵다. 그러나 미래에 대한 시장이 확실하게 보장된다면 과감하게 기술투자는 물론 인력과 조직을 유지하게 된다. 원전건설이 공공시장이라는 측면에서는 특정 산업체에 특혜를 줄 수 없다. 하지만 공개경쟁에 부칠 경우 변별력 저하로 인해 아무리 높은 기술력을 확보해도 낙찰자로 선정될 가능성이 없다. 공공발주는 평균기술과 낮은 입찰가격을 중시할 수밖에 없기 때문이다. 공공조달 원칙을 위배하지 않으면서 한시적으로 시장 보장을 위해 독과점 인센티브를 부여한 조처는 민간업체의 기술과 설비투자, 그리고 조직과 인력을 지속적으로 유지하게 만드는데 결정적인 역할을 했다.

인재양성을 기술개발보다 앞세웠던 신의 한 수

한국원전 기술자립의 성공은 기술개발보다 인재양성을 앞세웠기 때문에 가능했다. 1958년 한국원자력연구소에 도입했던 연구용 원자로를 운용하여 각종 실험을 할 수 있는 과학기술자가 없었다는 경험을 통해 인재의 중요성을 익혔다. 인재가 기술을 만들어 낸다는 믿음이 있었던 것 같다. 인재 양성이 기술개발보다 우선이어야 한다는 진리는 2020년에 발표된 국가기술혁신체계[45]에서도 드러났다. 2010년에 발표된 국가기술혁신체계에서는 기술역량과 과학의 역할이 1위, 2위였지만 2020년 발표에서는 '인적역량'을 최우선순위로 했다. 미국에 OJP로 파견되어 실무과정을 익혔던 책임기술자 120명, 유럽에 OJT훈련과정을 밟았던 리더기술자 45명, 그리고 미국 AE사에 PM 및 PCS 훈련과정을 밟은 10명이 한국원전 기술을, 자립을 넘어 독립국으로 탄생시키는 산파 역할을 했다. 기술개발 투자에 앞서 인적자원 확보가 얼마나 큰 비중을 차지하는지를 실증해 보였다. 자원 빈국 한국이 가진 유일하고 확실한 자본이 인적자본이라는 사실을 확인시켰다. 특히, 노동집약적 산업인 건설은 인재의 중요성이 타 산업에 비해 클 수밖에 없다.

한국원전의 기술자립 정책은 보편적인 기술개발 혹은 R&D 투자와 상당한 차이가 있다. 대부분의 건설기술 R&D는 기술개발 중심이며, 인재양성은 기술개발의 부속품(?)처럼 여긴다. 인재양성을 개발된 기술을 활용하기 위한 목적으로 보는 것이다. 이것은 기술이 없으면 인재도 필요 없다는 논리와 같다. 원전건설 기술자립 정책은 완전히 반대 방향을 선택했다. 선진 AE사 OJP와 OJT 인재 양성 프로그램 과정을 참여한 인재들이 국내 원전기술 자립 정책 수립을 지원했다. 기술자립 전략과 계획 수립, 그리고 실행을 주도했다. 기술이 없어도 인재가 기술을 만들어낸다는 신념이 있었다. 인재양성을 선행하지 않았다면 기술독립보다 선진 AE사의 기술을 복제해서 반복 사용할 수밖에 없었을 것이다. 선진 AE사 뒤를 추격하는 수준에 머물러 있었을 수밖에 없다.

45) 과학기술정책평가원(2020), 국가기술혁신체계 2020s, 2020.2.6. 대토론회

추월선에 서지 않았다면 절대 선진기술을 따라잡을 수 없었을 것이다. 신규 원전을 도입하려는 국가는 선두주자를 주시하지, 후발주자에게 눈길을 주지 않는다. 선진국에서 기술과 지식을 축적한 인재들이 한국원전 기술자립을 넘어 기술독립과 국제경쟁력 확보 목표에 도전했다. 추월선에서 출발했던 기술자립 정책 덕분에 한국원전 기술이 국내 일반 건설기술보다 선진국에서 인정받는 중요한 이유가 되기에 충분하다.

공학기술의 포트폴리오를 간파했던 선각자그룹

원전건설 및 운영에 동원되는 기술은 최고기술에서부터 행정기술까지 스펙트럼이 'α(시작) ↔Ω(끝)'처럼 넓다. 사람이 하는 직무이기 때문에 절대 혼자서 할 수 없다. 아무리 핵심기술이라도 실제 실행하는 비중은 전체 시간의 10% 미만에 불과하다. 공학기술의 중요성과 직무비중은 다르다는 의미다. 공학기술을 시스템으로 봐야 하는 이유이기도 하다. 또한, 선진 AE사의 사업조직에 PM과 PA(project administration) 부서가 별도로 존재하는 이유다. 기술자그룹이 본연의 직무에 집중할 수 있는 환경을 만들어주기 위해서는 기반환경 구축이 필수라는 뜻이다. 해외에서 유치된 과학자와 기술자그룹은 선진 AE사는 물론 연구기관이 운영하는 프로젝트 조직 구조의 경험을 통해 인지하고 있었다. 해외 OJP 프로그램에 소수였지만 행정 및 PM 인력을 포함했던 배경에는 선진국의 AE사는 물론 대학과 연구소의 프로젝트 운영 구조를 간파했던 선각자그룹이 있었기에 가능했다. 기술의 중요성 못지않게 기술자그룹이 기술을 구사할 수 있는 기반 환경을 만들어 주는 것이 절대적이라고 판단했다. 사업에서 발생하는 모든 행정업무를 기술자그룹이 처리해야 한다면 기술 인력의 낭비가 될 수밖에 없다. 기술부서 자체에서도 발생하는 일상적인 행정업무(예: 회의, 복사, 사무기기 준비 등)가 시간 비중으로 작게는 40%, 많게는 70%까지 이르기 때문이다. 기술을 기술답게 만들기 위해 기술자 배출을 포트폴리오로 접근하여 성공시켰다.

원전기술의 포트폴리오를 이해하지 못했다면 엔지니어링과 주요 기기 제작에 대한 기술자립까지는 가능했겠지만 기술이 구사되는 환경, 시간과 돈, 품질과 성능이 요구하는 프로젝트관리 역량이 구축되지 못했을 것으로 판단된다. 이 경우 한국원전 기술이 세계시장 경쟁에서는 독자경쟁이 아닌 선진국 산업체에 예속되어 주도권이 없는 부속 계약이나 하도급자 신세를 면치 못했을 것이다. 이는 마치 국제공항에서 관제탑 역할은 하지 못하고 부속건물이나 시설 계약자 수준에 머물러 있는 것과 다름없다. 계약의 주도권을 확보할 수 없다는 의미다. 대부분의 국가 R&D 투자가 기술개발 중심으로 이뤄지는 것과 극히 대조적이다. 기술추격에서 벗어나 기술을 추월하는 선에 서게 되었기 때문에 세계가 한국원전 기술을 주목하게 된 것이다.

카멜레온을 닮은 한국원전 기술

갑옷은 자신을 보호하기 위해 입는 겉옷이다. 갑옷의 역할은 장식보다 보호가 목적이다. 갑옷은 상대방의 무기에 따라 달라진다. 기술자립과 기술독립에는 갑옷이 필요없지만 세계원전시장이라는 전쟁터에 나서기 위해서는 갑옷을 반드시 준비해야 한다. 경쟁자의 무기(기술과 전문지식)에 따라 갑옷을 달리 할 수 있어야 한다. 후속기준비반에서 다양한 시나리오를 만들어 도상 훈련과정을 거듭했던 이유가 주기기공급자와 외국 파트너사가 어떤 기업이 될지 몰랐기 때문이다. 상대방에 따라 갑옷 재단을 다르게 할 수 있는 유연성 확보를 위해 시나리오 개발과 도상 훈련을 거듭했다. 단 하나의 확실한 기술만으로 전쟁에서 이길 수 있는 확률은 1%에 불과할 것이라는 판단을 했다. 세계시장에서 경쟁력을 높이기 위해서 다양한 기술기반과 PM 알고리즘을 개발했다. 고정된 갑옷이 아니라 맞춤화를 통해 상황에 유연하게 대처할 수 있는 역량을 구축하기로 했다.

카멜레온은 주변 환경에 따라 자신의 몸 색깔을 달리하는 변신의 귀재다. 한국원전 산업은 완벽한 해결사(total solution provider) 역량을 확보하고 있다. 해결사 역량을 충분히 갖추고 있기 때문에 수요자 요구에 따라 다른 갑옷을 맞춤화하여 수용할 수 있는 여력이 있다. 국제경쟁 무대에 등장하는 경쟁 상대에 따라 'Team Korea'라는 원(One) 팀으로 나설 수 있고 분야별로 경쟁국 혹은 원전 도입국의 산업체와 컨소시엄을 구성할 수 있는 다국적협력 갑옷도 디자인이 가능하다. '같이 또는 따로' 전략을 구사할 수 있다는 뜻이다. 여기에는 기술독립이라는 건강한 몸과, 시스템과 기술이라는 옷을 입은 한국원전 산업이 있기 때문에 가능하다. 세계에서 갑옷을 자유롭게 디자인할 수 있는 역량을 갖춘 유일한 국가다. 러시아와 중국을 제외한 국가에서 흉내내기 어려운 역량을 한국원전이 확보하고 있다. 이 강점은 외부 세계에 노출되지 않았고, 한국원전 스스로도 인지하지 못하고 있다. 한국원전이 스스로의 강점을 세계시장의 상품으로 연결해야 하는 숙제가 남아있다. 역량을 가지고 있으면서도 구사하지 못한다면 없는 것과 다름없다. 만약 한국원전 기술자립 전략을 역할 분담이 아닌 공공이나 민간기관 한 개로 했다면 기술 수준은 올라섰겠지만 이처럼 상황에 따라 유연하게 대처할 수 있는 역량을 확보하지 못했을 것이라는 판단이다.

‘핵심기술’과 ‘부속기술’의 분리

원전기술 자립계획과 PM 시스템 개발을 주도했던 후속기준비반에는 미국과 유럽, 그리고 PM 교육·훈련과정을 통해 기술의 실체를 충분히 파악하고 있었던 전문가들이 포진해 있었다. 이들은 원전기술의 스펙트럼이 처음과 끝이라는 사실에는 공감했지만 공학기술의 스펙트럼을 일시에 확보하는 것은 거의 불가능하다고 판단하면서 기술자립과 기술독립의 우선순위를 결정하지 않을 수 없었다. AE 기술부서별 기술체계도(일종의 technology tree)를 개발했다. 기술체계도에서 핵심기술과 부속기술을 분리해서 기술자립의 우선순위를 결정하기로 했다. 선정된 핵심기술 대부분은 선진 AE사가 외부에 잘 노출시키지 않는 기술그룹이었다. 다행히 OJP과정을 통해 어깨너머로 목격했던 기술이었다. 기술부서별로 선정된 기술을 기술자립 대상이 되는 신규 원전계약 시 초기설계부문은 외국 AE 파트너가 주도하도록 업무 및 책임 분장(DOR by scope)를 개발했다. 이때 개발된 업무분장표가 계약서의 부속문서(Appendix. A)로 추가되었다. 물론 시간 비중이 큰 부속기술은 국내 AE조직이 주도하는 전략을 세웠다. 외국사에 지불하는 비용을 저감하면서도 국내 AE조직의 기술수준을 높이는 효과가 컸다. 가볍게 지나칠 수 없었던 기술분류체계 개발로 핵심기술과 부속기술 모두 완성도를 높이는 계기를 만들게 되었다.

기술자립 계획 수립 시 핵심기술을 도출할 수 있는 기술체계도 개발은 누구도 그 효과를 예상하지는 못했다. 다만 핵심기술을 먼저 개발하면 부속기술 개발과 축적은 핵심기술 확보보다 시간과 예산이 적게 들 것이라고 확신했다. 사전에 기술인력을 양성하지 않았다면 선택할 수 없는 전략이었다. 원전기술 수출 시 상대국이 요구하는 기술자립이나 국산화 수준에 유연하게 대처할 수 있게 됐다. 기술체계도 개발 덕분에 핵심기술 확보 우선 전략을 구사할 수 있었다. 원전을 도입하려는 국가에게 매력을 끌 수 있게 된 비결이다.

목표 공기 준수를 이끌었던 IPS 공정체계와 PMIS

한국원전 산업이 최초로 주계약자로 나선 첫 원전건설이 성공하지 못하면 기술자립 목표달성의 실패는 물론, 이로 인해 정책과 산업이 입게 될 타격은 상상하기 어려울 정도로 클 것으로 예상했다. 최악의 상황으로 기술자립 목표 달성은 실패해도 프로젝트 성공은 절대 실패할 수 없는 절체절명의 과제로 인식했다. 원전건설의 성공은 정해진 공기 준수와 예산 내 완공하면서도 안전과 성능 수준을 만족시키는 것이다. 예산 범위 내 준공은 Fixed Price 계약으로 계약자의 책임을 끌어낼 수 있다. 공기 준수를 위한 공정관리 중심축으로 IPS(종합공정표) 공정계획 및 관리 기준으로 설정한 전술이 성공을 거두었다. IPS를 중심으로 한 공정관리의 수직축 구도 설계는 계약 주체별 일정 준수를 가능하게 만들었다. IPS 공정관리 지원 수단 중 하나인 사업관리정보관리시스템(PMIS) 구축 및 활용은 공정표의 신뢰도를 높여주는 효과 면에서 논란의 여지를 불식했다. 이 IPS 공정관리 전술은 인천국제공항1단계 프로젝트 성공에도 결정적인 기여를 하게 됐다. 선진 AE사도 IPS 공정관리 전술은 사용해 볼 기회를 얻지 못했다. AE사에게 EPCM에 참여할 수 있는 기회가 없었거나 주기기 공급자 중심의 발주가 이뤄졌기 때문으로 추정되는 부문이다. 한국원전의 'IPS+PMIS' 공정관리는 원전을 도입하려는 국가에게는 한국원전의 매력 포인트로 부각 될 수 있는 PM 상품이다. IPS를 기반으로 한 영광 3·4호기 공정관리는 국내 AE도 경험해보지 않았다. 다만 후속기준비반이 4~5년 동안 선진 AE사의 PM시스템과 한국원전의 역할 분담을 고려하여 도입하기로 한 공정관리 체계구축의 전략이 성공을 거두게 된 힘으로 작용했다. 한국원전이 국내는 물론 세계원전 건설시장에서 최초로 CPM기반의 설계엔지니어링, 구매, 시공 및 시운전을 통합시킨 IPS 공정표 개발로 접근한 방식이 공기 내 준공을 가능하게 만들었다는 결론이다. 단순한 통합이 아닌 IPS 공정을 지원한 두 개의 데이터베이스(CAPS, MTS)를 구축하여 공정관리의 실효성과 정확성을 높일 수 있었다. 잘 알려지지 않았지만, 이 접근방식은 한국원전 PM의 새로운 무기로 발전시킬 수 있는 비밀병기다.

겉보기는 느슨해보였지만 속은 타들어 갔던 기술자그룹

기술자립 계획 수립 당시 한국원전의 AE 조직은 기관의 성격이 겉으로는 공공기관처럼 인식되었지만 원전산업 속내를 들여다보면 발주기관인 발전운영사와 계약관계에 놓인 갑을관계, 즉 종적인 관계였다. 외부 시각에서는 직무의 강도가 낮아 상당히 느슨해 보였던 게 사실이었다. 700여 명이 넘는 기술자그룹이 사업조직에서 고작 원전 2기 AE에 매달리는 비대한 조직으로 봤다. 외부시각은 자연스럽게 공공조직 특유의 느슨한 일로 본 것이다. 그러나 AE조직 내부는 사업 착수와 동시에 기술자 개개인과 기술그룹책임자에게 생산해야 할 성과물(예: 계산서, 도면, 시방서, 보고서 및 매뉴얼 등)별 책임이 부여되었다. 특히 계산서와 도면, 시방서는 묶음이 아닌 낱장 단위로 고유번호가 부여되었고 착수에서부터 공사용 발행까지 7단계에 대한 일정이 부여되도록 설계됐다. 초기에는 구체적인 일정이 결정되지 않았지만 IPS 개발이 완료됨과 동시에 모든 성과물에 단계별 일정이 결정되었다. 낱개 단위로 엔지니어링관리(ECS, engineering control service)팀이 일정 계획과 진행현황을 일일 단위로 모니터링하기 시작했다. 기술자그룹은 외부에 노출된 것과 달리 일정 준수에 대한 스트레스가 견디기 어려울 정도도 높았다. 국내 일반건설에서 도면을 묶음 단위로 하여 개인이 아닌 사업부서 전체에 책임 있는 것과 달리 선진 AE사와 같은 관리체계를 구축하여 공사일정에 맞췄던 게 프로젝트를 성공시켰던 비결 중 하나였다.

기술자그룹의 직무강도를 낮추기 위해 사업행정 업무를 분리했다. 별도 조직이 'desk to desk' 서비스를 제공함으로써 기술자들을 행정업무로부터 해방시켰다. 당시로서는 파격적인 조처로 개인책상에 컴퓨터 터미널(당시는 PC가 보편화되지 않고 대신 주전산기에 터미널을 연결)을 설치해줬다. 데이터 검색과 앉은 자리에서 필요한 사람과 메시지를 주고받을 수 있도록 하여 기술자의 직무몰입 시간을 최대한 보장했다. 기술자그룹의 직무시간을 늘려 답습을 통한 기술축적 시간을 극대화하는 전략이었다.

타 산업과 기술에 파급시키는 'spill over' 전략

한국원전 기술자립 및 독립 목표 달성은 원전산업 생태계의 일환으로 지목된 기관에는 당연했지만 참여기회를 갖지 못한 타 산업과 기술자그룹에게는 불공정 혹은 편파적인 지원이라는 비난을 받을 수 있는 상황이었다. 실제 산업체가 자유시장 논리를 내세우면서 정부 지원 없이 외국기술과 자본을 활용하여 기술을 개발하겠다는 주장을 언론 매체를 통해 공개적으로 밝히기도 했다. 정부의 산업합리화 조처에 대해 반론을 제기했다. 이러한 특혜성 시비를 차단하기 위해 당시 정부가 내세웠던 전략은 기술의 파급효과(spill-over)였다. 원전기술 자립을 통해 축적된 기술을 타 산업과 기술에 전파하겠다는 전략이었다. 이를 위해 공공조직(발주자와 AE, 그리고 한국원자력연구소 등)에 산업지원팀을 따로 결성하기로 했다. 구호성 전략이 아닌 직접 실행력을 홍보하기 위한 전략이었다. 당시에는 이 전략이 상당한 힘을 얻었다. 실제 산업지원팀이 산업체 요구에 따라 수요처를 방문하여 기술자문을 하기도 했다. 일부 직원은 이예 수요 회사로 자리를 옮기는 사태까지 발생했다. 원전산업은 기술자 유출이 해외가 아닌 국내사이기 때문에 기술파급 효과라는 명분으로 스스로 위안을 삼기도 했다.

원전기술 개발과 축적을 통해 얻은 검증된 기술을 타 산업과 기술에 전파(spill over)하겠다는 캠페인을 지속적으로 펼쳤다. 모든 산업과 기술을 동시에 고도화시킬 수 없기 때문에 원전기술을 선도적으로 독자기술을 확보하여 얻은 기술을 공유하겠다는 약속을 강조했다. 기술의 파급효과 캠페인이 예상보다 국민과 산업체로부터 많은 호응을 받았다.

국민 응원을 유발시켰던 에너지 독립 구호

처음에는 원전기술자립 계획에 에너지 독립은 포함되지 않았다. 기술자립만이 포함되어 있었다. 기술자립 계획 및 전략 수립의 배경에는 문서로 나타나지 않았지만 그 내면에는 에너지 빈국 탈출과 독립이라는 분명한 명분이 있었다. 정책과 국가예산 투자는 기술자립보다 에너지 독립국이 되는 데 더 큰 목표를 두었다. 한국에 영향을 미치는 주변국의 시선을 우려했기 때문이다. 정부 문서에는 포함되지 않았지만 원전기술의 자립이 가져오는 국가차원의 혜택이 석유와 석탄 수입으로 인한 외화 유출을 방지할 수 있다는 기고문 형태로 신문에 싣기 시작했다. 때마침 1970년대와 1980년에 걸친 석유파동이 국민이 일상생활에서 체감했던 에너지 위기 경험이 에너지 독립 지위 확보를 위한 기술자립을 적극적으로 응원하는 계기를 만들어 주었다. 안전에 대한 위험보다 과학기술의 힘을 더 믿었기 때문으로 추정된다. 국민이 원자력기술에 가졌던 신뢰감은 1982년 1월 이전에 유효했던 야간통행금지(12:00AM ~ 04:00AM) 시간에 한국원자력연구소 출입증이 프리패스 역할을 할 정도로 인정을 받았다. 국민적인 공감대가 응원을 이끌어냈고 공사현장에서 일하는 근로자까지 원전기술 자립에 동참하는 의욕이 한국원전의 기술자립과 세계최고 기술수준에 이르게 만든 힘의 원천이었다.

원전기술 자립과 기술독립은 한국원전 산업 전체가 동참하는 공동의 목표였다. 정부는 목표 달성을 위해 정책의 일관성을 유지했다. 정책이 일관성을 유지 할 수 있었던 배경에는 국민의 응원이 있었기에 가능했다. 첫 출발은 경제성장을 위해 첨단의 원자력 기술자립이었다. 그러나 기술자립의 최종목표는 내수시장보다 해외시장이었다. 정책을 유지 할 수 있었던 배경에는 원전이 자원 빈국 한국의 에너지를 독립시킬 수 있다는 국민의 신뢰가 있었다. 국민의 신뢰가 높아졌던 배경에는 중동발 석유파동이 몇 차례 일어나면서 한국경제의 대외 의존도를 실감하게 만들었던 사건들이 있었다. 국민의 자가용 구입이 유행처럼 되었던 시대와 석유파동이 겹쳤다. 또한 공동주택이 단독주택을 밀어내면서 연탄보다 중앙난방이 급증하던 시기에 일어났던 석유파동은 가정경제 부담을 유발했을 뿐만 아니라 공동주택의 중앙난방이 제한 공급됨에 따라 에너지 빈국 탈출이 시급하다고 공감하는 국민이 늘어났다. 원전건설로 자원 빈국 한국을 에너지 독립국이 될 수 있다는 구호가 국민의 주목을 끌어 낼 수 있었다. 출발은 기술자립이었지만 종점에 도달하게 만든 것은 에너지 독립 캠페인이었던 셈이다. 에너지 독립국에 대한 국민의 염원이 원전 정책의 일관성을 뒷받침했다. 정책의 일관성이 한국원전 기술을 자립단계를 넘어 독립단계로, 다시 독립단계에서 국제경쟁력 단계로 진입을 가능하게 만든 한국원전 정책의 비밀병기가 되었다.

기술 확보를 위해 추월선을 선택했던 한국기술자그룹의 열정

원천기술이 거의 없는 국가와 산업에서 기술력을 확보하는 보편적인 방법은 선진기술 벤치마킹과 복제다. 한국원전도 기술의 실체를 파악하는 단계까지는 선진 AE사의 벤치마킹과 입수된 자료 복제가 주류였다. 복제를 통해 기술의 실체를 파악했다. 한국원전의 기술자립 목표는 기술독립이었지 복제기술확보는 아니라는 사실을 항상 새겼다. 기술자립 계획 및 전략 완성 당시 한국 AE조직의 기술자립률(엄격히는 국산화율) 40% 수준으로 스스로의 역량을 평가했다. 기술독립에서 국제기술경쟁력을 확보하기 위해서는 복제가 아닌 기술창조의 길을 선택해야 했다.

기술자립율 40%에서 'Add-on'으로 출발하자는 주장이 나왔지만, 자립률 40%를 포기하고 그라운드 제로에서 새롭게 출발하자는 방향으로 선회하기 시작했다. 기술자립 40%까지 오르는데도 5년 이상의 시간이 소요되었는데 0에서 100으로 가는 시간은 더 걸릴 것이라는 주장도 나왔다. 다양한 주장과 논란에도 불구하고 그라운드 제로에서 출발하기로 했다. 선진 AE를 추격하기 위해서는 출발 자체를 선진 AE사가 가는 차선이 아닌 추월선을 선택한 것이다. 선진 AE사와 차별화로 가야 한국원전 기술이 성공할 수 있다는 주장이 힘을 얻었다. 불확실한 도전에 대한 성공 여부에 리스크가 있었지만 한국기술자 그룹 특유의 열정과 헌신이 새로운 도전장을 내밀게 만든 것이다. 이런 결정의 배경에는 OJP와 OJT과정을 통해 기술자 개개인의 기술 수준은 선진 AE 기술자 못지않다고 확신했기 때문이다. 사업과 기술 구사를 위한 기반 환경, 즉 시스템엔지니어링 기반의 PM 체계를 구축하면 충분히 목표를 달성할 수 있다는 확신이 있었다.

한국원전의 기술자립 목표 달성은 정책과 인재양성을 위한 막대한 투자 덕분이기도 하지만 투자보다 더 큰 동력은 '한국기술자그룹의 열정'이었다. 이 열정은 법과 제도, 그리고 돈으로 해결할 수 없는 것이다. 더구나 기술 확보에 대한 책임을 개인보다 팀 혹은 부서 단위로 부여했기 때문에 기술자 개인은 직접적인 책임에서 벗어나 있었다. 그러나 개개인의 기술자가 스스로 자신에게 책임을 지우게 만든 열정이 있었다. OJP와 OJT에 참여했던 기술자는 물론 실제 사업에 투입된 기술자가 기술자립 목표 달성에 적극적으로 참여했다. 일종의 자원봉사 활동이었다. 개인의 시간과 노력이 희생되더라도 프로젝트 목표와 기술 확보를 위해서라면 열정적으로 참여했다.

기술자립과 기술고도화를 위한 추월선 출발이 공개되면 후속기준비반의 예측으로는 상당한 반발이 일어날 것으로 예상했지만 우려와는 전혀 다르게 기술자그룹 어느 누구도 반대하지 않았다. 자신이 축적해 놓은 기술이 무시 될 수 있음에도 불구하고 새로운 도전에 동참했다. 성공할 것으로 확신하지 못했지만 '해 보자'는 인식이 광범위하게 퍼졌다. 희생을 각오하더라도 성공시켜 보자는 열정에 동참했다. 기술자 누구에게도 강요하거나 주문하지 않았다. 그럼에도 불구하고 프로젝트 조직 전체 분위기가 힘을 한곳으로 모아가기 시작했다. 하나로 모아진 힘에 열정이 보태지면서 시너지 효과를 높였다. 외국 기술자들의 눈에 비친 한국의 기술자들은 'workaholic(일 중독자), party animal(일종의 주당)'이었다. 일하는 시간이 자신들보다 훨씬 길었을 뿐만 아니라 늦은 퇴근에도 불구하고 저녁 술자리는 빠지지 않은 한국기술자그룹의 현실을 목격하면서 생겼던 인식이었다. 저녁 술자리가 단순히 유흥이 아닌 팀별 단합을 위한 수단이었다는 사실을 외국기술자는 이해하지 못했다. 시스템에 의해 조직이 움직였던 외국 AE와 달리 한국의 조직 문화는 시스템보다 팀워크와 분위기가 더 큰 영향력을 발휘한다는 한국적 특성에 대한 경험이 부족했다. 팀워크와 분위기는 한국기술자그룹의 열정이 한국원전의 기술독립을 성공시켰던 이유 중 하나였다. 만약 열정이 없었다면 겉으로 드러난 기술자립 목표 달성보다 훨씬 뒤처진 기술역량을 확보했을 것으로 판단된다. 열정이 결과적으로 기술자립 목표에서 국제기술경쟁력 확보로 전선을 확대시킬 수 있었던 원동력이 되었던 셈이다.

세계 기술최강국 진입을 위해 풀어야 할 과제

세계 어디에도 완벽한 기술을 가진 기관은 존재하지 않는다. 원전산업체 나름대로의 장점과 약점을 동시에 가지고 있다. 한국원전은 국내 16기와 해외 4기 등 20기에 달하는 원전건설과 운영 경험을 가진 기술 강국임은 틀림없는 사실이다. 비록 2017년부터 시작된 탈원전 정책으로 기술개발 및 축적이 멈췄지만 그럼에도 불구하고 원전 원조국 미국, 40기 이상 경험을 가진 영국 등이 가지지 못한 가장 최근의 실증 기술자와 생태계를 보유하고 있다. 세계 어느 국가에서든 신규 원전을 건설하려는 국가에서 한국원전을 입찰 대상에 포함시키는 것은 한국원전 기술이 세계 최고 수준임을 인정하기 때문이다. 신흥국에게는 그라운드 제로에서 출발하여 세계 최고 경지에 오른 한국원전의 기술독립이 기적으로 보일 수 있다. 그만큼 원전기술 자립이 어렵다는 뜻이다. 이러한 한국원전의 대단한 성과에도 불구하고 한국원전 기술이 세계 기술 최강국에 올라서기 위해서는 남겨진 과제를 해결해야 한다. 강점은 더 강하게 하고 약점은 강점으로 바꿔야 한다.

우리가 풀어야 할 과제는 다음과 같다.

첫째, 한국원전 기술자그룹의 자존감과 자신감 회복이다. 탈원전으로 침체된 분위기 반전은 기술자그룹 스스로가 되살려야 하는 책임이다. 한국원전 기술의 최대 강점은 검증된 기술자그룹과 실전 경험을 가지고 있는 것이다. 어느 국가와도 비교할 수 없는 강점이다. 하지만 우리는 이런 강점에 대한 자신감이 낮다. 역량을 스스로가 믿지 않는 겸손(?)은 극복해야 한다.

둘째, 기술수준에 맞는 PM시스템 브랜드 구축이다. 한국원전 산업, 특히 AE와 발전운영사가 주도해야 한다. 흩어진 전문가 집결과 투자가 동반되어야 한다. 다음은 금융지원과 탈원전정책에 대한 정부 몫이다. 호기당 40억~60억 불에 이르는 투자비를 자체적으로 동원할 수 있는 국가는 거의 없다. 당연히 프로젝트금융을 주선해야 한다. 동시에 국내 탈원전 정책을 유지하는 한 국제경쟁시장에서 우승자가 되기를 기대하는 것은 이율배반적이다. 한 번의 건설로 운영수명기간 동안 사후관리서비스를 받아야 할 발주기관의 입장을 충분히 고려해야 하기 때문이다.

셋째, 엔지니어링 프로세스인 'input(입력) → process(분석 및 생산) → output(검증)'에서 시작과 종결 부문을 강화해야 한다. 특히 'input & output' 역량은 세계원전시장에서 기술자문이나 발주기관의 대리인 PMC 시장에 독자적으로 진출하기 위해서는 필수적인 과제다. 일괄패키지가 아닌 서비스 분할 발주시장에도 한국원전이 진출하기 위해서 반드시 강화시켜야 할 과제다. 한국건설이 주목하는 세계 PMC 시장에 도전하기 위해서는 '엔지니어링기술+PM'통합역량 구축이 필수다. PMC 서비스 시장의 부가가치는 엔지니어링이나 공사보다 훨씬 높기 때문에 선진기업체의 독무대가 되고 있는 것이다. 이 부문이 강화되면 한국원전 기술은 세계 최고 수준에서 세계 기술 최강국으로 올라설 수 있게 된다. 여기까지 오는 데 만족으로는 세계 최강국 문턱을 넘어설 수 없다.

넷째, 주요 기자재공급 실적과 생산시설을 갖추고 있는 국내 산업체에 원전시장의 부활을 알려야 한다. 세계 원전시장에 주요 기자재를 공급하기 위해서는 반드시 국제인증서를 취득해야 한다. 포기한 국제인증서 재취득을 서둘러야 한다. 산업체는 미래 일감이 확실하게 보일 때 투자하기 시작한다는 사실을 인지해야 한다.

다섯째, 한국원전의 실적과 기술, 매력을 포괄하는 국제 마케팅 프로그램 개발을 서둘러야 한다. 살아있는 실적과 검증된 기술에 비해 한국원전의 마케팅 프로그램은 가장 취약한 부분 중 하나다. 한국원전의 국내외 프로젝트 성공을 통해 인지도는 확보되어 있다. 수요자 요구 맞춤형 서비스패키지를 제공할 수 있는 역량을 알려야 한다. 숨겨야 할 기술과 경험, 그리고 매력을 높이는 한국원전의 기술자립과 독립 경험을 부각시키는 전략이 필요하다.

한국원전은 신규원전을 도입하려는 국가에게는 가장 매력적이다. 한국원전 산업은 국제입찰대상자에 초청되는 단골손님이다. 그러나 여기까지다. 기술과 매력을 세계시장의 서비스 상품으로 연결시키기 위해서는 풀어야 할 과제가 많다. 한국원전 기술은 최고임에 비해 기술 최강국까지는 도달하지 못했다. 최강국은 기술경쟁의 승자가 아니다. 수요자가 경쟁에 부치는 방식이 아니라 서비스공급자가 입찰시장의 참여 여부에 대한 선택권을 가질 수 있어야 한다. 세계원전건설시장에서 일어나는 입찰경쟁은 국가대항전이지 산업과 산업 간 경쟁이 아니다. 기술경쟁은 우열에 의한 경쟁이 아닌 상수다. 반드시 갖춰야 하는 필수조건이라는 의미다. 국가 간 기술을 평가하는 잣대가 다르기 때문에 기술력을 상대 비교하는 우리가 생각하는 만큼 차이가 크지 않다.

2 재무장이 필요한 한국의 원전기술

'Only Korea(독점)'에서 'Core Korea(국제협력)'으로 모드 전환

탈원전 정책 선언으로 한국원전이 30년 이상 기술력 강화 정책을 유지했던 한국원전 생태계가 국내 시장에서 위협을 받고 있다. 경험과 검증된 기술을 가진 기술자그룹은 이탈하기 시작했고 대학과 대학원의 청년층 인재 진입이 감소했다. 세계적인 설비를 갖춘 기자재 공급 업체 상당수가 국제인증자격 유지와 포기에 대한 내적 갈등이 심각해졌다. 이렇게 탈원전 정책으로 국내 갈등이 심해지고 있지만 세계 원전시장에서는 여전히 한국원전 산업과 기술을 주목하고 있다. 이집트 원전건설에 한국업체[46]가 비록 2차측 건설사업이기는 하지만 터빈제네이터건물(T/G)과 보조건물 공사에 단독으로 계약우선협상대상자로 선정되었다는 사실 자체로 설명될 수 있다.

아직 불씨는 살아있다. 하지만 한국원전 산업이 국제원전 건설시장에서 세계 최고기술 수준을 상품으로 연결되기 위해서는 과거와는 다른 접근 방식으로 기술을 재무장시켜야 한다. 기술자립을 기반으로 했던 기술력 강화 정책과 전략에 대한 전면적 수정이 불가피하다. 기술자립은 국산화를 통해 국내시장 보호가 1차 목적이었지만 이러한 한국원전의 기술자립 정신으로는 세계시장과 발주자의 수요를 맞출 수 없다. 세계시장 진출을 확대하기 위해서는 국산 독점(only Korea) 정책을 포기해야 한다. 상대국의 자원을 최대한 활용하는 전략 개발이 필요하다. 한국원전 기술이 반드시 지켜야 하는 핵심기술과 기자재(core Korea) 부문과 상대국에게 개방해야 할 기술과 기자재 부분을 결정

46) 한국경제신문(2021), 한수원, 이집트 원전 건설사업 참여(경제 15면), 2021.1.3

해야 한다. 국제거래 시장은 언제나 그랬듯이 '주고받기(give & take)'가 기본이다. 주는 것을 최대한 많게 할수록 유리하다. 박리다매식이다. 받는 것은 원가(cost)보다 가치(value)를 중시하는 부가가치 중심이어야 지속가능성이 있다. 양보다 질에 무게를 실어라는 주문이다.

한국원전 기술 중심에는 경험과 검증된 지식을 가진 기술자그룹이 가장 큰 자산 중 하나다. 한국원전이 잘하는 기술은 더 잘하게 만들고 국제시장과 공유해야 할 부분은 더 과감하게 기술이전 혹은 기술공유 프로그램을 개발하여 신규원전 도입 국가와 산업에 알려야 한다. 한국원전 기술의 국제위상은 기술독점보다 국제협력 혹은 국제공유 전략을 펼쳐야 할 위치에 도달했다는 사실을 염두해야한다. 이 전략이 한국원전 산업체에게 일감을 마련 해 줄 수 있고 기술자그룹에게 양질의 일자리를 제공할 수 있는 길이기 때문이다.

한국원전의 마피아 이미지 탈피

전쟁터에서 가장 무서운 적은 내부에 있는 적이다. 기술자립에서 기술독립, 한국원전의 고유한 생태계를 구축하는 과정에서 자신도 모르는 사이에 '원전산업과 기술'이라는 울타리를 치게 됐다. 일반 건설이나 산업설비공장과는 비교할 수 없는 고급기술이라는 자만심이 보이지 않는 경계선을 긋게 되었다. 기술보호를 넘어 기술독점이라는 이미지를 강하게 심어줬다. 정부정책은 기술파급 효과를 노렸지만 산업은 자신의 활동 영역을 보호하는 이미지로 비춰졌다. 2017년 탈원전 정책이 발표되자 원전산업계는 반발했다. 그러나 외곽에 있는 기술자그룹은 이를 외면했다. 보이지 않았던 울타리가 실체 일부를 드러냈던 것으로 보인다. 한국원전 산업생태계 밖의 기술자그룹이 '원전 마피아'로 불렀던 이유가 드러난 결과로 판단된다. 기술자그룹과 산업체 연합이 한국원전 기술을 재무장시키기 위해서는 한국원전 산업생태계 스스로 경계선을 허물어야 한다. 결자해지(結者解之)의 마인드가 필요한 시점이다.

국민의 신뢰 회복

한국원전 건설에 국민이 동참했던 배경에 자원빈국 탈출과 과학기술에 대한 공감대가 있었다. 1979년 3월 TMI 사고와 1986년 4월 체르노빌원전 폭발사고에도 국민인식이 흔들리지 않았던 것은 과학기술에 대한 신뢰가 있었기 때문이다. 2011년 3월 후쿠시마 원전 사고로 인해 원전의 방사능 유출이 국민적 관심사로 급속하게 퍼져가고 있었다. 환경단체나 반원전 단체가 내놓는 원전사고 위험에 비해 원전 마피아그룹의 대응은 너무 자기중심적이었다. 인류가 예상할 수 있는 모든 사고, 큰 사고마다 새로운 안전장치를 강화했기 때문에 기술자그룹 스스로는 자신했을 것으로 보인다. 언론을 통해 국민을 이해시키려 하기보다 자신의 정당성 주장에 시간과 지면을 할애했다. 마치 국민이 스스로 알아주기를 바랐던 것 같다.

국민에게 과학기술의 힘을 강조하기 위해서는 '짧지만 강한 메시지'가 필요하다. 과학기술의 힘을 이해하지 못하는 것을 국민의 탓으로 돌리는 것은 한국원전 기술자그룹의 잘못이다. 이해를 시켜야 할 책임을 국민에게 돌리는 것은 스스로 또 다른 원전 마피아로 고립되는 결과로 이어질 뿐이다. 한국의 나로호 우주선 발사가 연거푸 실패했어도 국민이 나로우주센터에 응원을 거두지 않는 이유가 있다. 우주선 발사 성공이 가져올 기술과 경제 파급 영향을 기대하기 때문이다. 지구온난화와 탄소중립, 값싸고 질 좋은 전력 에너지의 안정적 공급과 에너지 독립국의 염원에 동참하지 않을 국민은 없다. 국민에게 한국원전의 과학기술이 국민의 염원을 해결해 줄 수 있다는 강력한 신호를 지속적으로 보내야 한다. 과학기술자그룹이 스스로 확신하지 못하는 공학기술이라면 국민에게 솔직하게 고백하는 편이 국민과 사회를 위해서 훨씬 나은 선택이다.

지속적인 기술혁신

2016년 1월 스위스 다보스포럼에서 공개된 제4차 산업혁명 선언은 새로운 기술 세계의 등장을 의미한다. 미국과 독일을 중심으로 산업계의 디지털 전환 바람은 일과성이 아닌 새로운 기술의 등장을 의미하게 됐다. 고유기술을 발전시키기보다 고유기술에 디지털 옷을 입히는 융합기술이 대세로 떠올랐다. 2021년 1월 세계 최대 전자박람회로 불리는 미국 라스베가스 CES에서 기조연설자로 나선 기술소비자협회(CTA) 의장인 게리 샤피로[47]는 '과거 200년간의 변화보다 앞으로 2년의 혁신이 더 중요하다'고 말했다. 이와 함께 기술변화 속도에 선두로 나설 수 있는 유일한 방법이 디지털기술 밖에 없다는 주장까지 곁들였다. 2015년 1월 다보스포럼[48]에서는 산업의 지속적인 발전을 저해하는 10대 요소에 기술의 변화 속도를 포함했다. 기술의 변화 속도를 지적한 말들이다.

세계시장에서 시간 단위로 변하고 있는 기술생태계는 기술의 완성을 허용하지 않는다. 완성된 기술은 정체되기 마련이다. 기술의 정체는 곧 후퇴를 의미한다. 눈 깜짝하는 사이 새로운 기술이 등장하여 정체된 기술을 추월한다는 의미다. 1986년부터 2016년까지는 30년 이상 지속하여 원전기술을 고도화해왔지만 2017년 이후 멈춰선 기술발전으로 한국원전 기술이 후퇴길에 들어

47) 한국경제신문(2021), 한경MOOK CES 2021
48) 매일경제신문(2015), 2015 다보스 리포트: 불확실성과 변동성의 시대, 성장 해법을 찾다

설 수 있음을 의미한다. 기술의 재무장은 물론 완성된 기술도 고도화해야 한다. 기존 기술에 디지털 옷을 입혀야 한다. 플라스틱 모델에서 3D, 이제는 디지털트윈 공간기술로 기술을 혁신시켜야 한다. 기술혁신 못지않게 PM기술과 시스템도 고도화해야 한다. 2009년부터 시작되었던 디지털원전기술 개발과제를 부활시켜야 한다. 한 기관이 아닌 한국원전 산업 전체가 동참해야 할 숙제다. 인지도에 만족하는 것은 기술의 유효기간을 망각할 때나 가능했다. 기술의 유효기간은 생각보다 짧아졌다. 한국원전에 기술을 전수해줬던 글로벌 최고 기업이 2000년 이전까지만 해도 건설기술의 유효기간을 10년으로 봤지만 불과 10년 뒤인 2010년에 기술의 유효기간을 5년으로 보기 시작했다는 점은 한국원전의 기술혁신에도 많은 시사점을 주는 메시지다. 정책 및 예산지원으로 거둔 기술독립을 국제시장의 상품으로 연결시키지 못하는 책임은 오르지 한국원전 산업계의 몫이다.

조동화 시인의 시 '나 하나 꽃 피어'처럼 '내가 물들고 너도 물들면, 온 산이 활활 타오른 것'을 생각할 때다. 처음부터 우리가 아닌 당사자인 나부터 기술혁신을 해가면 산업 전체가 따라오게 되어 있다는 확신이 필요하다. 세계 최고 수준의 기술이 타국의 지배 아래에 놓이기 전에 서둘러야 한다.

3 한국원전기술이 국가대표 건설기술 개발에 주는 10大 메시지

풍부한 실적, 부족한 국가대표 건설기술

세계경제포럼(WEF)가 매년 발표하는 국가경쟁력 비교에서 한국의 인프라 축적도는 144개국 중 6위[49]에 올라 있을 정도로 높다. 1962년 제1차경제개발계획 원년에 한국의 사회간접시설 축적도는 최하위였을 정도로 열악했다. 6·25 전쟁으로 폐허가 된 교통이나 에너지시설을 복원할 기회가 없었기 때문이다. 양적 축적으로만 비교하면 한국의 대중교통인프라는 물론 발전에너지 인프라는 세계가 부러워할 정도로 충분한 수준이다. 가장 최근에는 전 세계 교량 중 교각과 교각 사이가 최장인 터키 차나칼레교량의 상판구조물이 연결[50][51]되어 최근 완공됐다. 설계에서부터 시공 전(全)단계가 순수하게 한국기술로 완성됐다. 세계적인 랜드마크이지만 한국건설을 대표하는 브랜드 기술로 자리매김하지는 못했다.

세계가 부러워하는 막대한 인프라 건설 경험과 실적을 보유하고 있으면서도 한국건설을 대표하는 브랜드 기술이 없는 점은 반성의 여지가 크다. 지구상에 인류가 건설하는 각종 인프라 시설 중 가장 수준 높은 기술을 요구하는 원전기술은 세계 최고 수준에 도달했다고 평가되고 있다. 한국원전 산업과 기술이 국제원전 시장에서는 인정받은 경험에서 시사점을 찾아야 한다. 한국원

49) WEF(2017), The Global Competitiveness Report 2017~2018

50) 조선일보(2021), DL이앤씨·SK에코플랜트, 세계 최장 현수교 '터키 차나칼레대교' 상판 설치 시작, 2021.7.27.

51) 데일리 에이엔뉴스(2022), 순수 국내 기술로 구현한 체계 최장 현수교인 터키 차나칼레대교 마지막 퍼즐 맞춰, 2022.1.1. : 2021년까지 세계 최장인 일본의 아카시대교의 1,991m보다 32m가 더 긴 2,023m에 달함.

전의 건설기술 확보가 국가대표 건설기술을 창조하는데 주는 메시지를 10가지로 정리해보면 다음과 같다.

메시지 1 : 기술정책은 멀리보고, 일관성을 유지하자

자유시장 경제 상황에서 국가를 대표하는 건설기술은 정책과 산업체 연합으로 만들어질 수밖에 없다. 개발자 혹은 사용자의 일방통행식 노력으로는 불가능하다. 산업체가 국가대표 건설기술 만들기 프로젝트에 참여하기 위해서는 기술정책의 일관성 유지가 필수다. 건설기술 개발에 장기간 및 많은 비용이 소요되기 때문에 예측 가능한 시장이 보여야 산업체가 기술개발 투자를 할 수 있다. 그리고 기술정책의 일관성 유지는 산업체가 시장을 예측 가능하게 한다. 기술개발 및 축적과정에 수시로 발생하는 외부 환경에 휘둘리지 말아야 한다. 한국원전의 기술정책이 30년 동안 3번의 큰 위기에서도 흔들리지 않았던 결과가 주는 메시지다.

메시지 2 : 공공과 민간의 역할을 명확하게 분담하자

공공의 영역과 민간의 영역이 대립적이면 시장 필패로 이어진다. 정부 R&D 예산만으로 건설기술을 개발할 수 있다는 주장은 착각이다. 세계시장에서 건설은 국가 간 거래가 아닌 산업과 산업 간의 거래가 기본이다. 완성된 상품(예: 교량이나 석유·화학플랜트, 해저터널 등) 기술은 산업체가 주도하고 정부 R&D 예산이 매칭펀드 형태로 지원하는 게 바람직한 모델이다. 정부 R&D 투자를 통해서는 기초기술(예: 내진해석, 장수명, 화재 예방 등)과 기초자재(예: 초고강도 콘크리트, 내화재, 3D 원료 등) 개발에 집중하는 것이 바람직하다는 판단이다. 그리고 이러한 기초기술과 기초자재는 산업체가 생산하는 시장상품 생산기술의 자원으로 활용할 수 있도록 한다. 예산지원보다 더 큰 효과는 개발기술에 대한 사용처 보장이다.

메시지 3 : 인재양성이 기술개발 투자보다 우선이어야 한다

우리나라 건설기술 R&D 예산투입은 세분화 및 파편화된 과제에 배분되어 있다. '독립기술'은 있지만 '완성된 상품'의 기술이 보이지 않는다. 세분화된 독립기술을 활용하기 위해서 산업체가 인력을 길러야 하는 부담이 따른다. 현재 국가 건설 R&D에서는 인재양성을 기술개발의 부속과제로 취급한다. 기술투자에 앞서 인재양성 투자를 우선해야 한다. 기술은 쉽게 사라지거나 변하지만 기술개발을 주도한 기술자그룹은 계속 남아있다. 개발된 기술을 고도화시키는 것은 인재의 몫이지 기술 자체가 해결사가 될 수 없다.

메시지 4 : 기술운영 기반 환경으로 혁신하자

기술 스스로는 운영환경을 변화시킬 수 없다. 운영환경 기반이 기술을 지배한다. 국가대표 건설기술이 개발되려면 반복기술을 답습하는 환경에서 탈출해야 한다. 신기술이 자유롭게 구사될 수 있는 운영기반 환경이 구축되어야 한다. 정부 R&D 예산이 2천억원이 넘게 투자되는 스마트건설기술개발은 2030년 건설현장의 제조공장화를 추구하고 있다. 건설기술의 운영환경 혁신이 절대적으로 필요하다. 국가대표 건설기술을 만들려면 기술운영 환경기반을 먼저 혁신해야 한다. 기술 활용에 대한 책임은 계약자의 몫이며, 기술기반 운영환경 제도의 개혁은 정부 몫이다.

메시지 5 : 복제기술에서 탈출하자

한국건설 기술은 아직 추격자 궤도에서 벗어나지 못했다. 선진기업의 기술 복제는 도면이나 시방서 복제이지, 도면과 시방서를 생산해내는 지식기반의 기술은 아니다. 복제기술로는 절대 선진기업을 따라잡을 수 없다. 국가건설을 대표하는 기술이 될 수 없다는 뜻이다. 선진국 대비 몇 %인지 여부에 따라 R&D 과제를 선정하는 프레임에서 벗어나야 한다. 선진국 대비 % 잣내는 설대 100%가 될 수 없다. 융합기술 및 디지털기술은 지식기반의 알고리즘인 원천기술이지 복제기술이 아니다. 현재 한국경제 수준은 예전과 같이 복제기술만으로 생존하기 어려울 만큼 성장해있다. 국가를 대표하는 건설기술을 만들기 위해서는 추격만 하는 것이 아니라 추월선으로 차선을 바꿔야 가능하다. 한국원전이 독자기술로 인정받는 이유는 어렵지만 추월선을 탔기 때문에 가능했다.

메시지 6 : 수요자의 눈높이를 넘어서는 건설기술을 확보하자

건설의 속성은 '선 주문, 후 생산'이 기본이다. 기술의 3最(최고·최첨단·최신)는 공급자가 주관적으로 판단하는 절대평가에 불과하다. 주문자 혹은 기술 수요자는 최단공기(time), 최소비용(cost)으로 최상의 품질(quality)과 성능(performance)을 찾는다. 기술공급자의 3最와 기술수요자의 3最가 다른 것이다. 기술은 공급자의 몫이지 수요자가 책임져야 할 몫이 아니다. 국가를 대표하는 건설기술은 주문자의 상품(예: 교량이나 건물 등)에 대한 3最(T·C·Q·P)를 어떻게 만족시켜 줄 것인지 경쟁자와 상대 비교했을 때 절대적으로 우위에 설 수 있어야 한다. 공공기술 수준을 세계 최고 수준으로 올리기 위해서는 공공 발주기관의 주문 수준을 올려야 한다.

메시지 7 : 시스템 기반의 엔지니어링 기술 마인드를 가지자

세계시장을 지배하는 것은 요소기술이 아니라 상품기반의 기술이다. 요소기술과 상품기반의 기술을 동일하게 보는 것은 공항기술을 도로, 활주로와 동일선상에 놓는 격이다. 활주로 기술은 공항운영시스템 기술 중의 극히 일부의 기술이며, 핵심이 아닌 부속기술에 불과하다. 국가대표기술은 공항은 될 수 있어도 도로 및 공항기술은 될 수 없다. 부속기술을 국가를 대표하는 건설기술로 착각하지 말아야 한다. 건설기술자그룹의 요소기술은 숲이 아닌 나무에 불과하다. 숲을 만들 수 있는 기술은 토목 혹은 건축 등으로 한정짓는 칸막이 기술이 아니다. 한국원전 종합설계(AE)의 기술자립을 위해 발전 및 원전시스템 엔지니어링 교육과정을 거치도록 강제했던 것은 공학기술을 시스템으로 접근하라는 메시지였다. 글로벌 기업의 기술자 수준으로 만들기 위해서는 건설기술자그룹을 시스템 마인드로 무장시켜야 한다.

메시지 8 : 기술개발과 고도화 사이클 구축하자

정부가 건설기술 개발과제를 선정할 때 가장 먼저 과제중복 여부를 심의한다. 한 번의 R&D 투자로 기술개발이 완성되는 것처럼 인식한다. 국내 건설기술에 축적과 혁신 과정이 빠져있다. 국내 건설기술 정책은 'From to End' 기반의 일방향이다. 원전건설 기술은 '기술개발 → 실사용(축적) → 혁신(고도화) → 실사용'으로 이뤄지는 사이클을 구축했기에 세계 최고 수준에 올라설 수 있었다. 국가대표 건설기술을 만들려면 'input(기술개발) → process(실사용) → output(축적) → 실사용(고도화)'으로 이어지는 선순환 사이클을 구축해야 가능하다. 건설기술은 정체가 아닌 살아 움직이는 생명체라는 사실을 언제나 기억해야 한다. 기술의 정체는 곧 퇴보를 의미한다.

메시지 9 : 기술 평준화 사고에서 탈출하자

국가대표 건설기술은 국제올림픽 경기와 비교하면 대표선수와 같다. 세계 건설시장은 국가 대항전과 같다. 국가대표 기술 간의 경쟁으로 이해해야 한다. 올림픽 경기에 출전하는 선수는 국가대표다. 아무나 참가할 자격이 주어지지 않는다. 출전 선수의 수도 제한받는다. 국가대표 건설기술이 국제경쟁 무대에 올라가야 한다. 시장과 상품을 좌우하는 것은 평균기술이 아닌 핵심기술, 즉 대표기술이다. 선도기술이 평균기술을 높이지, 평균기술이 선도기술 수준을 절대 높이지 못한다. 국가대표 건설기술을 만들기 위해 기술평준화 사고에서 빨리 탈출해야 하는 이유다. 올림픽 메달은 선수 개인의 명예와 국민 정서를 순간 높이지만 대표기술은 국민의 일자리와 경제를 지속적으로 활성화시킬 수 있다. 대표선수를 만들기 위해 4년의 훈련기간이 필요하지만 대표기술 개발은 훨씬 긴 시간과 투자가 필요하다. 그만한 가치가 있기 때문이다.

메시지 10 : 기술은 시장 수요를 앞서야 한다

전 세계건설 시장은 단일산업으로는 세계 최대 시장규모를 가진다. 국토인프라는 국민과 국가가 존재하는 한 사라지지 않기 때문이다. 마치 산소나 물과 같은 존재다. 시장은 국가와 지역에 따라 투자 규모와 인프라 성격이 달라질 수 있다. 발주자의 눈높이는 국가와 사회 소득수준과 직접적인 관계가 있다. 국가대표 건설기술은 시장과 발주자 요구 수준을 한발 앞서 읽어야 한다. 수요 없는 기술은 아무런 쓸모가 없다. 시장과 발주자의 시장 수요를 선도적으로 맞출 수 있는 국가대표 건설기술 발굴에서 답을 찾아야 한다.

에필로그

'High Risk, High Return'
'Low Risk, Low Return'
'No Risk, No Return'
'세상에 Risk Zero 기술은 없다'
'뿌린 대로 거두리라'
첫 달 January는 Janus가 기원이다.
야누스는 앞뒤 2개의 얼굴을 가진 로마의 신화인물이다.
지나간 과거는 절대 바꿀 수 없다.
그러나 미래는 바꿀 수 있다.
한국건설의 대표기술은 어떤 선택을 해야 하는가?

- 저자, 이복남 -

원고 작성을 시작하기 전에는 독자들의 가독성을 높이기 위해 스토리텔링(story telling) 서술방식을 택하기로 마음을 정했다. 한국원전 기술이 독립 수준을 넘어 세계 최고 수준에 올라서는 과정과 내용을 전달하는 데 중점을 두겠다는 의지였다. 하지만 각종 자료와 저자의 경험과 기억을 되새겨 가는 과정에서 스토리텔링 서술방식보다 내러티브(narrative)방식이 더 적합하겠다는 판단을 하면서 집필 방향을 변경시켰다. 시간 흐름에 따른 변화보다 시공간을 초월하는 과정과 방법을 전달하는 것이 더 호소력이 있을 것으로 판단했다. 집필을 위해 통계데이터는 최대한 객관적으로 증빙할 수 있는 수치를 인용하려 노력했다. 물론 자료에 따라 약간의 차이가 발견되겠지만 저자 주관으로 결정했다. 잘못된 수치를 인용했다면 순전히 저자의 잘못임을 밝혀 둔다. 통계데이터는 있는 사실이기 때문에 고칠 수 없지만 데이터의 해석은 주관이 반영될 수 있다. 주저자가 원전건설에 참여했던 15년간의 경험과 지식, 그리고 한국원전 기술자립 전략 및 개발 과정에 참여했던 경험 덕분에 원전기술을 바라보는 시각에 자신감이 있다. 또한, 45년간의 다양한 실무와 연구 경험으로 축적된 과학과 공학기술 및 지식을 국가와 산업발전에 기여 할 수 있다는 확신이 서 있다.

집필을 준비하는 과정에서 저자가 몰랐던 사실을 확인하는 좋은 기회가 되었음을 밝혀 둔다. 국가를 대표하는 기술을 만들어 가는 과정이 얼마나 힘들고 긴 시간이 필요했는지 새삼스럽게 체감도 했다. 원전기술자립 계획 수립 당시 후하게 평가되었던 자립률 40%를 포기하기란 쉽지 않았다. '40% plus 55%'를 포기할 수 있었던 배경에는 한국기술자그룹의 도전 정신과 열정이 있었다. 자립률 40%는 한국이 스스로 개발한 기술이 아니라 선진기업의 기술을 모방하고 복제한 게 전부였다. 여기에 55%를 추가하는 덧셈 접근은 또 다른 모방과 복제를 답습하는 쉬운 방법이라는 것도 알았다. 과학 및 기술자그룹은 복제된 기술, 즉 선진기업을 추격해서는 절대 선진기업을 넘어설 수 없다고 판단했다. 1986년 기술자립 실행 원년에 기술자립률 40%의 포기는 '추격'이 아닌 '추월'하겠다는 선택이었다. 이 결정은 외부에 알리지 않은 엔지니어링 내부조직의 결단이었다. 누구의 지시도 없었다. 한국원전 산업이 처음으로 주계약자로 나설 준비를 전담하는 소수의 리더그룹이 독자적으로 결정했다. 만약 모방과 복제 답습으로 선진기업을 추격하는 방식을 선택했다면 현재와 같은 한국원전의 세계 최고 수준에 도달하지 못했을 것이라 확신한다.

저자는 2017년 6월 탈원전 선언을 접하는 순간, 발전에너지 수급문제보다 30년 이상 축적된 엔지니어링 기술과 주요 기자재 생산설비가 한순간에 무너지지 않을까가 더 걱정되었다. 기술이 파괴되는 것은 순간이지만 축적된 기술 수준을 복원하는 데 수십 배의 시간과 노력이 필요하기 때문이다. 과학 및 공학기술 상실과 건설기술력이 계속 저하되는 현실에 대한 안타까움에 이 책을 집필하기 시작했다. 저자에게 축적된 엔지니어링 기술을 살려내야 한다는 사명감이 남다르다고 자신한다. 4년 이상의 국내외 교육·훈련과 엔지니어링 실무를 통해 한국원전 건설의 안전성을 우려한 기억은 없다. 미국 펜실베이니아주 원전사고(TMI, 1979.3) 발전소를 방문하여 원자로 건물 내부에 들어갔다. 사고 후 5년이 경과되지 않았던 1984년 10월이었다. 원전건설 기술에 대한 확실한 믿음이 있었기 때문에 의심하지 않았다. 2017년 탈원전 정책으로 인해 일반 국민의 원전 안전성에 대한 신뢰가 약화되어 있음은 사실이다. 과학 및 공학기술에 대한 신뢰가 부족하면 당연히 제기할 수 있는 문제다. 일부 환경 단체와 정치권이 탈원전 정책을 주장하는데도 나름의 충분한 이유가 있을 것이다. 지구상에 인류가 얻을 수 있는 에너지 중 'risk zero energy'는 없다. 과학기술로 태생적인 리스크를 최소화해 갈 뿐이다. 국민에게 과학기술을 믿어달라고 호소하기 전에 과학기술자그룹은 국민이 신뢰하도록 노력해야 할 책임이 있다.

원전기술 원조국 미국은 1979년 3월 원전사고 이후 35년간 원전건설을 중단했다. 탈탄소 및 탄소중립 약속을 지키기 위해 미국정부는 원전건설을 재개하기로 했다. 35년간 중단으로 미국의 원전생태계가 붕괴되었다. 기술자는 타 산업으로 이탈했고 생산설비는 타 용도로 전환되었다. 한때 원전기술 수입국이었던 한국원전 기술을 찾기 시작했다. 한국원전 기술이 국제원전산업에서 주목을 받는 이유는 검증된 경험과 기술을 보유하고 있기 때문이다. 한국원전

기술이 세계 최고 수준이라는 사실은 신규 원전을 건설하고자 하는 거의 모든 국가에서 국제입찰대상자 명단에 한국이 포함되는 이유로 충분히 설명될 수 있다. 지구상에 인류가 건설하는 시설물 중 가장 높은 고난도 기술을 요구하는 것이 원전건설이다. 초고난도 기술을 필요로 하는 원전건설에서 세계 최고 수준의 종합설계(AE) 기술을 확보하고 있다. 한국원전 엔지니어링 기술은 스펙트럼 '*α↔Ω*' 전체에 걸쳐 있다. 선진국 대비 몇 %는 아무런 의미가 없다. 99%가 100%를 절대 못 이긴다는 의미다. 원전건설 기술 독립 과정과 성과를 통해 한국건설 기술이 배워야 할 부문을 발췌했다.

한국원전 기술의 세계 최고 수준 도달은 국내 26기, 해외 4기 등 30호기 건설을 통해 완성도를 지속적으로 높여왔던 덕분이다. 세계가 인정하는 최고 수준이다. 한국건설은 세계경제포럼(WEF)이 발표하는 국가별 인프라 축적도 비교에서 6위를 차지한다. 세계 어떤 나라보다 인프라 축적 경험과 검증된 기술을 보유한 한국이다. 1950년 이후 한국건설은 교량 35,000개소, 터널 5,120개소와 110,000개의 건물을 구축해 왔다. 풍부한 경험과 실적에 비해 세계 인프라 건설시장에서 한국건설이 자신 있게 내세울 수 있는 국가대표, 혹은 간판기술이 부족하다. 경험과 실적을 중시하면서도 기술을 외면하는 데는 이유가 있다. 한국건설 기술은 여전히 선진국 대비 몇 % 수준, 즉 추격자 위치에서 벗어나지 못하고 있다. 한국건설 기술은 아직도 기술자립에 매달려 있다. 한국건설 기술이 국가의 간판기술로 거듭나기 위해서는 기술개발의 빈 공간을 메워야 한다. 한국건설이 국가대표 건설기술을 만들기 위해 한국원전 기술독립이 주는 핵심 메시지는 세 가지다.

첫째, 추격자 지위를 포기하고 추월선에 서라

둘째, 기술개발 및 완성 과정에 빠져 있는 기술축적 및 기술혁신 공백을 빨리 채워라

셋째, 공학기술자를 양성하라

기술은 반복적으로 복제되지만 공학은 지속적으로 뭔가를 혁신해가는 창조기술이다. 기술자만 양산하는 현재의 인재양성 구조를 바꾸라는 메시지다. 한국건설에 부족한 건설공학기술자를 채우기 위해서는 기술자의 직무역량을 고도화시키는 데서 출발해야 한다. 한국건설 기술은 새로운 무기로 무장해야 한다. 세계시장에 제4차 산업혁명, 디지털, 인공지능, 융합기술이 빠르게 확산해가고 있다. 새 시대는 과거와의 단절을 요구한다. 모방과 복제 시대를 빨리 종식해야 한다. 추월선에 서야 하는 당위성이 있다. 내수시장은 산업체와 기술자가 생존하기에는 너무 협소하다는 것은 누구나 알고 있는 사실이다. 세계 건설시장은 단일산업으로 가장 크다. 한국건설을 대표하는 기술을 개발해야 할 충분한 이유가 된다. 이 책을 통해 원전기술 제로 국가에서 세계 최고 수준에 도달한 과정과 방법을 배우라 권고하고 싶은 저자의 바람으로 원고를 마무리한다.

서울대학교 건설환경종합연구소

이 복 남 특임연구위원

참고문헌

김윤주·이복남(2013), 국내 건설기업의 시공계획 및 관리 현안과 역량 강화 방안, 한국건설산업연구원 건설이슈포커스, 2013.9.

과학기술정책평가원(2020), 국가기술혁신체계 2020s, 2020.2.6. 대토론회

관계부처 합동(2021), 금년 해외수주 동향 점검 및 수주지원 보완방안, 핵심 프로젝트 추가 발굴 및 중점관리 중 폴란드 원전 수주, 2021.12.13.

데일리 에이엔뉴스(2022), 순수 국내 기술로 구현한 체계 최장 현수교인 터키 차나칼레대교 마지막 퍼즐 맞춰, 2022.1.1.

매일경제신문(2015), 2015 다보스 리포트: 불확실성과 변동성의 시대, 성장 해법을 찾다

박태웅(2021), 눈 떠보니 선진국

이복남(2011), 해외건설시장에서 한국건설업체들의 강점과 비결, 일본해외건설협회(OGAJI) 주관 한일건설기술세미나 발제자료

조선경제(2021), 러·중이 원전시장 휩쓰는데...한국, 하청업체로 전락하나, 2021.11.12.

조선일보(2020), 원전 나이, 숫자에 불과, 80세까지 살리는 미국, 2020.3.11.

조선일보(2021), DL이앤씨·SK에코플랜트, 세계 최장 현수교 '터키 차나칼레대교' 상판 설치 시작, 2021.7.27.

조선일보(2022), EU, 천연가스 에너지 '녹색' 라벨 지정(VOA 뉴스), 2022.1.3.

한국경제신문(2021), 한수원, 이집트 원전 건설사업 참여(경제 15면), 2021.1.3

한국경제신문(2021), 한경MOOK CES 2021

한국원자력산업회의(1991), 원전건설 기술자립 추진실적 평가(3차) 요약보고서, 원전건설기술자립추진실적평가단, 1991.06

한국전력공사 외 3개 기관(1987), 원자력 11·12호기(영광원전 3·4호기, 현 한빛 3·4호기) 플랜트종합설계지원계약(KPE-87-E112), 1987.4.9.

한국전력기술(2018), 한국전력기술 40년사

한국건설경영협회(2008), 글로벌 건설기업의 선진사례, 2008.8.

ASME(1991), Introduction to Korea Nuclear Power Plant Project Management System by Bok Nam Lee at the International Joint Power Generation Conference at San Diego

Dominion 외 3개사(2004), Study of Construction Technologies and Schedules, O&M Staffing and Cost, Decommissioning Costs and Funding Requirements for Advanced Reactor Designs

PMI(2000), Project Management Body of Knowledge

PMI(2004), Construction Extension to A Guide to the Project Management Body of Knowledge

Sargent & Lundy(1991), AE Evaluation Report(SL-4872)

WEF(2017), The Global Competitiveness Report 2017~2018

https://www.kaif.or.kr

https://www.iaea.org

https://www.world-nuclear.org

https://www.knfc.co.kr

https://www.kpx.or.kr

http://en-wikipedia.org/list of commercial nuclear reactors

https://www.world-nuclear.org/information-library

http://epsis.kpx.or.kr

https://www.bok.or.kr/portal/main/contents.do?menuNo=200095

http://kosis.kr

국가대표 건설기술을 만드는 비결
한국원전기술은 어떻게 세계 최고가 되었나?

인 쇄 일 2022년 8월 19일
발 행 일 2022년 8월 26일
지 은 이 이복남, 이슬기
펴 낸 곳 서울대학교 건설환경종합연구소
펴 낸 이 김호경
주소 서울 관악구 관악로 1
대표전화 02-880-4315~7
팩스 02-885-1081
이메일 icee1@snu.ac.kr
홈페이지 www.icee.re.kr
만 든 곳 **e대한경제**
주소 서울 강남구 언주로 711
대표전화 02-515-7320~2
홈페이지 www.dnews.co.kr
I S B N 979-11-88761-88-3

등록 제2-2호('62.11.21)